教育部高等学校材料类专业教学指导委员会规划教材
新材料领域普通高等教育系列教材

低维半导体材料及其信息能源器件

陶立 吴俊 朱蓓蓓 等编著

化学工业出版社

·北京·

内容简介

《低维半导体材料及其信息能源器件》讲述了低维半导体材料与器件的制备与构筑及其在电子信息和绿色能源领域的新颖应用。全书共7章,涵盖了低维材料的生长和表征、二维半导体材料在触觉传感器的应用、二维过渡金属硫化合物感通融器件、二维过渡金属硫化物的纳米光子学和光电子学、二维半导体材料材料非易失性阻变存储器和射频开关、四/五主族二维单质半导体材料的热电性能与应用以及低维材料新型发电机器件。

本书可作为高等学校材料科学与工程、电子科学与工程、集成电路设计生物医学工程以及能源环境等等专业学生的教材,也可供相关领域的科技人员参考。

图书在版编目(CIP)数据

低维半导体材料及其信息能源器件 / 陶立等编著.
北京:化学工业出版社,2024.8. -- (教育部高等学校材料类专业教学指导委员会规划教材). -- ISBN 978-7-122-46410-1

Ⅰ. TN304;TM531

中国国家版本馆 CIP 数据核字第 2024SH6773 号

责任编辑:陶艳玲　　　　　文字编辑:王晓露　王文莉
责任校对:田睿涵　　　　　装帧设计:史利平

出版发行:化学工业出版社
　　　　　(北京市东城区青年湖南街 13 号　邮政编码 100011)
印　　装:高教社(天津)印务有限公司
787mm×1092mm　1/16　印张 12¼　字数 294 千字
2024 年 8 月北京第 1 版第 1 次印刷

购书咨询:010-64518888　　　　　售后服务:010-64518899
网　　址:http://www.cip.com.cn
凡购买本书,如有缺损质量问题,本社销售中心负责调换。

定　　价:59.00 元　　　　　　　　　　　　版权所有　违者必究

"新材料领域普通高等教育系列教材"
编写委员会

总主编　陈　光

副主编　徐　锋

编　委　（按姓名汉语拼音排序）

　　　　　陈　光　　陈明哲　　陈人杰　　段静静　　李　丽
　　　　　李　强　　廖文和　　刘婷婷　　苏岳锋　　陶　立
　　　　　汪尧进　　谢建新　　徐　勃　　徐　锋　　曾海波
　　　　　张　静　　张士华　　周科朝　　朱和国　　朱俊武
　　　　　邹友生

丛 书 序

材料是人类社会发展的里程碑和现代化的先导，见证了从石器时代到信息时代的跨越。进入新时代以来，新材料领域的发展可谓日新月异、波澜壮阔，低维、高熵、量子、拓扑、异构、超结构等新概念层出不穷，飞秒、增材、三维原子探针、双球差等加工与表征手段迅速普及，超轻、超强、高韧、轻质耐热、高温超导等高新性能不断涌现，为相关领域的科技创新注入了源源不断的活力。

在此背景下，为满足新材料领域对于立德树人的"新"要求，我们精心编撰了这套"新材料领域普通高等教育系列教材"，内容涵盖了"纳米材料""功能材料""新能源材料"以及"材料设计与评价"等板块，旨在为高端装备关键核心材料、信息能源功能材料领域的广大学子和材料工作者提供一套体现时代精神、融汇产学共识、凸显数字赋能的专业教材。

我们邀请了来自南京理工大学、北京理工大学、北京科技大学、中南大学、东南大学等多所高校的知名学者组成了优势教研团队，依托虚拟教研室平台，共同参与编写。他们不仅具有深厚的学术造诣、先进的教育理念，还对新材料产业的发展保持着敏锐的洞察力，在解决新材料领域"卡脖子"难题方面有着成功的经验。不同学科学者的参与，使得本系列教材融合了材料学、物理学、化学、工程学、计算科学等多个学科的理论与实践，能够为读者提供更加深厚的学科底蕴和更加宽广的学术视野。

我们希望，本系列教材能助力广大学子探索新材料领域的广阔天地，为推动我国新材料领域的研究与新材料产业的发展贡献一份力量。

陈光

2024 年 8 月于南京

前言

材料是人类文明的基石，一代材料决定一代产业，从石器时代、青铜器时代、铁器时代到信息化时代，材料的每一次革新，都极大地推动了人类社会的发展。具有独特光、电、磁特性以及新型量子物理现象的低维材料，在信息技术、微纳光电子等领域展现出广阔的应用前景，有望引领基于材料创新的新一轮产业变革。低维材料定义为至少在一个维度上尺寸处于纳米尺度的材料，主要包括零维、一维和二维结构材料，以及以低维结构为基本单元构筑的复合结构材料、组装体和功能器件。随着材料维度的减小，由于表面效应、体积效应和量子尺寸效应的影响，材料的物理性能及由其制备的器件特性等都可能会表现出与宏观材料及相关器件截然不同的特性。利用这些特性可设计和实现高性能及新原理器件，从而实现高速计算、高效能量转化、高灵敏度检测等功能。低维材料及其信息能源器件是坚持"四个面向"、服务"国之大者"的技术抓手，尤其在集成电路、量子信息、"双碳"目标等国家重大战略需求和"卡脖子"技术领域具有重要战略意义和前瞻性。

本教材在汲取近十多年国内外有关低维材料与器件类教材、专著、综述内容的基础上，融入"课程思政"建设，以期培养具有独立思考能力、能够解决实际工程问题的高水平专业人才。本教材在加强基本概念、理论讲述的同时，将国内外最新研究成果有机融入课程章节体系中，积极引导学生建立正确的价值理念和精神追求。习近平总书记指出，新材料产业是战略性、基础性产业，也是高技术竞争的关键领域，我们要奋起直追、迎头赶上。在党的"二十大"精神的引领下，为高质量发展和科技强国建设贡献自己的专业力量。

本教材着重基本概念和前沿研究成果的介绍，力求将理论与实际应用紧密结合。全书共分7章：第1章从概念、制备、物性三个方面分别介绍了零维、一维和二维材料；第2、3章主要介绍了低维材料在压力、应变、温度、湿度和生物传感领域的应用基础及研究现状；第4、5章主要介绍了低维材料的光电和忆阻性能，并探讨了它们在信息存储等方面的应用前景；第6、7章主要介绍了低维材料在能源转换方面应用的物理基础以及研究现状，涉及热电转换、摩擦电纳米发电、压电纳米发电等。

本教材第1、3章由任元负责编写；第2、7章由吴俊负责编写；第4章由林惠文负责编写；

第 5 章由景旭负责编写；第 6 章由朱蓓蓓负责编写。最后由陶立、吴俊、朱蓓蓓对全书进行了统稿。并组织相关师生对格式和图表进行了调整。本教材得到了教育部高等学校材料类专业教学指导委员会规划教材和教育部新材料领域普通高等教育系列教材建设团队和国际同行专家的宝贵指导和建议。在本书即将出版之际，对参加本书编撰和校稿的所有人员表示由衷的感谢！

因编者水平有限，书中难免存在不妥或疏漏之处，恳请读者批评指正。

编者
2024 年 6 月

目 录

第 1 章 低维材料的生长和表征

1.1 零维材料 / 001
    1.1.1 零维材料简介 / 001
    1.1.2 零维材料的合成 / 002
    1.1.3 零维材料的应用 / 003

1.2 一维材料 / 005
    1.2.1 一维材料简介 / 005
    1.2.2 一维材料的合成 / 005
    1.2.3 一维材料的应用 / 007

1.3 二维材料 / 009
    1.3.1 二维材料简介 / 009
    1.3.2 二维材料的晶体结构与电子结构 / 011
    1.3.3 二维材料的合成 / 012
    1.3.4 二维材料的性能举例 / 015

1.4 低维材料的表征技术 / 016

参考文献 / 018

第 2 章 二维材料在触觉传感器的应用

2.1 二维材料在压力传感器的应用 / 024
    2.1.1 压力感知机理 / 024
    2.1.2 二维材料压力传感器 / 028
    2.1.3 二维材料压力传感器应用案例 / 031

2.2 二维材料在应变传感器的应用 / 034
    2.2.1 应变感知机理 / 034
    2.2.2 二维材料应变传感器 / 036
    2.2.3 二维材料应变传感器应用案例 / 039

2.3 二维材料在温度传感器的应用 / 040

        2.3.1 温度感知机理 / 040
        2.3.2 二维材料温度传感器 / 042
        2.3.3 二维材料温度传感器应用案例 / 045
    2.4 二维材料在湿度传感器的应用 / 047
        2.4.1 湿度感知机理 / 047
        2.4.2 二维材料湿度传感器 / 049
        2.4.3 二维材料湿度传感器应用案例 / 054
    参考文献 / 055

第 3 章 二维过渡金属硫族化合物用于生物传感节点

    3.1 生物传感器件的挑战与新机遇 / 061
        3.1.1 生物传感器的现状与挑战 / 061
        3.1.2 基于二维材料的生物传感器 / 062
    3.2 基于过渡金属硫族化合物制备的电子生物传感器 / 064
        3.2.1 场效应晶体管（FET）生物传感器 / 064
        3.2.2 细胞毒性研究 / 070
        3.2.3 用于 DNA 检测的生物传感器 / 070
    3.3 基于过渡金属硫族化合物光学和光电性质的生物传感器 / 072
        3.3.1 光吸收传感器 / 072
        3.3.2 表面等离子体共振传感器 / 072
        3.3.3 化学发光传感器 / 074
        3.3.4 比色生物传感器 / 074
        3.3.5 光电化学（PEC）生物传感器 / 076
        3.3.6 二极管生物传感器 / 080
    3.4 基于过渡金属硫族化合物结构特性的生物传感器 / 081
        3.4.1 纳米孔生物传感器 / 081
        3.4.2 纳米孔传感器的制备方法 / 082
        3.4.3 纳米孔传感器的表征与应用 / 082
    3.5 结语 / 084
    参考文献 / 085

第 4 章 二维过渡金属硫族化合物的纳米光子学和光电子学

    4.1 二硫化钼纳米等离激元光子学 / 093
        4.1.1 二硫化钼中激子与等离子相互作用 / 093
        4.1.2 等离激元热电子注入 / 095
        4.1.3 高掺杂二硫化钼中的表面等离激元 / 096
        4.1.4 二硫化钼等离子体结构的制备 / 097

4.2 二硫化钼的光电子学　/ 098
　　4.2.1 二硫化钼的光电探测器　/ 098
　　4.2.2 二硫化钼的太阳能电池　/ 098
　　4.2.3 二硫化钼的发光二极管　/ 099
　　4.2.4 具有增强发光性能的二硫化钼光腔系统　/ 100
4.3 结语　/ 101
参考文献　/ 101

第5章　二维材料非易失性阻变存储器与晶体管器件

5.1 二维材料非易失性阻变器件简介　/ 105
5.2 二维材料的制备和存储器件的制造　/ 106
　　5.2.1 单层二维材料的制备与表征　/ 106
　　5.2.2 存储器件的制造　/ 107
5.3 二维非易失性阻变储存器　/ 108
　　5.3.1 不同器件条件的非易失性阻变存储器　/ 108
　　5.3.2 存储性能　/ 110
5.4 开关机理　/ 112
　　5.4.1 影响阻变的因素　/ 112
　　5.4.2 从头模拟的可能开关机理　/ 114
5.5 二维材料晶体管器件　/ 116
　　5.5.1 晶体管器件简介　/ 116
　　5.5.2 二维材料晶体管器件　/ 116
　　5.5.3 半导体-电极界面调控　/ 118
　　5.5.4 半导体-介电质界面调控　/ 119
　　5.5.5 源漏栅一体化转移　/ 121
5.6 结语　/ 122
参考文献　/ 122

第6章　二维X烯材料的热电性能

6.1 引言　/ 127
6.2 ⅣA和ⅤA族X烯的结构及合成　/ 129
　　6.2.1 晶体结构　/ 129
　　6.2.2 能带结构　/ 130
　　6.2.3 合成方法　/ 131
6.3 ⅣA及ⅤA族X烯材料的热电性能　/ 132
　　6.3.1 X烯的热电性能　/ 132
　　6.3.2 热电输运性能测量　/ 134

6.3.3 器件及应用　/ 136
6.4 展望　/ 139
参考文献　/ 139

第 7 章　基于低维材料的新型发电机器件

7.1 纳米发电机机理　/ 146
　　7.1.1 基于麦克斯韦方程组的推导　/ 146
　　7.1.2 纳米发电机理论　/ 147
7.2 材料及材料序列　/ 151
　　7.2.1 碳材料　/ 151
　　7.2.2 过渡金属硫族化合物　/ 155
　　7.2.3 以 MXene 为代表的类石墨烯材料　/ 158
　　7.2.4 六方氮化硼　/ 160
　　7.2.5 黑磷　/ 162
　　7.2.6 金属有机框架材料和共价有机框架材料　/ 163
　　7.2.7 材料序列　/ 165
7.3 应用　/ 168
　　7.3.1 能源收集　/ 168
　　7.3.2 人体运动监测　/ 168
　　7.3.3 环境监测　/ 171
　　7.3.4 生物医学工程　/ 172
　　7.3.5 人工智能（AI）和神经形态器件　/ 174
7.4 展望　/ 176
参考文献　/ 176

第1章
低维材料的生长和表征

低维半导体材料是指具有零维、一维或二维形貌和一定带隙的纳米材料,如量子点、团簇、纳米线、二维材料等。由于其特殊的空间和能带结构以及可调控物性,低维半导体材料在电子信息器件(晶体管、忆阻器、光电器件等)、能源催化器件(电池、电容器等)和大健康器件(可穿戴传感器或射频通信器件等)等领域具有广泛的应用前景。

低维半导体材料的制备方法包括物理沉积法、化学气相沉积法、溶液法、气相法等多种类别。低维半导体材料的研究和应用已经成为当今材料科学与工程、电子科学与工程和集成电路关键材料等领域的热点之一,有望引领产业升级和革命,在众多领域得到应用,并为人类带来更多的科技进步和生活便利。

1.1 零维材料

1.1.1 零维材料简介

纳米技术在过去的几十年中是一个快速发展的领域。通过改变纳米材料的尺寸、原子排列方式、化学成分可以使材料获得新的物理化学性质。自"纳米"一词于1974年出现以来,零维(0D)纳米材料一直被认为是纳米技术的先驱。有学者认为在三个维数上都进入纳米尺度范围的材料是零维材料。根据尺寸大小,零维纳米材料具有多样的纳米结构,常见的有纳米粒子、量子点、团簇等。零维纳米材料表面有大量原子,颗粒尺寸小,表面态密度大,具有非常明显的表面效应和小尺寸效应等量子效应,在单位空间里有更多的活性边缘位置。零维纳米材料边缘改性和量子约束能使它们具有更新颖的特性,这对于零维材料的物理化学性质研究极为重要。正因零维材料具有各种量子效应,使得零维材料在光电器件、生物传感器、气敏传感器、场效应晶体管等方面都有很重要的应用[1-6]。

原子团簇是一种尺寸在几埃至数个纳米之间的有限数量的原子聚集体。原子团簇之所以重要,是因为它们有着与其体积类似物大不相同的性质[7-8]。人们从实验和理论上都认识到,原子团簇和复杂的分子系统通常具有独特的性质,与单原子和固体都完全不同,这使它们成为有趣的研究对象。团簇通常是在非平衡状态下形成的,在气相中很难形成。在一个非常小的集群里,每添加一种原子,其结构就会发生变化,这种现象被称为重组。从结构上看,这一体系有别于分子、块状体系。它在性质上不同于单一的原子分子,也不同于单一的固态和气态,而是介于气态和固态之间的一种新型的物质形态,人们常把它称作"第五态"。原子团簇具有较大的比表面积,因此表面界面效应明显,同时,它还具备纳米颗粒的振动特征。随着理论、设备技术的发展,再加上强大的计算机模拟技术,该领域的发展速度已大大加快,但是仍然有很多问题没有解决。例如探寻新型结构多样、尺寸多样的复杂分子(如生物大分子)、表面团簇,内嵌于纳米微粒或基底中的团簇;探寻团簇与团簇、团簇与环境的相互作用规律；探究团簇组装材料的新奇物理性能等。

经过二十多年的持续研究，纳米颗粒已成为应用和技术上的重要材料。纳米颗粒是肉眼和一般光学显微镜看不见的微小粒子[9]。在许多情况下，纳米颗粒的形状直接影响其物理性质，比如金和银纳米颗粒中的表面等离子体共振频率，或者半导体纳米棒中的发光极化等。同时，其具备的自组装现象有助于将单个纳米颗粒组装成宏观尺寸材料。与普通固体中的原子类似，纳米粒子可以形成各种堆积结构，从简单的面心立方（FCC）结构到复杂的准晶体晶格。这种自组装的纳米粒子超晶格常被用作薄膜电子和光电器件的有源组件，包括发光二极管、光电探测器、晶体管、太阳能电池等[10]。

纳米材料的形貌可以在一维、二维或者三维空间中被限制，后者被定义为"量子点"[11]。在不同的纳米结构中结合两种或两种以上的半导体，会产生额外的光学和电子自由度。这些混合成分的纳米结构具有在体半导体系统中无法达到的特性。量子点/配体的相互作用也可以调制和控制半导体核心态与其环境的相互作用[10,12]。在许多情况下，产生功能性纳米晶体体系需要了解这些化学相互作用以及控制纳米晶体上的分子的能力。

1.1.2 零维材料的合成

随着科技的飞速发展，零维纳米材料的制造工艺也在不断革新。在过去的十多年里，科学家们引入了许多先进的技术，如激光技术、等离子体技术、电子束技术、粒子束技术等。零维纳米材料制备方法的核心在于对粒子的尺寸进行调控，使粒子的粒度达到最小，并对产品的晶相进行精准控制，同时要求设备简单易用。主要包括"自下而上"和"自上而下"两类合成方法，常用的方法包括水热、溶剂热、绿色合成、微乳化技术、电化学、机械化学合成和化学气相沉积等[13]。

（1）化学气相沉积

在半导体行业中，化学气相沉积（CVD）是目前最常用的一种制备方法，它可用于制备各种材料，如绝缘材料、大部分金属材料以及金属合金材料等。其基本原理很简单：将两种或两种以上的气态原材料导入一个反应室内，然后它们相互之间发生化学反应，形成一种新的材料，沉积到基片表面上。CVD工艺具有如下优势：沉积层具有较高的纯度；镀层和衬底具有良好的附着力；可制备出多种单晶、多晶和无定形的无机薄膜材料；装置简单、操作简便、工艺重复性好、适合大批量生产、成本较低等。但是CVD是一种由热力学控制的热化学过程，且通常需要1000℃以上的高温才能完成，这限制了该技术的实际应用。

（2）水热法

水热法是一种简单、低成本的合成方法，它利用水的高温高压条件，将化学反应进行到极限，从而得到高纯度、高结晶度的纳米材料。目前，在水热法制备量子点的方法中，多采用有机或无机前驱体，通过对反应条件及时间的调控，可获得不同尺寸、形貌及结构的量子点。水热法制备的量子点作为一类新兴的纳米材料，表现出了许多优良的性能，在生物医药、光电和催化等领域具有广阔的应用前景。

（3）溶剂热法

通过前驱体的溶剂热反应，零维纳米材料可以在有机溶剂中合成，如异丙醇、正己烷、乙醇等。在搅拌、超声或加热条件下，将升华后的前驱体和配体单元（作为涂层剂）溶解于有机溶剂中，制备分散溶液，然后经过加热进行组装-裂变反应[14]。通过溶剂热反应，可获得纳米粒子、小尺寸量子点或具有功能化的 0D 纳米结构衍生物，并表现出优越的多功能应用性能。

(4) 生物法

为了改进仿生工程方法，纳米材料的合成经常发生在生物系统中。利用微生物、酶或植物萃取物制备纳米物质，是一条安全、经济可行、环境友好的"绿色合成"路线[15]。利用天然植物提取物前驱体，再加入分散剂进行封装、稳定和氧化等过程，使植物提取物生成稳定的纳米颗粒。在此过程中，离子与植物成分在搅拌下的强相互作用中产生中间配合物，经过还原反应产生纳米颗粒。该绿色合成方法环保友好，适用于大规模制备具有优良生物相容性和超低生物毒性的纳米颗粒。

(5) 微乳液法

微乳系统是一种空间限域的微反应器，可调控无机纳米粒子的生长[15]。特别是油中水微乳液是一种含有纳米级水液滴的各向同性、热力学稳定的混合物。液滴被单层的表面活性剂分子包围，它们分散在连续的非极性有机介质中。微乳液体系提供了一个优越的约束微环境来生产非聚集纳米颗粒。

(6) 其它

利用电化学法，在常规三电极电池系统中，可以制备纳米颗粒。电化学法具有制备简单、粒径可控、对环境污染小等优点。机械化学法是将固体粉末先进行机械球磨，再经一系列化学方法合成 0D 纳米材料[13]。

除了直接合成 0D 纳米材料外，有些 0D 材料还可以在各种基底材料上原位合成，包括固体基底和溶液相中的功能化材料。通过在不同的基底上原位制备纳米颗粒、量子点以及各种衍生材料，对 0D 纳米结构进行调控，从而实现对纳米颗粒、量子点以及各种衍生材料的可控构筑。

1.1.3 零维材料的应用

在多种合成方法的基础上，可以成功制备出各种不同化学成分和结构的 0D 纳米材料，通过进一步改进构建多功能微/纳米结构，包括表面改性、核/壳、多孔、合成、杂化和组装体系，使得 0D 纳米材料及其衍生物在储能和转换、光/电催化、光电领域、生物传感、气敏传感等重要领域都有着广泛的应用。

(1) 能源存储与转化

不同类型的 0D 纳米材料及其衍生物作为高性能锂电池阴极材料具有巨大潜力，是一种很有前途的储能和转换电极材料。0D 材料的掺杂有利于提高阴极材料的生产效率。纳米粒子与碳质聚合物和极性无机材料结合后，这些多功能化产品在储能和转化应用中的导电性能及俘获性能得到大幅提升，表现出优异的原始容量及可逆能力、优异的速率能力、长期循环稳定性和较强的耐久性。Zhang 等人在还原的氧化石墨烯上制备了一种分散硫纳米粒子（SNPs）。在此基础上，将 S-prGO 复合材料与聚多巴胺（PDA）重新结合，获得 S-prGO-PDA 复合体系，由此制备的 Li-S 电池具有优异的循环稳定性、库仑效率和循环稳定性[16]，如图 1.1 所示。

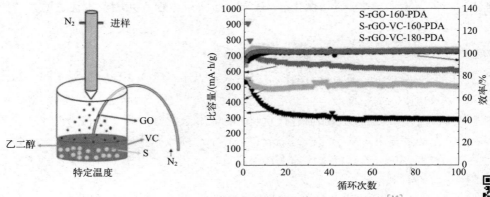

图 1.1 S-prGO-PDA 复合材料的制备及其 Li-S 电池性能[16]

（2）光电器件

在光电应用领域，胶体量子点可提供液相处理器件的工艺平台，是构筑低激发强度和高重复率下的响应的基础，是纳米光束探测器和纳米开关的良好候选材料。半导体材料可以通过量子约束效应在Ⅱ-Ⅵ纳米结构中进一步调谐。由于纳米结构的高结晶度和可调谐带隙，预计纳米结构与Ⅱ-Ⅵ半导体相比具有更大的成本效益，并表现出优越的性能[17]。正因这些特性，量子点材料在纳米光束探测器、光发射器、光开关、半导体光放大器等方面具有重要应用[18-21]。De Iacovo 等人制备了基于硫化铅胶体量子点的光电导体器件，探讨了在不同电压偏差和光强度下以及不同器件尺寸下的光导体性能。发现在近红外区域工作，在低光强度和低压偏置条件下，$1.3\mu m$ 时，峰值响应率超过 70A/W，加上高电阻器件的低暗电流，提供了高达 $10^{11} cm \cdot Hz^{1/2} \cdot W^{-1}$ 的特定检测率 D^* [22]。

（3）生物医疗

0D 纳米材料，包括石墨烯量子点、碳量子点、富勒烯、无机量子点、磁性纳米粒子、贵金属纳米粒子、上转换纳米粒子和聚合物点[23,24]，具有超小尺寸、量子约束效应、优良的物理化学性质和良好的生物相容性，在离子检测、生物分子识别、疾病诊断和病原体检测方面显示出了巨大的潜力[25-27]。Zhu[28] 发现石墨烯量子点具有抗漂白、优异的发光稳定性和良好的电导率等优点，这使得石墨烯量子点在生物传感领域的应用得到了进一步的扩展。目前，基于石墨烯量子点传感器被广泛应用于各种离子和生物标志物的检测以及主要疾病的诊断中。

（4）气体传感

将金、钯、铂等过渡金属纳米颗粒与半导体耦合是促进形成活性氧并在室温下增强氧化活性的一般策略[29-32]。同时，通过光子激活敏感材料的纳米结构已被证明可以有效地在环境条件下提高传感器的性能[33,34]。通过修改材料的电子性质，光诱导载流子增强了活性氧的产生，促进了敏感材料表面和分析物之间的相互作用，从而提高了传感器的灵敏度和传感动力学[35-37]。Xia 等开发了一种复合材料，Pt 量子点（QDs）修饰的二硫化钼纳米片（MoS_2/Pt），是一种在可见光下灵敏的 CO 检测材料（图 1.2）。证实 MoS_2/Pt 表面通过光化学效应和水蒸气协同作用诱导的自由基，降低了将 CO 转化为 CO_2 的活化能。因此，MoS_2/Pt 表面促进了 CO 响应和选择性，为改进室温半导体传感器在极端条件下的气体检测提供了基本方法[38]。

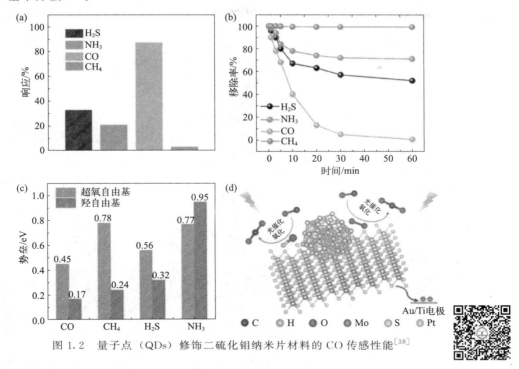

图 1.2　量子点（QDs）修饰二硫化钼纳米片材料的 CO 传感性能[38]

1.2　一维材料

1.2.1　一维材料简介

一维材料是指结构在两个维度处于纳米尺度，可以在一个维度上扩展的材料，以纤维、线、棒、带、管和环等形式存在，其尺寸小、表面积大、长径比高，并具有独特的小尺寸效应、表面效应、量子尺寸效应和宏观量子轨道效应，这种独特的性质和形貌特点使其在各个领域都具有很大的发展潜力。

自从日本科学家 Lijima[39] 等在 1991 年发现了碳纳米管以来，一维纳米结构，如纳米线、纳米棒、纳米带和纳米管等，因其在介观物理和纳米器件制造方面的独特性能引起了科研工作者的广泛关注和极大兴趣逐渐成为研究的热点。由于一维纳米材料具有优异的光学、磁学、电学以及力学性能，它们在电子制造、光电子、电化学以及纳米尺寸机电设备的互联中发挥了重要作用。

1.2.2　一维材料的合成

目前一维纳米结构材料的合成方法包括静电纺丝法、水热法和溶剂热法、化学气相沉积法、模板辅助法、电沉积法和溶胶-凝胶法等，如图 1.3 所示。

（1）静电纺丝法

静电纺丝工艺是合成纳米纤维结构的常规方法 [图 1.3（a）]。一般来说，静电纺丝原理是基于由前驱体/聚合物/溶剂或聚合物/溶剂组成的黏性溶液在电场作用下的单轴伸长。将黏性溶液转移到注射器中，并调整流速以允许静电纺丝溶液从针尖流向收集器。在集电极和针尖之间施加电压，产生电场。

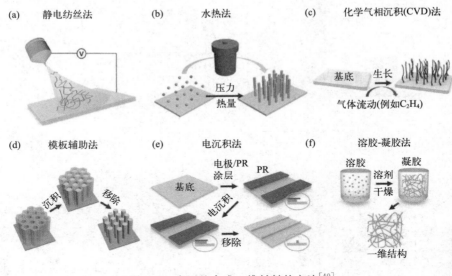

图 1.3　常用的合成一维材料的方法[40]

当这个电场比针尖上形成的液滴的表面张力更强时，排出的溶液被拉长，溶剂被干燥，形成纳米纤维网络。纤维的直径、电纺丝纤维的孔隙率和珠的存在取决于电纺丝的各种参数（如流速、针的类型、施加的电压）。静电纺丝不仅可以制造高分子纳米纤维，还可以通过后续处理制造金属、半导体和碳材料的各种一维纳米结构。

（2）水热/溶剂热法

水热法是制备具有多种化学成分的一维材料的最广为人知的方法之一［图 1.3（b）］。水热过程开始之前，需要先制成水热溶液，水热溶液由含有前驱体的水溶液组成，有时还含有酸/碱组分。之后将溶液转移到不锈钢高压水热釜中，密封严密，并在 100～200℃ 的温度下保持数小时至数十小时，最后，使用水/乙醇洗涤获得粉末。

溶剂热法与水热法非常相似，只是溶液不是完全的水溶液，可以包括其他溶剂，如乙醇等。类似于水热法，由前驱体/溶剂组成的溶液被转移到不锈钢高压水热釜中，它也通常需要在 100～200℃ 的温度下保持一段时间。然后，将高压水热釜中形成的粉末用水/乙醇洗涤几次。最终得到成品。

因此，水热/溶剂热法是一种简便、通用、可扩展的合成一维纳米结构的方法，可用于各种研究领域。

（3）化学气相沉积法

化学气相沉积（CVD）是合成一维纳米结构的有力方法之一，在特定的气体流速下，由反应气体和挥发性前体分解产生合成化合物［图 1.3（c）］。由于纳米线/纳米管的 CVD 生长受到温度、催化剂、衬底和前驱体等多种因素的控制，因此产物具有多种特征和形态。例如，通常使用乙炔气体和金属催化剂在惰性气氛中高温处理合成碳纳米管[41]，制备后的碳纳米管根据不同的反应条件表现出不同的特性，既可以单独使用，也可以与其他材料（如石墨烯纳米带）结合使用，其排列也可以调整。

（4）模板辅助法

与无模板技术相比，模板辅助合成是一种简单而通用的技术，可以制造出具有所需功能和结构的一维纳米材料［图1.3（d）］。模板辅助法首先在一定的模板中进行前驱体的反应，后续通过适当的刻蚀/退火步骤以去除模板。为了将前驱体填充到牺牲模板上，可以将上述讨论的各种技术（如 CVD 法、电沉积法和水热/溶剂热法）集成到模板辅助工艺中。例如，2009 年 Reddy[42] 等报道了通过多孔氧化铝模板，采用真空渗透和 CVD 工艺相结合的方法合成内芯为碳纳米管的同轴二氧化锰纳米管。除了硬模板外，软模板如纳米线/纳米纤维也可以作为牺牲结构。例如，通过以 $ZnCo_2(C_2O_4)_3$ 纳米线为牺牲模板从而合成多孔 $ZnCo_2O_4$ 纳米线[43]，所得纳米线的整体形貌/性能受母体结构和退火温度的影响。因此，结合多种合成技术的模板辅助法合成将是制备多种一维材料的可行途径。

（5）电沉积方法

电沉积是一种在电解液中通过电化学氧化还原反应将薄层沉积在导电基底上的简单工艺。金属纳米线是简单地通过电沉积方法与光刻技术相结合制备的，称为光刻图纹纳米线电沉积（LPNE）[44]。如图1.3（e），采用光刻法制备了位于水平沟槽内的牺牲镍纳米带电极。在电沉积过程中，沟槽作为一种纳米结构控制纳米线的厚度，而电沉积时间决定了纳米线的宽度。电沉积后，除去光刻胶和镍，保留电沉积的多晶纳米线。该工艺可以生产金、铂或钯纳米线，纳米线的厚度和宽度可以控制在几十纳米之内。

（6）溶胶-凝胶法

溶胶-凝胶法是一种典型的湿化学技术，可将小分子转化为固体金属［图1.3（f）］。该方法将溶剂在胶体溶液中干燥，改变凝胶状态形成大分子，通过后续热处理或进一步加工可得到各种金属氧化物或金属。这种溶胶-凝胶工艺可用于生产表面涂覆各种金属氧化物的一维纳米结构。例如，2017 年 Cheong[45] 等通过溶胶-凝胶法成功地在 SnO_2 纳米纤维表面均匀地制备了亚纳米厚的 TiO_2 层。它支持了 SnO_2 纳米纤维的固有特性，并提高了电化学性能。此外，溶胶-凝胶法制备复合金属氧化物也是可行的，2015 年 Liu[46] 等通过简单的溶胶-凝胶法，将 Li_2CO_3 和 MoO_3 粉末进行额外热处理，很容易地制备出了一维 Li_2MoO_4 纳米结构，并直接用于锂离子电池的电极。

1.2.3 一维材料的应用

表面效应、量子尺寸效应、小尺寸效应和宏观量子隧道效应是一维材料的基本特性，这些特性使得一维材料在储能器件、气体传感器件、光电器件、催化、生物医学等方面有广阔的应用前景。

（1）储能器件

一维纳米结构材料由于其电化学性能的显著提高，近年来首先受到可充电电池的密切关注。硅纳米线作为锂离子电池（LIBs）一维纳米结构材料的创新范例，成功克服了硅基阳极在锂化/衰减过程中巨大的体积变化（高达 400%）导致其结构破坏，最终引起电池失效的固有问题。一维结构电极提供了快速的短离子/电子以及大的电极-电解质接触面积，便于电荷传输[47,48]。特别是在一维结构中以管状、分层和/或界面多孔几何形式结合多孔特性可以进一步加速电化学反应，因为它提供了大量的活性位点，有利于电化学反应，缩短了离子扩散长度，从而实现高速率性能，以及改善循环过程中的应变松弛[49-52]。

（2）气体传感器件

近年来，一维纳米材料因其优异的物理、化学和结构性能而受到气体传感器领域研究人员的青睐。它们具有较大的比表面积，并且在其表面和界面上分布有更多暴露的活性位点。更重要的是，一维纳米材料的高长径比实现了快速电荷转移，显著提高了气体传感器的灵敏度和响应速度，并降低了工作温度。同时，通过掺杂效应、异质结的形成等不同策略来调整一维纳米结构传感材料的化学性质、材料结构和电子性能，能够进一步优化灵敏度、选择性、工作温度等性能参数。例如，2023年Wang[53]等开发了一种在超薄$WO_{2.72}$纳米线上合成Cu催化位点的原位退火方法，该方法能以高选择性检测超低浓度（$R_a/R_g=1.9$，10ppb，$1ppb=10^{-9}$）下的甲苯，如图1.4所示。

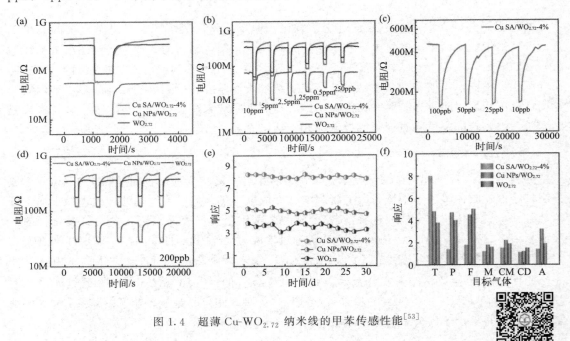

图1.4 超薄$Cu-WO_{2.72}$纳米线的甲苯传感性能[53]

（3）光电器件

一维纳米半导体材料，如ZnO纳米线、Ⅲ-Ⅴ半导体纳米线等，其直径从几纳米到几百纳米不等，长度不受限制，甚至可以达到几十、几百微米。一维性赋予了这些材料独特的性质。它的结构性能、电学性能和光学性能与普通材料有很大的不同。优异的性能和易于集成使一维材料在光电领域具有广阔的研究前景。例如，Ⅲ-Ⅴ化合物中的GaAs纳米线，理想的直接带隙（1.42eV）和高光电转换效率使GaAs纳米线在光电应用中具有很大的潜力[54,55]。Ⅱ-Ⅵ化合物中的ZnO纳米线具有3.37 eV的宽带隙和高载流子迁移率，是一种良好的紫外光电探测材料[56]。Ⅲ-Ⅴ纳米线包括Ⅲ-锑化物（InSb和GaSb）、Ⅲ-砷化物

(InAs 和 GaAs）和Ⅲ-磷化物（InP），在光传感器、光电探测等领域有着广泛的应用，特别是Ⅲ-锑化物纳米线具有窄带隙和非常高的载流子迁移率，这使得其非常适用于红外探测[57]。

（4）光电催化

一维微纳米材料具有较大的长径比、较大的比表面积和较高的载流子传输能力，使得其在催化领域应用广泛。如在电催化析氢领域，2018年Peng[58]等介绍了一种由掺杂镍的非晶态FeP纳米粒子、多孔锡纳米线和石墨化碳纤维（Ni-FeP/TiN/CC）组装而成的分级结构，表现出良好的析氢性能（图1.5），其中导电纳米线作为支架，暴露了大量的活性位点，提高了电荷转移效率，防止了催化剂的迁移和聚集。在光催化领域，2017年Ren[59]等通过连续的ZnO纳米线电沉积、Au溅射和CdS电沉积，合成了夹芯ZnO@Au@CdS纳米线薄膜，在可见光照射下降解罗丹明B溶液中表现出了较好的催化活性。

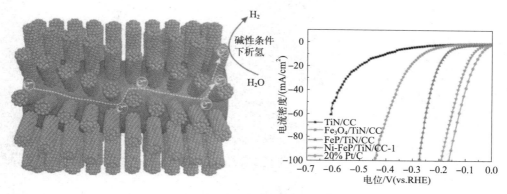

图1.5　Ni-FeP/TiN/CC材料的电催化析氢性能[58]

（5）生物医学

一维材料也可应用在生物医学领域，利用其独特的性质可用作生物传感器，例如，2004年Patolsky[60]等利用单根纳米线检测蛋白质和病毒，为发展新型的疾病诊断和治疗技术提供了发展途径。2018年Chen[61]等提出构筑一种ZnO纳米线涂层三维支架芯片装置，用于高效免疫捕获和外泌体检测，支架由ZnO纳米线阵列覆盖，该装置具有成本低、效率高、便于可视和比色分析的特点，对临床应用具有很高的敏感性。一维材料在癌症治疗领域也有应用，2018年Chu[62]等报道了一种协同化疗策略，将纳米硅线（SiNWs）和阿霉素（DOX）在无毒剂量下联合使用。该协同方法通过破坏细胞骨架、阻断G2期细胞周期和破坏线粒体释放细胞色素C等途径高效破坏肿瘤。

1.3　二维材料

1.3.1　二维材料简介

2004年，石墨烯首次为人们所知，英国曼彻斯特大学的Geim和Novoselov教授等人成功从石墨中分离出石墨烯[63]，测试发现石墨烯具有优异的载流子浓度和电子迁移率。继石墨烯问世以来，它独特的晶体结构和优异的电学光学性能引起了科研人员极大的兴趣，它的出现打破了传统物理学上二维晶体材料不能独立稳定存在的论断[64]。石墨烯的出现打开了科学家探索二维材料的大门，结构与石墨烯相似的如过渡金属硫族化合物[65]、拓扑绝缘体[66]、黑磷（BP）[67]等二维晶体相继被成功制备，极大地丰富了二维半导体材料的资源库，目前该家族还在不断发展壮大，图 1.6 展示了二维层状材料的分类。

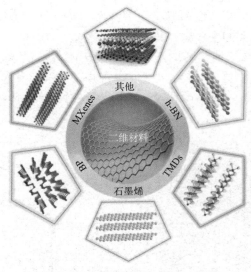

图 1.6　二维层状材料的分类[68]

二维材料是一种具有层状结构的纳米材料，横向维度可以从数百纳米扩展到数十微米甚至更大，但厚度方向上仅为单个或几个原子层。二维半导体是具有原子尺度厚度的天然半导体，由于其超薄的单原子层厚度，且表面平整无悬挂键，作沟道材料时门控能力会大大增强，与介电层间也不会形成界面陷阱，因此可以有效地抑制短沟道效应。更重要的是，由于其具有良好的柔韧性，二维半导体材料在柔性电子学和光电子学方面具有很强的应用前景。有理论认为，第四、五主族单质二维材料（X 烯），比如黑磷或硅烯，具有优异的亚阈值摆幅、开关比、延迟时间、耗散功率和门电容等品质因子，可以在超低功耗下保持优良的电学性能，继续延伸了摩尔定律。目前实验已经演示了基于黑磷和硅烯的微纳电子或光电子器件，尽管具有明显优于过渡金属硫族化合物的载流子迁移率饱和电流密度，但依然存在空气稳定性差[69]、光电响应有限等不足。而第五主族（ⅤA）单质，比如铋，因为较好的空气稳定性和电输运特性，越来越受到研究的广泛重视[70]。Huang 等人报道了制备温度对黑磷带隙的影响，其带隙变化的原因可归为温度可调的层数效应与层间耦合作用[71]。此外，Yang 等人在氩气的环境中得到的不同厚度（1~20μm）的单晶铋薄膜，由于消除了晶界散射，获得了电学性能更加优异的微纳功能器件[72]。

二维 X 烯，如硅烯、黑磷等，不仅有望实现崭新的工作器件，一举两得地解决能耗和散热两大难题，而且兼顾纳米电子未来发展方向之一的柔性纳米器件及智能系统的发展需要。同时随着对二维过渡金属硫族化合物（TMDs）材料的深入研究，发现其由于丰富的材料种类以及类似于二维黑磷的可调带隙，展现出优异的电学光学性能。随着二维半导体材料库的丰富，越来越多本征性质优异的材料被人们所认识，为新型可穿戴电子、拓扑、压电、分子检测和能源等应用提供全新的高性能、易操作、微能耗器件基础，发挥我国在此领域的科学技术优势。

单个二维材料的性能难免有局限性，如本征的石墨烯带隙为零，不适合制备低能耗器件[73]；黑磷由于其在空气环境中易氧化，稳定性较差[67]；而过渡金属硫族化合物通常带隙较大，导电性能较差[67]。为解决上述问题，改善单个二维材料的缺点和性能，从而进一步研发长自由程器件的方法之一便是构筑合适的二维异质结。密度泛函理论结合非平衡格林函数理论指出：ⅣA-ⅤA 或 ⅤA-ⅤA 组成的二维材料异质结构可以使具有较小有效质量的通道保持较高的能态密度，有利于获得高饱和电流及陡峭的亚阈值摆幅，从而获得高导通电流。张胜利等通过基于分子动力学、第一性原理计算指出：类似 BiN 类的 ⅣA-ⅤA 二维材料具有价带或导带带边的高态密度和较长的载流子自由程，从而实现低功耗和高性能的固态器件[74]。二维黑磷在锯齿形（zigzag）方向和扶手椅形（armchair）方向上的能带结构各向异性导致了其电学和热电性能的各向异性。分析其电导和热导对方向依赖性的内在机理，如电子、声子色散关系等，并利用适当手段进行调控，有利于下一代高性能低能耗器件的研究开发[75]。

1.3.2　二维材料的晶体结构与电子结构

二维材料在柔型器件、探测器、太阳能电池等领域具有广阔的应用前景，这与其独特的晶体结构密不可分，下面简单介绍几类经典的二维材料的结构。

石墨烯的晶体结构呈现出高度对称蜂窝状，由碳原子紧密排列而成，如图 1.7（a）所示。由于其独特的对称性，紧密排列的蜂窝结构造就了石墨烯独特的能带结构［图 1.7（b）］。在石墨烯中，每个碳原子都存在一个未成对电子，该电子在垂直平面的方向上形成离域 π 键，石墨烯优异的电学特性就来自于 π 电子在平面内的高速运动。

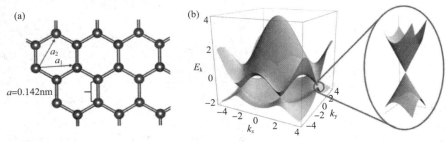

图 1.7　单层石墨烯平面晶体结构[64]（a）及石墨烯能带结构的三维[64]（b）

二维黑磷层间由单层的磷原子通过范德华力堆叠而成，如图 1.8（a）所示，磷原子之间通过共价键结合，晶体结构呈现出褶皱的蜂窝状，如图 1.8（b）所示。另外，黑磷的带隙会随着层数的减少而改变，块体材料表现为 0.3 eV 的带隙，单层材料的带隙可以达到 1.5 eV，但不论层数如何变化，黑磷始终保持直接带隙[76]。黑磷晶体结构具有高度不对称性，因此在不同的晶体方向会表现出不同的晶体特性，这种现象被称为各向异性。如图 1.8（a）所示，沿扶手椅方向（即图中 x 方向），其晶体结构呈褶皱状，沿锯齿形方向（即图中 y 方向），其晶体结构呈山脊状，从而使沿这两个方向的共价键键长、键角不等，导致出现大量面内各向异性。

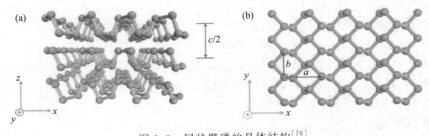

图 1.8　层状黑磷的晶体结构[76]
（a）扶手椅方向；（b）锯齿方向

过渡金属硫族化合物（TMDs）是一类由范德华力堆叠而成的层状化合物，在层平面内金属原子与硫族原子通过共价键紧密结合，它的基本化学式为 MX_2，常见的材料有 MoS_2、WS_2、$MoSe_2$ 等。TMDs 材料层内原子之间以共价键结合，而层与层之间以很弱的范德华力结合，类似二维黑磷，其带隙会随着层数的改变而改变。根据晶胞内不同层原子之间堆叠方式的不同，其结构分成了 1T、2H、3R 相[77]（图 1.9），另外还有扭曲八面体结构的 1T′相等。

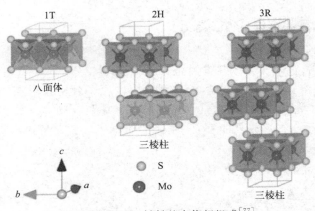

图 1.9　TMDs 材料基本物相组成[77]
（以 MoS_2 为例）

1.3.3　二维材料的合成

机械剥离法、液相剥离法、气相合成法以及化学合成法是目前制备二维材料的常见方法，不同的方法具有各自的优势和适用场景。

（1）机械剥离法

二维材料通过弱范德华力实现层间连接，通过外力很容易破坏范德华力的作用将其分开。传统的机械剥离法使用的工具仅为胶带，通常选取 scotch 白胶带剥离薄的层状材料，并将获得的少量少数层状材料甚至单层材料转移到指定的衬底如硅晶片上。但是这种方法虽然简单但存在一些不足，如应用的材料尺寸小，产量低，得到的材料质量参差不齐、层数不可控等，人们需要新的方法来得到高质高产的材料。2020 年，Huang 等人[78] 报道了一种更为通用的机械剥离技术：金（Au）辅助剥离（图 1.10）。在基板上沉积一层薄薄的金，并覆盖一层薄薄的钛或铬附着力层，然后让新解理的层状体晶体与 Au 层接触。胶带放置在晶体的外侧，轻轻按压以建立一个良好的层状晶体/Au接触，剥落胶带去除晶体的主要部分，留下一个或几个大面积的单层薄片在Au表面。通过进一步分离40种单晶单层[78]，验证了该方法的有效性，随着晶圆级和高质量的层状材料的获得以及技术可控性的发展，相信机械剥离法在未来二维材料的研究中将会发挥更重要的作用。

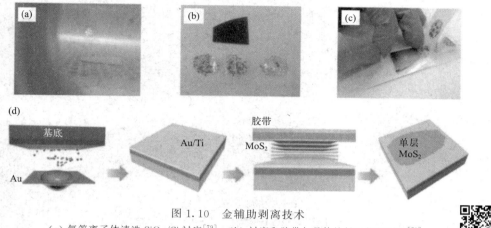

图1.10　金辅助剥离技术

(a) 氧等离子体清洗SiO_2/Si衬底[79]；(b) 衬底和胶带与晶体接触后粘附图像[79]；
(c) 将基板从热板上移除剥离胶带[79]；(d) 金辅助剥离法流程[78]

（2）液相剥离法

在制备小尺寸的二维材料薄膜时，相较于微机械剥离法，液相剥离法获得的材料要更为理想，更容易获得厚度均匀尺寸较大的材料。如图1.11所示为液相剥离法主要的三种机制——离子插层、离子交换、超声辅助[80]。离子插层法是通过插层剂在液相环境中使离子插入材料层与层之间，通过晶格膨胀减弱层间范德华力从而使材料从块体剥离，最终得到少层甚至单层的纳米薄片；离子交换法是利用层状材料层与层之间本身自带的孤立离子，较大的离子在液相环境中与表面离子接触进行置换从而达到剥离的效果；超声辅助法是直接在液相环境中进行超声振动，由于范德华力的作用力较弱，在超声的作用下很容易将其分开从而剥离出二维纳米片[80,81]。相较于机械剥离，液相剥离除了可以获得厚度更为均匀的材料，还可以用于剥离一些层间作用力较大的材料。液相剥离中，溶剂的选择至关重要，虽然目前各种晶体材料都可以找到适合的溶剂，但是要找到一种有效、无毒、低成本的溶剂仍面临挑战。

（3）气相合成法

与自上而下的方法相比，基于气相蒸气生长的自下而上的方法被认为是一种高效可控的高质量大面积二维材料生长的合成策略，有望满足工业应用的需求，特别是在电子和光电子领域[82]。常见的气相生长包括化学气相沉积（CVD）、热辅助转换（TAC）和物理激光沉积（PLD）等。化学气相沉积的具体流程如图1.12：在低压管式炉系统环境下，对不同的温区进行加热，在上游区域放置非金属前驱体，炉内温度上升，前驱体蒸发通过气流的带动作用与金属前驱体结合反应，在下游区域衬底上形核生长，需要对气流前驱体质量以及温区温度进行精确调控。二维材料的性能和应用高度依赖于厚度、畴尺寸、几何形态、晶体取向、缺陷密度和掺杂类型，所有这些都可以通过优化CVD生长参数来控制。在常规CVD

系统中，可以通过调节生长温度、载气和前驱体的气体流量以及腔室压力等相关生长参数来控制接收到的二维材料的厚度和畴尺寸。

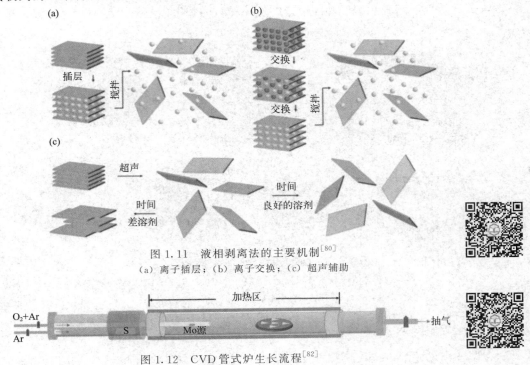

图 1.11 液相剥离法的主要机制[80]
（a）离子插层；（b）离子交换；（c）超声辅助

图 1.12 CVD 管式炉生长流程[82]

传统的 CVD 生长得到的薄膜厚度难以精确控制，且实验不稳定性较大。在制备晶圆级连续薄膜时通常采用预沉积的方法，即在衬底上预先沉积金属或金属氧化物薄膜，再进行硫化或硒化，这种策略不仅可以很好地控制薄膜的均匀性和厚度，而且可以提高接收二维晶体的空气稳定性。预沉积过程可通过热沉积、原子层沉积、电子束沉积、磁控溅射和自旋镀膜来实现。

除了制备单一材料外，也可以通过上述方法制备异质结，二维异质结因其可调节的能带结构和突出的界面性质，能弥补单一二维材料的固有缺陷，从而在电子和光电子领域展现出巨大的应用前景。最初的二维异质结的构筑是依靠机械剥离不同的二维材料，再通过转移工艺将不同材料堆叠，以研究其物理性能的变化[83]。2014 年，Hong 等人首次报道了利用 CVD 法直接制备 WS_2/MoS_2 二维异质结[84,85]。随后 Zhang 等人为了实现二维异质结的可控制备，以 W-Se 合金箔为基底制备 ReS_2/WS_2 异质结，均匀堆叠的最大晶粒达到 $600\mu m^2$[86]。2017 年，Yang 等以 WSe_2 粉体作为源，利用 PVD 成功在 SiO_2/Si 上制备 WSe_2/SnS_2 异质光电器件，开关比达到 10^7[87]。二维横向异质结的构筑往往比垂直异质结更加困难，因为通过气相合成异质结时，两种材料易于在界面处发生合金化从而破坏异质结的本征性能[83]。2015 年，Li 等人首次制备出具有清晰界面的 WSe_2-MoS_2 横向异质结，并发现了异质结中强烈的带间跃迁和良好的整流特性，为单层异质 TMD 电子元件的制备开辟了道路[85]。随后，Zhang 等人又成功制备出 WS_2-WSe_2-MoS_2 横向异质器件，开关比高达 10^5，展示了构筑复杂二维横向异质结的可能[88]。Mannix 等人在 Ag（111）生长硅烯，硅烯的晶体结构随着生长温度发生改变，从 4×4、$\sqrt{13}\times\sqrt{13}$、$\sqrt{7}\times\sqrt{7}$ 到 $\sqrt{3}\times\sqrt{3}$ 转变，并且影响电传输性质，$\sqrt{7}\times\sqrt{7}$ 是弱金属性质，$\sqrt{3}\times\sqrt{3}$ 是半导体[89]。目前，二维半导体异质结的制备和相关的器件性能研究仍是研究热点。

1.3.4 二维材料的性能举例

近年来，二维材料得到广泛研究，研究人员相继发现 200 多种新型材料，二维材料的种类库得到了极大的丰富，不同材料拥有不同的性质和独特的晶体结构，为半导体器件领域的研究提供了丰富的材料资源。

二维半导体材料拥有原子级的厚度，同时材料带隙随厚度可调，其出色的光学性能和电学性能在光电探测器领域有着很大的应用空间。Yin[90] 等人首次将机械剥离获得的 MoS_2 应用在光电探测器上，制作了单层 MoS_2 光电晶体管 [图 1.15（a）]，该器件光电响应截止波长约为 670nm，最大响应率约为 7.5mA/W，如图 1.15（b）所示。通过提高迁移率和接触质量，Lopez-Sanchez[91] 等制备出超灵敏单层 MoS_2 光电探测器，如图 1.15（c）所示，最大光响应可达到 880A/W，较前者有了很大的提高。如图 1.15（d）所示，漏极电流 I_{ds} 随光照增强而增加。

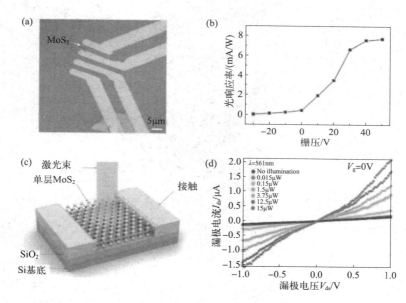

图 1.13　基于 MoS_2 制备的光电晶体管及光电探测器[90,91]

(a) 光电晶体管器件的光学图像；(b) 光电晶体管光响应度随栅压变化曲线（V_g 为栅压）；
(c) 光电探测器器件三维结构；(d) 光电探测器器件在黑暗和不同光照强度下的漏源特性

异质结的制备也能够优化光电探测器的性能[92]。例如 MoS_2 虽然表现出良好的光电性能，但是其只能对可见光产生响应，极大地限制了其适用范围。2016 年，L. Ye 等人报道了基于 MoS_2/BP 异质结的垂直集成光电探测器[93]，如图 1.16 所示，其中黑磷覆盖了从可见光到中红外的光谱范围。该异质结拥有良好的栅极可调性和整流特性，在 532nm 波段的光电响应率为 22.3A/W，在 1550nm 波段的光电响应率 153.4mA/W，比此前报道的少层 BP 光电晶体管要高出 2～3 个数量级，且该异质结光电探测器的响应时间也要远小于单质 BP 光电探测器的响应时间。

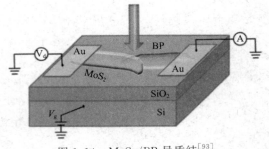

图 1.14 MoS$_2$/BP 异质结[93]

场效应晶体管（field effect transistor，FET）是利用电场效应来影响输出电流的一类半导体器件。场效应晶体管在工作过程中只有一种载流子参与导电，根据参与导电的载流子划分可分为 N 沟道型（电子导电）和 P 沟道型（空穴导电）[94]；根据场效应晶体管的结构划分，它又可分为结型和绝缘栅型；根据栅极的位置不同，场效应晶体管的结构大致可以分为以下三类：背栅、顶栅和双栅场效应晶体管，如图 1.17（a）所示。

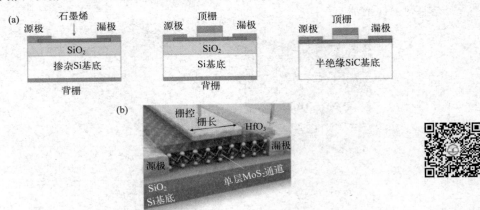

图 1.15 背栅、顶栅、双栅场效应晶体管[94]（a）及单层 MoS$_2$ 顶栅场效应晶体管[95]（b）

作为现代集成电路的基础逻辑单元器件，随着二维材料研究的不断深入，科研人员也在不断尝试将二维材料应用于场效应晶体管器件中。自 2014 年发现二维黑磷材料以来，对黑磷的 FET 研究也是下一代电子器件的热点。Li 等人制造了厚度为 7.5nm 的 BP FET[67]，该器件的开关比高达 10^5，同时也表现出高达 $1000cm^2/(V·s)$ 的载流子迁移率，展现了 BP 在先进晶体管和逻辑电路的巨大潜力。除了 2D BP 材料，2D TMDs 同样拥有高电子迁移率和原子级的厚度，其也是成为了下一代晶体管研究的热门材料。2011 年，Schwierz 等人最先报道了单层 MoS$_2$ 的顶栅场效应管[95]，如图 1.17（b）所示，使用机械剥离得到单层 MoS$_2$ 作为传输通道，测试得到该器件的开关比可以达到约 10^8，具有大于 $200cm^2/(V·s)$ 的迁移率；2019 年，复旦大学廖付友等人报道了基于 MoS$_2$ 的双栅场效应晶体管，器件的开关比高达 $10^{9[96]}$。

1.4 低维材料的表征技术

低维半导体材料在电子器件中的应用给出了令人振奋的前景，并显示出取代传统硅基材料的巨大潜力。低维材料需要高分辨率技术来表征其特性，目前常用X射线衍射（XRD）、扫描电子显微镜（SEM）、原子力显微镜（AFM）以及透射电子显微镜（TEM）等从多方面来进行表征。

X射线衍射（X-ray diffraction，XRD）是通过对材料进行X射线衍射，分析其衍射图谱，获得材料的成分、材料内部原子或分子的结构或形态等信息的研究手段。X射线确定晶体结构的原理是：X射线的波长和晶体内部原子间的距离相近，因此，晶体可以作为X射线的空间衍射光栅，即当一束X射线通过晶体时将发生衍射，衍射波叠加的结果使射线的强度在某些方向上加强，在其他方向上减弱。通过分析在照相底片上得到的衍射花样，便可确定晶体结构。在低维材料的表征中，X射线衍射分析是最常用的表征手段之一。

扫描电子显微镜（scanning electron microscope，SEM）是可以提供样品表面及其组成信息的光学仪器，通过电子光学系统产生一个极细的高能电子束，照射到样品表面产生各种物理信号，经过信号检测处理系统把这些信息收集放大，最后通过成像系统就可以得到样品表面的微观形貌[97]。同时扫描电镜（SEM）系统中配备的能量色散X射线谱（EDX）谱分析可以通过检测样品被电子撞击时发射的X射线来识别样品的成分，如图1.16所示。

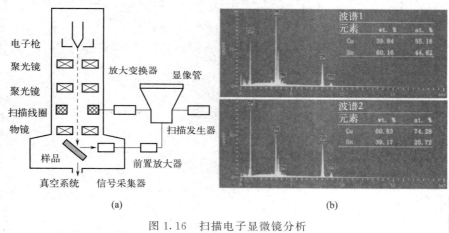

图1.16 扫描电子显微镜分析
（a）扫描电子显微镜结构[97]；（b）CuSn合金的能谱[98]

透射电子显微镜（transmission electron microscope，TEM）可以提供样品的内部结构信息，如晶体结构、形态以及应力状态。工作时由电子枪发射出来的电子束，在真空通道中沿着镜体光轴穿越聚光镜，通过聚光镜将之会聚成一束尖细、明亮而又均匀的光斑，照射在样品室内的样品上；透过样品后的电子束携带有样品内部的结构信息，经过物镜的会聚调焦和初级放大后，电子束进入下级的中间透镜和第1、第2投影镜进行综合放大成像，最终被放大的电子影像投射在观察室内的荧光屏板上；荧光屏将电子影像转化为可见光影像以供使用者观察。

原子力显微镜（atomic force microscope，AFM）可以获得二维层状材料的厚度信息，其工作流程如图1.17（a）所示，当对样品表面进行扫描时，针尖与样品之间的作用力会使微悬臂发生弹性变形或运动状态发生改变，传感器根据扫描样品时探针运动轨迹的偏移或是振动频率的微弱变化来绘制图像[97]，从而获得样品表面的形貌。

除了显微分析技术，还可以通过光谱技术对二维材料进行表征，拉曼光谱是一种无损的分析技术，它是基于光和材料内化学键的相互作用而产生的，可以提供样品化学结构、相和形态、结晶度以及分子相互作用的详细信息。在二维材料中可以利用拉曼光谱与层数的依赖性确定薄膜的厚度；也利用拉曼光谱研究过渡金属硫族化合物（TMDs）的相变及其不同结构的演化过程。

此外，X射线散射和扫描探针显微镜技术已被证明是低维纳米材料领域极具价值的表征技术。小角度X射线散射（SAXS）[99]是一种强大的表征手段，用于获取纳米颗粒的大小、形状和尺寸分布。SAXS已成功地应用于在实际实验条件下实时进行纳米颗粒合成的原位研究。

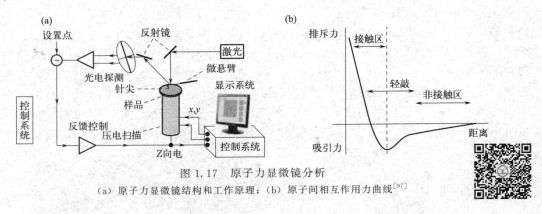

图 1.17　原子力显微镜分析
（a）原子力显微镜结构和工作原理；（b）原子间相互作用力曲线[97]

拓展视频　　半导体晶体结构

参考文献

[1] AKKERMAN Q A, ABDELHADY A L, MANNA L. Zero-Dimensional Cesium Lead Halides: History, Properties, and Challenges [J]. J Phys Chem Lett, 2018, 9(9): 2326-3237.

[2] LI M, XIA Z. Recent progress of zero-dimensional luminescent metal halides [J]. Chem Soc Rev, 2021, 50(4): 2626-2662.

[3] LIU S, FANG X, LU B, et al. Wide range zero-thermal-quenching ultralong phosphorescence from zero-dimensional metal halide hybrids [J]. Nat Commun, 2020, 11(1): 4649.

[4] SAIDAMINOV M I, ALMUTLAQ J, SARMAH S, et al. Pure Cs4PbBr6: Highly Luminescent Zero-Dimensional Perovskite Solids [J]. ACS Energy Letters, 2016, 1(4): 840-845.

[5] XIONG W W, ATHRESH E U, NG Y T, et al. Growing crystalline chalcogenidoarsenates in surfactants: from zero-dimensional cluster to three-dimensional framework [J]. J Am Chem Soc, 2013, 135(4): 1256-1259.

[6] ZHANG Y, SAIDAMINOV M I, DURSUN I, et al. Zero-Dimensional Cs(4)PbBr(6) Perovskite Nanocrystals [J]. J Phys Chem Lett, 2017, 8(5): 961-965.

[7] SRIVASTAVA A K, ANUSIEWICZ I, VELICKOVIC S, et al. Editorial: Atomic Clusters: Theory & Experiments [J]. Frontiers in Chemistry, 2021, 9, 795113.

[8] VERKHOVTSEV A, ROJAS-LORENZO G, RUBAYO-SONEIRA J, et al. Topical Issue on atomic cluster collisions [J]. European Physical Journal D, 2019, 73(7):154.

[9] XU W, YE Y L, SUN D Y, et al. Single-chain nanoparticle catalyzed polymerization toward composite nanoparticles [J]. Journal of Polymer Science, 2024, 62:427-435.

[10] TALAPIN D V, SHEVCHENKO E V. Introduction: Nanoparticle Chemistry [J]. Chem Rev, 2016, 116(18):10343-10345.

[11] MANNHART J, BOSCHKER H, KOPP T, et al. Artificial atoms based on correlated materials [J]. Rep Prog Phys, 2016, 79(8):084508.

[12] BEARD M C, PENG X, HENS Z, et al. Introduction to special issue: Colloidal quantum dots [J]. J Chem Phys, 2020, 153(24):240401.

[13] JIN H, SUN Y, SUN Z, et al. Zero-dimensional sulfur nanomaterials: Synthesis, modifications and applications [J]. Coordination Chemistry Reviews, 2021, 438, 213913.

[14] SHAMSIPUR M, POURMORTAZAVI S M, ROUSHANI M, et al. Novel approach for electrochemical preparation of sulfur nanoparticles [J]. Microchimica Acta, 2011, 173(3-4):445-451.

[15] PARALIKAR P, RAI M. Bio-inspired synthesis of sulphur nanoparticles using leaf extract of four medicinal plants with special reference to their antibacterial activity [J]. IET Nanobiotechnology, 2017, 12(1):25-31.

[16] ZHANG Y, LI K, HUANG J, et al. Preparation of monodispersed sulfur nanoparticles-partly reduced graphene oxide-polydopamine composite for superior performance lithium-sulfur battery [J]. Carbon, 2017, 114:8-14.

[17] AL-DOURI Y, KHAN M M, JENNINGS J R. Synthesis and optical properties of II-VI semiconductor quantum dots: a review [J]. Journal of Materials Science: Materials in Electronics, 2023, 34(11):993.

[18] DE IACOVO A, VENETTACCI C, GIANSANTE C, et al. Narrowband colloidal quantum dot photodetectors for wavelength measurement applications [J]. Nanoscale, 2020, 12(18):10044-10050.

[19] DORDEVIĆ N, SCHWANNINGER R, YAREMA M, et al. Metasurface Colloidal Quantum Dot Photodetectors [J]. ACS Photonics, 2022, 9(2):482-492.

[20] GUO R, ZHANG M, DING J, et al. Advances in colloidal quantum dot-based photodetectors [J]. Journal of Materials Chemistry C, 2022, 10(19):7404-7422.

[21] HONG H, WU C, ZHAO Z, et al. Giant enhancement of optical nonlinearity in two-dimensional materials by multiphoton-excitation resonance energy transfer from quantum dots [J]. Nature Photonics, 2021, 15(7):510-515.

[22] DE IACOVO A, VENETTACCI C, COLACE L, et al. Noise performance of PbS colloidal quantum dot photodetectors [J]. Applied Physics Letters, 2017, 111(21):211104.

[23] WANG Z, HU T, LIANG R, et al. Application of Zero-Dimensional Nanomaterials in Biosensing [J]. Front Chem, 2020, 8(320).

[24] XU H V, ZHAO Y, TAN Y N. Nanodot-Directed Formation of Plasmonic-Fluorescent Nanohybrids toward Dual Optical Detection of Glucose and Cholesterol via Hydrogen Peroxide Sensing [J]. ACS Appl Mater Interfaces, 2019, 11(30):27233-27242.

[25] JI D, XU N, LIU Z, et al. Smartphone-based differential pulse amperometry system for real-time monitoring of levodopa with carbon nanotubes and gold nanoparticles modified screen-printing electrodes [J]. Biosens Bioelectron, 2019, 129:216-223.

[26] KNEZEVIC N Z, GADJANSKI I, DURAND J O. Magnetic nanoarchitectures for cancer sensing, imaging and therapy [J]. J Mater Chem B, 2019, 7(1):9-23.

[27] KUROCHKINA M, KONSHINA E, OSEEV A, et al. Hybrid structures based on gold nanoparticles and semiconductor quantum dots for biosensor applications [J]. Nanotechnol Sci Appl, 2018, 11: 15-21.

[28] ZHU S, SONG Y, ZHAO X, et al. The photoluminescence mechanism in carbon dots (graphene quantum dots, carbon nanodots, and polymer dots): current state and future perspective [J]. Nano Research, 2015, 8(2): 355-381.

[29] LUO N, ZHANG B, ZHANG D, et al. Enhanced CO sensing properties of Pd modified ZnO porous nanosheets [J]. Chinese Chemical Letters, 2020, 31(8): 2033-2036.

[30] LUPAN O, ABABII N, SANTOS-CARBALLAL D, et al. Tailoring the selectivity of ultralow-power heterojunction gas sensors by noble metal nanoparticle functionalization [J]. Nano Energy, 2021, 88: 106241.

[31] MA J, XIAO X, ZOU Y, et al. A General and Straightforward Route to Noble Metal-Decorated Mesoporous Transition-Metal Oxides with Enhanced Gas Sensing Performance [J]. Small, 2019, 15 (46): e1904240.

[32] TAN L L, WEI M, SHANG L, et al. Cucurbiturils-Mediated Noble Metal Nanoparticles for Applications in Sensing, SERS, Theranostics, and Catalysis [J]. Advanced Functional Materials, 2020, 31 (1): 2007277.

[33] KUMAR R, LIU X, ZHANG J, et al. Room-Temperature Gas Sensors Under Photoactivation: From Metal Oxides to 2D Materials [J]. Nanomicro Lett, 2020, 12(1): 164.

[34] WANG J, SHEN H, XIA Y, et al. Light-activated room-temperature gas sensors based on metal oxide nanostructures: A review on recent advances [J]. Ceramics International, 2021, 47(6): 7353-7568.

[35] CHO D, SUH J M, NAM S H, et al. Optically Activated 3D Thin-Shell $TiO(2)$ for Super-Sensitive Chemoresistive Responses: Toward Visible Light Activation [J]. Adv Sci (Weinh), 2021, 8 (3): 2001883.

[36] FAN J L, HU X F, QIN W W, et al. UV-light-assisted gas sensor based on $PdSe(2)/InSe$ heterojunction for ppb-level $NO(2)$ sensing at room temperature [J]. Nanoscale, 2022, 14(36): 13204-13213.

[37] HOAT P D, YUN Y, PARK B, et al. Synthesis of Cs_2TeI_6 thin film and its NO_2 gas-sensing properties under blue-light illumination [J]. Scripta Materialia, 2022, 207: 114305.

[38] XIA Y, GUO S, YANG L, et al. Enhanced Free-Radical Generation on $MoS(2)/Pt$ by Light and Water Vapor Co-Activation for Selective CO Detection with High Sensitivity [J]. Adv Mater, 2023, 35 (30): e2303523.

[39] IIJIMA S. Helical microtubules of graphitic carbon [J]. Nature, 1991, 354(6348): 56-58.

[40] CHEONG J Y, CHO S H, LEE J, et al. Multifunctional 1D Nanostructures toward Future Batteries: A Comprehensive Review [J]. Advanced Functional Materials, 2022, 32: 2208374.

[41] KUMAR M, ANDO Y. Chemical Vapor Deposition of Carbon Nanotubes: A Review on Growth Mechanism and Mass Production [J]. Journal of Nanoscience and Nanotechnology, 2010, 10(6): 3739-3758.

[42] REDDY A L M, SHAIJUMON M M, GOWDA S R, et al. Coaxial MnO_2/Carbon Nanotube Array Electrodes for High-Performance Lithium Batteries [J]. Nano Letters, 2009, 9(3): 1002-1006.

[43] DU N, XU Y, ZHANG H, et al. Porous $ZnCo_2O_4$ nanowires synthesis via sacrificial templates: high-performance anode materials of Li-ion batteries [J]. Inorg Chem, 2011, 50(8): 3320-3324.

[44] MENKE E J, THOMPSON M A, XIANG C, et al. Lithographically patterned nanowire electrodeposition [J]. Nat Mater, 2006, 5(11): 914-919.

[45] CHEONG J Y, CHANG J H, KIM C, et al. Revisiting on the effect and role of TiO_2 layer thickness on SnO_2 for enhanced electrochemical performance for lithium-ion batteries [J]. Electrochimica Acta, 2017, 258: 1140-1148.

[46] LIU X, ZHAO Y, DONG Y, et al. Synthesis of One Dimensional Li_2MoO_4 Nanostructures and Their Electrochemical Performance as Anode Materials for Lithium-ion Batteries [J]. Electrochimica Acta, 2015, 174:315-326.

[47] MAI L, TIAN X, XU X, et al. Nanowire electrodes for electrochemical energy storage devices [J]. Chem Rev, 2014, 114(23): 11828-11862.

[48] ZHAI S, KARAHAN H E, WANG C, et al. 1D Supercapacitors for Emerging Electronics: Current Status and Future Directions [J]. Adv Mater, 2020, 32(5): e1902387.

[49] CHAN C K, PENG H, LIU G, et al. High-performance lithium battery anodes using silicon nanowires [J]. Nat Nanotechnol, 2008, 3(1): 31-35.

[50] SHI C, DAI J, HUANG S, et al. A simple method to prepare a polydopamine modified core-shell structure composite separator for application in high-safety lithium-ion batteries [J]. Journal of Membrane Science, 2016, 518: 168-177.

[51] SUN M, SUN M, YANG H, et al. Porous Fe_2O_3 nanotubes as advanced anode for high performance lithium ion batteries [J]. Ceramics International, 2017, 43(1): 363-367.

[52] YU M, WANG Z, HOU C, et al. Nitrogen-Doped Co(3)O(4) Mesoporous Nanowire Arrays as an Additive-Free Air-Cathode for Flexible Solid-State Zinc-Air Batteries [J]. Adv Mater, 2017, 29: 1602868.

[53] WANG P, GUO S, HU Z, et al. Single-Atom Cu Stabilized on Ultrathin WO(2.72) Nanowire for Highly Selective and Ultrasensitive ppb-Level Toluene Detection [J]. Adv Sci (Weinh), 2023, 10(26): e2302778.

[54] ZHANG L, GENG X, ZHA G, et al. Self-catalyzed molecular beam epitaxy growth and their optoelectronic properties of vertical GaAs nanowires on Si (111) [J]. Materials Science in Semiconductor Processing, 2016, 52: 68-74.

[55] ZHANG Y, WU J, AAGESEN M, et al. Ⅲ-Ⅴ nanowires and nanowire optoelectronic devices [J]. Journal of Physics D: Applied Physics, 2015, 48(46): 463001.

[56] KANG D H, KIM N K, KANG H W. High efficient photo detector by using ZnO nanowire arrays on highly aligned electrospun PVDF-TrFE nanofiber film [J]. Nanotechnology, 2019, 30(36): 365303.

[57] SHAFA M, AKBAR S, GAO L, et al. Indium Antimonide Nanowires: Synthesis and Properties [J]. Nanoscale Res Lett, 2016, 11(1): 164.

[58] PENG X, QASIM A M, JIN W, et al. Ni-doped amorphous iron phosphide nanoparticles on TiN nanowire arrays: An advanced alkaline hydrogen evolution electrocatalyst [J]. Nano Energy, 2018, 53:66-73.

[59] REN S, WANG Y, FAN G, et al. Sandwiched ZnO@Au@CdS nanorod arrays with enhanced visible-light-driven photocatalytical performance [J]. Nanotechnology, 2017, 28(46): 465403.

[60] PATOLSKY F, ZHENG G F, HAYDEN O, et al. Electrical detection of single viruses [J]. Proceedings of the National Academy of Sciences of the United States of America, 2004, 101(39): 14017-14022.

[61] CHEN Z, CHENG S B, CAO P, et al. Detection of exosomes by ZnO nanowires coated three-dimensional scaffold chip device [J]. Biosens Bioelectron, 2018, 122: 211-216.

[62] CHU B, PENG F, WANG H, et al. Synergistic effects between silicon nanowires and doxorubicin at non-toxic doses lead to high-efficacy destruction of cancer cells [J]. J Mater Chem B, 2018, 6(45):

7378-7382.

[63] NOVOSELOV K S, GEIM A K, MOROZOV S V, et al. FIRSOVElectric Field Effect in Atomically Thin Carbon Films. Science, 2004, 306(5696): 666-669.

[64] TANG Q, ZHOU Z. Graphene-analogous low-dimensional materials [J]. Progress in Materials Science, 2013, 58(8): 1244-1315.

[65] RADISAVLJEVIC B, RADENOVIC A, BRIVIO J, et al. Single-layer MoS_2 transistors [J]. Nat Nanotechnol, 2011, 6(3): 147-150.

[66] QIAO H, YUAN J, XU Z, et al. Broadband photodetectors based on graphene-Bi_2Te_3 heterostructure [J]. ACS Nano, 2015, 9(2): 1886-1894.

[67] LI L, YU Y, YE G J, et al. Black phosphorus field-effect transistors [J]. Nat Nanotechnol, 2014, 9(5): 372-377.

[68] GUO B, XIAO Q L, WANG S H, et al. 2D Layered Materials: Synthesis, Nonlinear Optical Properties, and Device Applications [J]. Laser & Photonics Reviews, 2019, 13: 1800327.

[69] WANG Q H, KALANTAR-ZADEH K, KIS A, et al. Electronics and optoelectronics of two-dimensional transition metal dichalcogenides [J]. Nat Nanotechnol, 2012, 7(11): 699-712.

[70] ZHANG S, XIE M, LI F, et al. Semiconducting Group 15 Monolayers: A Broad Range of Band Gaps and High Carrier Mobilities [J]. Angew Chem Int Ed Engl, 2016, 55(5): 1666-1669.

[71] HUANG S, WANG F, ZHANG G, et al. From Anomalous to Normal: Temperature Dependence of the Band Gap in Two-Dimensional Black Phosphorus [J]. Phys Rev Lett, 2020, 125(15): 156802.

[72] YANG F Y, LIU K, HONG K, et al. Large Magnetoresistance of Electrodeposited Single-Crystal Bismuth Thin Films [J]. Science, 1999, 284(5418): 1335-1337.

[73] DABRAL A, LU A K A, CHIAPPE D, et al. A systematic study of various 2D materials in the light of defect formation and oxidation [J]. Phys Chem Chem Phys, 2019, 21(3): 1089-1099.

[74] ZHANG S, XIE M, LI F, et al. Semiconducting Group 15 Monolayers: A Broad Range of Band Gaps and High Carrier Mobilities[J]. Angew Chem Int Ed Engl, 2016, 55(5): 1666-1669.

[75] WU Y, YUAN W, XU M, et al. Two-dimensional black phosphorus: Properties, fabrication and application for flexible supercapacitors [J]. Chemical Engineering Journal, 2021, 412: 128744.

[76] LI Z, SONG J, YANG H. Emerging low-dimensional black phosphorus: from physical-optical properties to biomedical applications [J]. Science China Chemistry, 2022, 66(2): 406-435.

[77] KAN M, WANG J Y, LI X W, et al. Structures and Phase Transition of a MoS_2 Monolayer [J]. The Journal of Physical Chemistry C, 2014, 118(3): 1515-1522.

[78] HUANG Y, PAN Y H, YANG R, et al. Universal mechanical exfoliation of large-area 2D crystals [J]. Nat Commun, 2020, 11(1): 2453.

[79] HUANG Y, SUTTER E, SHI N N, et al. Reliable Exfoliation of Large-Area High-Quality Flakes of Graphene and Other Two-Dimensional Materials [J]. ACS Nano, 2015, 9(11): 10612-10620.

[80] COLEMAN J N, LOTYA M, O'NEILL A, et al. Two-dimensional nanosheets produced by liquid exfoliation of layered materials [J]. Science, 2011, 331(6017): 568-571.

[81] ZHANG K, ZHANG L, HAN L, et al. Recent progress and challenges based on two-dimensional material photodetectors [J]. Nano Express, 2021, 2(1): 012001.

[82] LI T, GUO W, MA L, et al. Epitaxial growth of wafer-scale molybdenum disulfide semiconductor single crystals on sapphire [J]. Nat Nanotechnol, 2021, 16(11): 1201-1207.

[83] LU N, GUO H, LI Z. Growth of Inorganic Two-dimensional Heterostructures Based on Transition Metal Dichalcogenides [M]//Inorganic Two-dimensional Nanomaterials: Fundamental Understanding, Characterizations and Energy Applications. The Royal Society of Chemistry, 2017.

[84] HONG X, KIM J, SHI S F, et al. Ultrafast charge transfer in atomically thin MoS(2)/WS(2) heterostructures [J]. Nat Nanotechnol, 2014, 9(9): 682-686.

[85] LI M Y, SHI Y, CHENG C C, et al. Epitaxial growth of a monolayer WSe_2-MoS_2 lateral p-n junction with an atomically sharp interface [J]. Science, 2015, 349(6247): 524-528.

[86] ZHANG T, JIANG B, XU Z, et al. Twinned growth behaviour of two-dimensional materials [J]. Nat Commun, 2016, 7: 13911.

[87] YANG T, ZHENG B, WANG Z, et al. Van der Waals epitaxial growth and optoelectronics of large-scale WSe(2)/SnS(2) vertical bilayer p-n junctions [J]. Nat Commun, 2017, 8(1): 1906.

[88] ZHANG Z, CHEN P, DUAN X, et al. Robust epitaxial growth of two-dimensional heterostructures, multiheterostructures, and superlattices [J]. Science, 2017, 357(6353): 788-792.

[89] MANNIX A J, KIRALY B, FISHER B L, et al. Silicon Growth at the Two-Dimensional Limit on Ag (111) [J]. ACS Nano, 2014, 8(7): 7538-7547.

[90] YIN Z, LI H, LI H, et al. Single-Layer MoS_2 Phototransistors [J]. ACS Nano, 2012, 6(1): 74-80.

[91] LOPEZ-SANCHEZ O, LEMBKE D, KAYCI M, et al. Ultrasensitive photodetectors based on monolayer MoS_2 [J]. Nat Nanotechnol, 2013, 8(7): 497-501.

[92] SHANG J, CONG C, WU L, et al. Light Sources and Photodetectors Enabled by 2D Semiconductors [J]. Small Methods, 2018, 2(7): 1800019.

[93] YE L, LI H, CHEN Z, et al. Near-Infrared Photodetector Based on MoS_2/Black Phosphorus Heterojunction [J]. ACS Photonics, 2016, 3(4): 692-699.

[93] SCHWIERZ F. Graphene transistors [J]. Nat Nanotechnol, 2010, 5(7): 487-496.

[95] SCHWIERZ F. Nanoelectronics: Flat transistors get off the ground [J]. Nat Nanotechnol, 2011, 6(3): 135-136.

[96] LIAO F, GUO Z, WANG Y, et al. High-Performance Logic and Memory Devices Based on a Dual-Gated MoS_2 Architecture [J]. ACS Applied Electronic Materials, 2019, 2(1): 111-119.

[97] LIU C, YAN X, SONG X, et al. A semi-floating gate memory based on van der Waals heterostructures for quasi-non-volatile applications [J]. Nat Nanotechnol, 2018, 13(5): 404-10.

[98] LI C, HU X, JIANG X, et al. Interfacial reaction and microstructure between the $Sn_3Ag_{0.5}Cu$ solder and Cu-Co dual-phase substrate [J]. Applied Physics A, 2018, 124(7): 484.

[99] LI T, SENESI A J, LEE B. Small Angle X-ray Scattering for Nanoparticle Research [J]. Chem Rev, 2016, 116(18): 11128-11180.

第 2 章
二维材料在触觉传感器的应用

  触觉是人类第二大外界信息获取来源，也是包括机器人在内的众多智能系统获取外界信息的重要传递媒介。目前，触觉传感器已被列为我国"卡脖子"技术之一，高端触觉传感器仍被德、美、日等国家垄断。随着我国"新型基础设施建设""物联网"及"中国制造2025"等智慧经济新发展理念的提出，触觉传感器作为先行技术，将助推传统产业的升级，加速技术创新应用，其将成为我国制造业转型发展的重要引擎。此外，二维材料半导体及其高导电等优良性质，在触觉传感器及有源触觉场效应晶体管领域展现出广阔的应用前景。

  广义上来说，触觉传感器包括压力传感器、拉伸传感器、温度传感器和湿度传感器。因此，本章从触觉感知机理、传感材料选择以及触觉传感器应用三个方面探讨二维材料在触觉传感器的应用。

2.1 二维材料在压力传感器的应用

2.1.1 压力感知机理

2.1.1.1 电阻式压力传感器

  电阻型压力传感器由弹性导体层或半导体层组成的活性层与两个电极接触组成，并将施加的压力刺激转换成电阻信号的变化。传感器的总电阻由电极电阻和活性层电阻两部分组成，针对某一确定的电阻型压力传感器，电极电阻一般为固定值，传感器电阻信号的变化主要取决于活性层电阻值的变化。电阻型压力传感器电阻（R）的计算公式如下。

$$R = \frac{\rho L}{A} \tag{2.1}$$

  式中，ρ 为电阻率；L 为长度；A 为横截面积。一般而言，电阻型压力传感器电阻的变化由外部刺激触发的宏观几何参数变化而引起。而基于压阻效应的柔性压力传感器的电阻变化则主要取决于电阻率的变化。通过筛选纳米复合材料的种类、控制材料的用量和设计活性层微结构可以制备具有不同性能的柔性压阻传感器。柔性压阻式压力传感器的传感机制主要包括以下几种。

  （1）基于半导体材料能带结构变化

  半导体材料在外力形变下能带结构发生变化，从而改变电阻率值，因而具备应用于柔性压阻式压力传感器的潜力。半导体材料种类多样，既能满足传感器压力区间差异性需求，也能为设计不同性能侧重点的压力传感器提供新的思路。以 p 型 Si 半导体传导过程为例（图2.1），传导过程依赖于空穴在价带中的运动，当沿着 [111] 方向对 p 型 Si 半导体施加牵引力时，出现了能带变化，空穴分布也随之发生变化，因为失去能量的空穴移动到顶部，导致"重空穴"，"轻空穴"带则降低。根据公式（2.1），随着迁移率的降低空穴数增加（平均空穴迁移率μ减小），电阻率（ρ）增大，电导率减小。

$$\rho = 1/ne\mu \tag{2.2}$$

式中，n 为载流子浓度；e 为载流子所带电荷；μ 为载流子迁移率。此过程因为外应力的作用，能带结构发生变化，导致迁移率变化，从而最终影响电阻率。

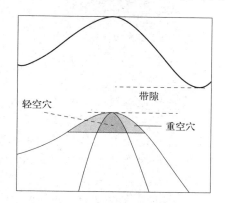

图 2.1　半导体硅在 [111] 和 [100] 波数方向的导带和价带[1]

（2）基于导电高分子复合材料的渗流理论

大多数压力传感器由低杨氏模量的弹性体结构和表面导电层组成，但这种两层结构模型对高性能压力传感器的长期稳定性提出了更高的要求。在长期稳定性循环测试中，由于弹性体形变层与表面导电层之间存在杨氏模量失配，从而出现表面导电层产生裂纹甚至从变形层脱落的现象。因此，为了保证柔性压阻式压力传感器的循环稳定性，人们提出了基于导电高分子复合材料的渗流理论，开发出一种兼具高电导率和低杨氏模量的渗透型导电复合纳米材料，以此作为柔性压阻式压力传感器的传感层。导电高分子复合材料由聚合物基体和导电填料组成，导电填料可以是无机/有机导电材料。电阻率的大小取决于导电填料的体积含量。当导电填料的体积含量极低时，聚合物基体中导电粒子间平均距离较大，未形成导电通路，导电性受聚合物基体的限制，电阻率较高；随着导电填料的体积含量的增加，导电粒子间的平均距离缩小，形成部分导电通路，电阻率呈下降趋势；当导电填料的体积含量足够大时，在聚合物基体中导电填料颗粒相互靠近形成连接，从而形成贯穿整个材料的完整导电网络。当导电高分子复合材料将从初始的绝缘聚合物基体转变为导体时，根据渗流理论，此时导电填料的临界体积比称为渗流阈值。

因此，在设计基于渗流理论的柔性压阻式压力传感器时，要保证传感器的灵敏度及压力范围。如图 2.2 所示，要控制导电填料的体积含量，在导电高分子复合材料内部仅形成部分导电通路。当对传感器施加压力时，导电粒子间的平均距离开始缩小，形成更多的导电通路，进而降低电阻率值。

（3）基于导电高分子复合材料的隧穿效应

基于导电高分子复合材料的隧穿效应是指在导电高分子复合材料中，导电填料之间的电子穿过原本无法通过的"能量势垒"的现象。在此效应下，电子存在一定的概率从低能量态跃迁至高能量态，从而形成隧穿电流。

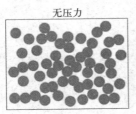
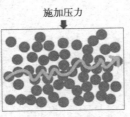
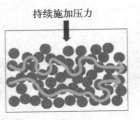

图 2.2　通过按压导电聚合物复合材料降低电阻率[2]

（4）基于界面接触电阻的变化

研究学者为了打破通过筛选纳米复合材料的种类或者控制材料的用量构建高分子复合材料导电网络无法进一步提高传感器灵敏度性能的局限，建立了基于界面接触电阻变化的传感机制。所有固体表面在微观尺度上都是粗糙的，因此两种材料之间的界面接触发生在两个表面微凸体机械接触产生的接触点上，真正接触的面积仅是名义接触面积的一小部分，电流线束会经由这些独立分开的接触点传输（图 2.3）。接触点数量和尺寸的变化直接决定了电阻值的变化，因此通过调控接触微凸体的尺寸、数量及优化接触点的分布，使接触的总面积尽可能大，可以获得更小的电阻值。

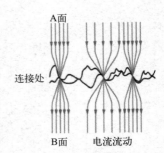

图 2.3　两种固体材料的接触界面[3]

2.1.1.2　电容式压力传感器

电容式传感器一般由电极和介电层组成。电容式传感器的工作原理是：在外力作用下，传感器两块极板之间的距离发生变化，或者是表面积变化，从而导致电容量改变。电容（C）的计算公式为：

$$C = \frac{\varepsilon_0 \varepsilon_r A}{d} \tag{2.3}$$

式中，ε_0 为真空介电常数；ε_r 为介电材料的相对介电常数；A 为两导电层的有效面积；d 为电容极板间距。

2.1.1.3　压电式压力传感器

在机械应力下，压电材料内部偶极子的体积中发生电极化，在压电材料的两个相对表面之间出现电位差。其开路电压（V_{piezo}）表达式为：

$$V_{piezo} = A \times \frac{d_{33}}{\varepsilon_{33}^T} \times h \Delta\sigma \tag{2.4}$$

式中，A 为面积；d_{33} 为压电系数；ε_{33}^T 为介电常数；h 为厚度；$\Delta\sigma$ 为机械应力。压电传感器可以有效地响应高频信号，同时是自供电器件。

2.1.1.4 摩擦电式压力传感器

摩擦电是发生在两种不同材料接触表面上的常见电荷转移现象,可有效地将摩擦接触转换为电信号。基于这一基本物理现象的摩擦电纳米发电机(TENG)在2012年被王中林院士首次报道。

TENG有四种工作模式:垂直接触-分离、横向滑动、单电极和独立摩擦电层模式。摩擦电压力传感器主要工作在垂直接触-分离模式下(图2.4),这是TENG主要工作模式的四个工作原理之一。这种模式使具有不同摩擦电特性的两种材料垂直相对。当受到外部激励时,两个摩擦电层相互接触。由于静电感应,两个摩擦电层的表面产生具有相反特性的电荷,如图2.4(a)所示。当外部激励被撤回时,两个摩擦电层分离,两个电极之间电位下降,如图2.4(b)所示,这导致电子流过连接负载。当外部摩擦电层被释放到极限位置时,两个电极之间的电压达到最大值,图2.4(c)显示了该状态下的摩擦电层和电极层的物理模型。当再次施加外部激励时,摩擦电层闭合,如图2.4(d)所示,在按压过程中,电子转移,电极之间的电压逐渐消失,这进一步使得电子能够返回以实现电平衡。这种模式需要在紧密接触状态和完全分离状态之间进行有效的循环切换。

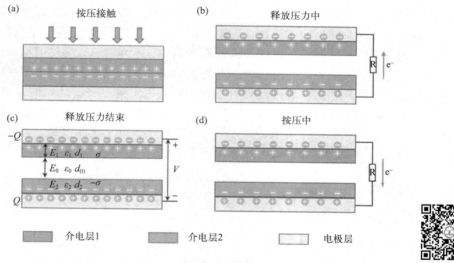

图 2.4 TENG垂直接触-分离模式的工作机制

(a) 在压力下接触带电[4];(b) 电子在释放过程中转移[4];(c) 等效物理模型[4];(d) 电子在压力过程中转移[4]

根据图2.4(c)所示的等效物理模型,利用高斯定理获得每个区域中的电场强度(E_i)。

气隙内部:

$$E_0 = \frac{\sigma_0 - \frac{Q}{S}}{\varepsilon_0} \tag{2.5}$$

电介质层1内部:

$$E_1 = \frac{-Q}{\varepsilon_0 \varepsilon_1 S} \tag{2.6}$$

电介质层 2 内部：

$$E_2 = \frac{-Q}{\varepsilon_0 \varepsilon_2 S} \tag{2.7}$$

式中，σ_0 为摩擦电荷密度；ε_0 是真空中的介电常数；Q 是转移电荷的数量；ε_1 是介电层的相对介电常数；S 是面板面积。两个电极之间的电压可以由下式给出：

$$V = Ed_t + E_1 d_1 + E_2 d_2 \tag{2.8}$$

将 E_0、E_1、E_2 的表达式分别代入可得：

$$V = -\frac{Q}{\varepsilon_0 S}\left(\frac{d_1}{\varepsilon_1} + d_t + \frac{d_2}{\varepsilon_2}\right) + \frac{\sigma_0 d_t}{\varepsilon_0} \tag{2.9}$$

式中，d_1、d_2 和 d_t 分别为电介质层 1、电介质层 2 的厚度和气隙距离。在开路条件下，没有电荷转移，因此，$Q=0$。此时，开路电压（V_{OC}）由下式给出：

$$V_{OC} = \frac{\sigma_0 d_t}{\varepsilon_0} \tag{2.10}$$

理论上，材料的介电常数是固定的。因此，介电层的微观结构可以被视为间隙层，并且理论上，电压的变化与间隙的变化具有线性关系。

在上述四种压力传感器中，电容式压力传感器具有结构简单、准确度高、信号漂移少等优点，但其稳定性较差，在长期工作中易引起灵敏度下降。压电式压力传感器因其自供电优势，可在某些苛刻条件下对信号进行长期监测，可节约大量能量消耗，但需要特殊的材料、复杂的结构和繁琐的加工过程，且不能实现对静态力的测量。相对于其它类型的传感器，压阻式压力传感器具有制备工艺简单、能耗低、性能稳定、抗干扰能力强、灵敏度高、应用范围广、易于成阵、可实现系统集成和智能化等优势。

2.1.2 二维材料压力传感器

（1）石墨烯类压力传感器

石墨烯因其具有优异的导电性能、表面积、力学性能和非常高的载流子迁移率，被广泛地应用于压阻式压力传感器中。无论是将石墨烯与其他材料结合应用到传感器中，还是改变石墨烯本身的形状等措施，都可以提高压力传感器的性能。首先，结合的材料可以是聚合物，例如聚甲基丙烯酸甲酯（PMMA）、聚甲基硅氧烷（PDMS），也可以是纤维，例如纸、棉花，同时石墨烯本身也可以进行杂化。其次，在关键材料制备方法上通常为 CVD、石墨烯溶液自组装、超声混合等。最后，在结构上，大多是石墨烯材料的复合结构，例如由 PDMS 微锥与石墨烯的复合结构、PMMA 与石墨烯的立体结构、石墨烯和纤维的复合结构、石墨烯和氧化石墨烯组成的杂化结构等。

Pang 等通过将 PDMS 涂覆在砂纸上以获得具有微图案化的柔性基板。将基板浸涂氧化石墨烯（GO）后，施加高温还原 GO 得到良好导电性的还原氧化石墨烯（rGO）并作为导电填料。最后，使用面对面封装制备了具有不同粗糙度表面的压力传感器。该压力传感器在没有压力加载的情况下，两传感层之间的接触很少，但是当传感器受到轻压力时，顶部和底部传感层之间的间隙就开始急剧减小，接触电阻急剧下降，当受到重载时传感层上的细微峰将进一步接触使接触电阻再次降低，传感器的工作机制如图 2.5、图 2.6 所示。具有随机分布棘微结构的石墨烯压力传感器具备 0～2.6kPa 的宽线性范围，以及高的灵敏度（25.1kPa^{-1}）。

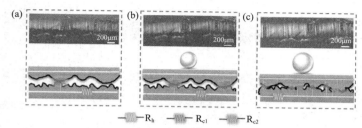

图 2.5　随机分布棘微结构（RDS）石墨烯压力传感器的工作机制
（a）卸载初始状态；（b）轻载；（c）重载[5]

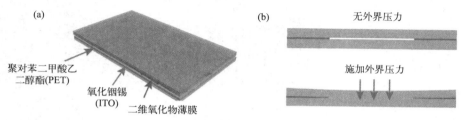

图 2.6　石墨烯压力传感器结构与工作原理
（a）石墨烯压力传感器装置结构[6]；（b）工作原理[6]

（2）MXene 压力传感器

MXene 是一种新型 2D 纳米材料，其通常是通过从前驱体（MAX 相）中选择性刻蚀"A"层来制备的，可以用公式 $Mn_{n+1}X_nT_x$ 来表示，其中 M 表示早期过渡金属，X 表示碳或氮，T_x 表示—OH、—F 和—O。MXene 具有丰富的化学和可调节的表面官能团、优良的金属导电性和良好的表面亲水性，作为压阻传感器的活性层展现出了巨大的潜力。MXene 压阻传感器的详细制备过程如图 2.7 所示，通过砂纸模板制得具有仿生微棘微结构的 PDMS 基体，之后采用热喷涂的方法将由刻蚀制得的高导电性的 MXene 纳米片均匀沉积在具有微结构 PDMS 的表面。将 PDMS 具有微结构的一面放置在叉指电极上，再用聚乙烯（PE）进行封装制得压力传感器。该压力传感器在初始状态下，PDMS 与电极之间只有少量的接触点形成导电路径，当传感器受到较小压力时 PDMS 上相对较大的微棘与电极之间的接触面积会快速增加，从而显著增加导电路径的数量。随着压力的增大，PDMS 上较小的微棘也会与电极发生接触，使导电路径不断增多。该传感器在 0～4.7kPa 和 4.7～15kPa 的压力范围内分别具有 151.4kPa^{-1} 和 33.8kPa^{-1} 的灵敏度。

（3）过渡金属硫族化合物压力传感器

二维过渡金属硫族化合物纳米材料（2D-TMDs）因其具有很高的化学和环境稳定性、独特的能带结构和适中的载流子迁移率而被用作压阻传感器中的活性材料。Pataniya 等因层状过渡金属硫族化合物（TMDs）层间的弱范德华键合，使用简单的液相剥离方法制备了 $MoSe_2$ 纳米片，之后将纤维素纸反复浸涂于 $MoSe_2$ 悬浮液中，使 $MoSe_2$ 附着于纤维素纸上。如图 2.8 所示，压力传感器是通过将 5 张 $MoSe_2$ 装饰纸一张一张地堆叠，之后使用导电和黏性银浆将两个银电极黏合在顶纸和底纸上而成的。得益于纤维素纸的多孔结构和微小褶皱，器件由于纤维素纸之间较差的电接触而具有很高的初始电阻。当对器件施压时，纤维素纸内部微孔和表面褶皱被压缩，相邻 $MoSe_2$ 纳米片之间相互接触产生新的导电路径，纤维纸本身电阻降低。同时，器件受到压力后纤维素纸之间的接触面积也得到了增加，从而使纤维素纸之间的接触电阻降低。该传感器具有 $18.42kPa^{-1}$ 的灵敏度和 $0.001\sim100kPa$ 的宽压力监测范围。得益于 $MoSe_2$ 纳米片的高化学和环境惰性，该传感器具有极好的环境稳定性。

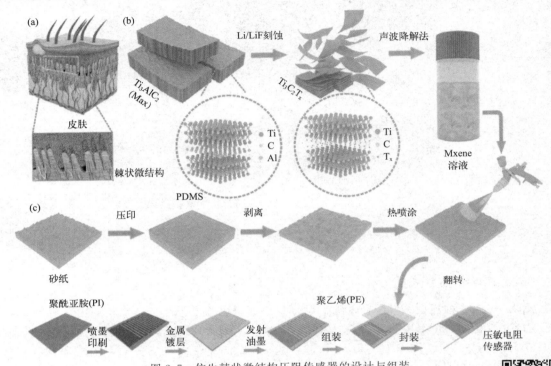

图 2.7　仿生棘状微结构压阻传感器的设计与组装

（a）人体皮肤和皮肤下的棘状微结构[7]；（b）由 Ti_3AlC_2 前驱体（MAX 相）制备 MXene[7]；
（c）随机分布仿生棘状微结构 MXene 压阻传感器的制备过程[7]

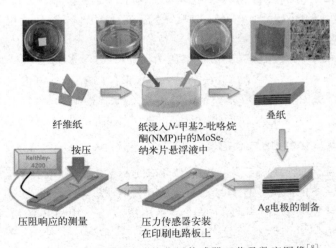

图 2.8　$MoSe_2$ 纳米片功能化纸传感器工艺及数字图像[8]

（4）复合材料压力传感器

单一纳米材料构建的导电网络通常存在不足，传感器性能具有很大提升空间。例如石墨烯有着优良的力学性能和电学性能，但是其层间接触电阻较差，在制备过程中会形成一些缺陷，从而在传感器中表现出不够理想的导电性。银纳米线有着优异的导电性能和力学柔韧性，但是银纳米线较容易被氧化，一旦被氧化，压阻传感器的性能就会大大减弱。

将这两种纳米材料结合到一起去构建导电网络，各自本身的缺陷会得到弥补。例如，用 rGO 对银纳米线的表面进行覆盖，一方面弥补 rGO 本身导电性不足的缺点，另一方面银纳米线得到了很好的保护，避免了被空气氧化，从而提高了传感器的性能。Fu 等通过真空辅助过滤在高导电性 MXene 纳米片之间插入了导电性差的 ZIF-67 八面体晶体，制得了具有层间分层的 $Ti_3C_2T_x$@ZIF-67 薄膜，将薄膜夹在两个 Au/PET（PET 为聚对苯二甲酸乙二醇酯）电极中组装成了传感器（图 2.9）。MOF 晶体引入 MXene 片层中，使 MXene 片层之间距离增大，从而构建出了 3D 导电网络，增强了导电路径的变化范围，使传感器的灵敏度和传感范围都得到了提高。当传感器没有负载时，薄膜中每层 MXene 之间相隔的距离太远以至于电流无法通过相邻层。然而，当传感器受到压力时，会发生体积变形和接触变形，使电极与薄膜和薄膜中每层 MXene 之间的距离减小，从而产生导电路径。传感器的性能为在 0.1~2kPa 的压力范围下灵敏度为 $110.0 kPa^{-1}$，在 2~100kPa 的压力范围下为 $5.0 kPa^{-1}$。

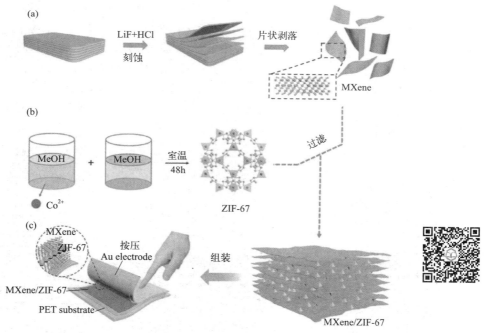

图 2.9　层次化 ZIF-67@MXene 杂化材料合成过程（a）~（b）[9] 及柔性压力传感器（c）[9]

2.1.3　二维材料压力传感器应用案例

（1）柔性压力传感器对人机交互的意义

柔性压力传感器在人机交互领域的重要性体现在多个层面：首先，得益于其柔软可变形的特性，它能够完美适配人体各部位和动作，广泛应用于可穿戴设备、智能手套乃至座椅等多种交互载体中，创造出如同"第二皮肤"般自然且舒适的交互界面；其次，柔性压力传感器能够敏锐捕捉并精确解析微小的压力变化，实现对用户运动状态、接触位置及力度的高精度感知，大大提升了人机交互的精细度与实时响应能力，如在手势识别、压力分布监测等方面发挥了重要作用；再者，它们在虚拟现实、增强现实等领域强化了沉浸式体验，通过对触感的高度模拟，使用户仿佛置身于真实世界中，拥有逼真的触碰、按压和握持体验；此外，在医疗健康领域，柔性压力传感器嵌入智能绷带、康复器械甚至假肢内，可以细致监测患者的功能恢复进展、行走步态和压力分布，为专业人员提供科学依据并支持个性化康复计划的制定；最后，随着该技术的不断发展，柔性压力传感器助力实现人机交互的深度个性化和智能化，如智能床垫基于压力分布自动调整支撑，智能衣物根据身体姿态变换来优化穿着舒适度等。总体来看，柔性压力传感器的应用革新了人机交互的形式与内涵，既延伸了交互的可能性边界，又有力推动了各行业向着更人性化、高效化和智能化的方向发展。

（2）柔性压力传感器用于人机交互

柔性压力传感器可以量化和可视化压力，在医疗监测、机器人、人造皮肤等实际应用中发挥重要作用。高孔隙率气凝胶在压力传感器中具有良好的应用潜力。然而，气凝胶在长期循环压力下容易发生不可逆变形，影响传感器的性能。平衡高灵敏度和良好的循环稳定性需要对敏感元件进行精心设计。如图2.10，Li等人提出了一种将气凝胶结构引入微型海绵网络的策略，大大减轻了不可逆变形，提高了长周期稳定性。通过静电自组装、冷冻干燥和退火制备了由MXene/rGO气凝胶、PS球和海绵三种形态网络组成的压阻海绵（mgp）。通过将易碎的MXene/rGO气凝胶填充到海绵中，传感器可以在15000次循环后保持超过90%的初始灵敏度。它具有响应时间快（63ms）、可感知弯曲程度等优点。同时，作者通过原位FIB-SEM和第一性原理计算揭示了mgp海绵的工作机理。如图2.10所示，mgp海绵传感器在各种应用中表现出色，例如监测人类活动、在二维阵列上区分权重、控制LED标志的亮度、感知机械手手指运动等。

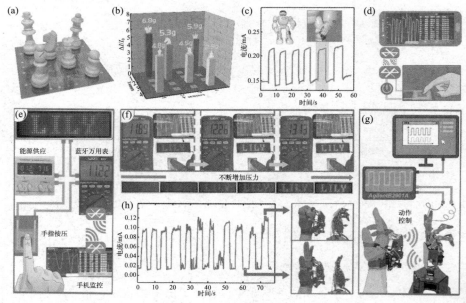

图2.10 压力传感器的人机交互应用[10]

(3)柔性压力传感器对人体状态检测的意义

柔性压力传感器在人体状态检测中的意义在于，它们利用其独特的柔韧性和高灵敏度，能够紧密贴合并实时监测人体不同部位的受力变化和生理信号，如脉搏、心率、呼吸频率、肌张力、体重分配、步态分析等。通过将这类传感器集成到可穿戴设备、智能服装或床品等日常用品中，可以实现连续、无创、实时且舒适的人体健康监测，进而早期预警潜在疾病风险，协助健康管理，优化康复训练，以及提升生活质量。这种创新技术极大拓宽了人体状态检测的途径，为实现个性化医疗、远程监护和预防医学提供了强有力的技术支持。

(4)柔性压力传感器用于人体状态检测

如图2.11，Zheng等人采用简单的浸涂技术制备导电MXene/棉织物，然后将其夹在聚二甲基硅氧烷薄膜和指间电极之间，制备了柔性可穿戴压阻式压力传感器。棉织物中丰富的羟基和MXene的官能团利于导电MXene纳米片在纤维网络黏附，从而构建稳定的导电网络。基于MXene/棉织物（MCF）的压力传感器利用棉织物优异的柔韧性和三维多孔结构，具有高灵敏度、宽传感范围、快速响应/恢复时间、优异的稳定性和长期耐用性。此外，该MCF压力传感器还可用于检测和区分各种人体健康信号，包括手指运动、早期帕金森静态震颤和手腕脉搏。此外，MCF E-skin可以识别不同的触觉刺激，在下一代可穿戴电子产品中显示出很大的潜力。

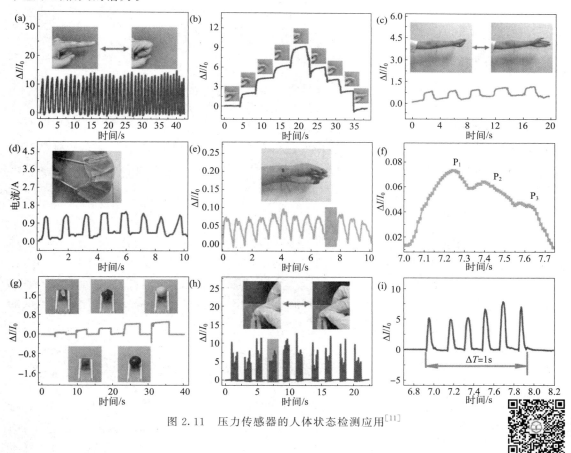

图2.11 压力传感器的人体状态检测应用[11]

2.2 二维材料在应变传感器的应用

应变是物体在外部压力和拉力作用下发生形变的现象，应变传感器具有感知物体形变变化的功能，主要分为电阻式、电容式、光学式和摩擦电式等类型。应变传感器通常由基底材料、敏感材料、电极材料和封装材料组成，敏感材料能够将外部机械变形转换为电信号输出。二维材料是一种具有特殊结构的敏感材料，厚度仅为几个原子或分子层，具有极薄的结构、出色的强度和韧性、优异的导电性、可组装性、光电学性质、高比表面积和高电子迁移率等优势，成为了应变传感器领域的热门材料。在柔性传感方面，常用的二维材料主要包括石墨烯、MXene、过渡金属硫族化合物（TMDs）和其他二维材料。

2.2.1 应变感知机理

2.2.1.1 电阻式应变传感器

电阻式应变传感器在受到外界刺激时，传感器的电阻会随着施加拉力大小发生规律性变化，当力释放后电阻恢复到初始状态。在传感器的电阻发生变化时，传感器内部二维纳米材料的导电通路结构会因应变而改变。根据其内部微观结构变化机制不同，电阻式应变传感器的工作机制主要包括：断开机制、裂纹扩展机制以及隧穿效应机制[12]。

（1）断开机制

由纳米材料制成的导电薄膜内部包含由微观导电通路结构重叠连接而构成的导电网络。在应变过程中，纳米材料会发生滑移使得部分重叠区域分离从而导致导电网络出现断开，传感器电阻增大的现象。从微观结构的角度来看，重叠区域纳米材料在拉伸作用下的断开是由纳米材料与可拉伸聚合物之间的界面结合较弱和刚度不匹配造成的[13]。目前，二维纳米材料如 MXene 和石墨烯等已经被广泛应用在基于断开机制的应变传感器上，其具有较高的灵敏度。

（2）裂纹扩展机制

当涂覆在柔性衬底表面的脆性导电薄膜受到压力和拉力作用时，脆性薄膜会产生裂纹并扩展。随着微裂纹的逐渐扩展，薄膜内的导电路径会急剧减少，导致电阻急剧增加。当力释放后，微裂纹依靠柔性衬底的弹性再次闭合，从而恢复到原始的导电性能。裂纹形成的原因主要是预拉伸过程中刚性导电薄膜和柔性衬底之间的模量不匹配。当应变超过刚性导电层的临界应变值时，裂纹开始形成并扩展，这个应变值被称作临界应变（ε_c），可以表示为[14-15]：

$$\varepsilon_c = f\left(\alpha, \beta, \frac{\Gamma_f}{\bar{E}_f h}, \frac{H}{h}\right) \tag{2.11}$$

式中，α 和 β 为平面几何中模量失配的 Dundurs 参数；$\bar{E}_f$ 为薄膜的杨氏模量；Γ_f 为脆性层的韧性；h 和 H 分别为脆性导电薄膜和柔性衬底的厚度。尽管微裂纹的形成可以提高传感性能，但裂纹结构是对传感器结构的一种密集性破坏，不受控制的裂纹结构会对传感器造成不可逆的破坏。受蜘蛛裂缝感觉器官启发，Lee 等人[16] 在 2004 年首次提出了利用金属薄膜（Pt）来构建类似拉链状微裂纹的柔性应变传感器。自此以后，越来越多研究人员开始利用可控裂纹来提高应变传感的灵敏度。

（3）隧穿机制

由纳米聚合物复合材料制成的应变传感器存在含量较少的导电纳米材料，导电纳米材料之间被不导电的高分子聚合物隔开，形成高于自由电子能量的势垒，阻碍电子的自由传输。但量子力学认为在一定隧穿截止间隙内，即使电子的能量低于势垒的高度，仍有部分电子可以穿过聚合物隔离层并形成量子隧道，电子穿过不导电势垒的现象被称为隧穿。相邻两种导电纳米材料之间的隧穿电阻可以用 Simmons 隧穿电阻理论近似估计[17]：

$$R_{\text{tunnel}} = \frac{V}{AJ} = \frac{h_2 d}{Ae^2 \sqrt{2m\lambda}} = \exp\left(\frac{4\pi d}{h}\sqrt{2m\lambda}\right) \quad (2.12)$$

式中，V 为电位差；A 为隧道的横截面积；J 为隧穿电流密度；h 为普朗克常数；d 为相邻纳米材料之间的距离；e 为单电子电荷；m 为电子的质量；λ 为聚合物能量势垒的高度。纳米材料之间的截止间隙取决于导电纳米材料类型、聚合物类型、工艺参数等因素。例如 AgNW-PDMS-AgNW 和 CNT-polymer-CNT 这两类组合的截止间隙分别为 0.58nm 和 1～1.8nm[18]，两个平行的石墨烯片之间的截止间隙距离为 2～3nm[19]。

2.2.1.2 电容式应变传感器

电容式应变传感器通常采用两个可拉伸电极之间夹上一层绝缘膜（称为介电层）的夹层结构，可拉伸电极分为金属导电材料和非金属导电材料，介电层材料分为非离子材料和离子材料。当受外部刺激时，拉伸电极和介电层均产生形变，极板面积和两极板之间的距离均发生变化，导致电容发生变化。传感器的初始电容可表示为：

$$C_0 = \varepsilon_0 \varepsilon_r \frac{l_0 w_0}{d_0} \quad (2.13)$$

式中，C_0 为初始电容；ε_0 和 ε_r 为真空的介电常数和介质的相对介电常数；l_0 为电极板的长度；w_0 为电极板的宽度；d_0 为介电层的厚度。当受拉伸力作用后，应变传感器的电容可表示为[20]：

$$C_{\text{stretch}} = \varepsilon_0 \varepsilon_r \left[\frac{l_0(1+\varepsilon)w_0(1-v_e\varepsilon)}{d_0(1-v_d\varepsilon)}\right] \quad (2.14)$$

式中，v_e 和 v_d 分别为可拉伸电极和介电层的泊松比。当可拉伸电极和介电层的泊松比相等时，传感器的电容可简化为：

$$C_{\text{stretch}} = \varepsilon_0 \varepsilon_r \left[\frac{l_0(1+\varepsilon)w_0}{d_0}\right] = C_0(1+\varepsilon) \quad (2.15)$$

在一定的应变范围内传感器的电容随着应变呈线性变化，二维纳米材料在大应变下具有较好的强度和导电性，可提高传感器的灵敏度，因此已被广泛用作电容应变传感器的电极材料。

2.2.1.3 摩擦电式应变传感器

摩擦电式应变传感器通常由两种不同极性的材料组成,其工作原理是摩擦起电和静电感应。当两种具有不同电负性的材料相互接触时,两种材料表面的电荷发生转移,造成表面两侧形成相反的电荷。当两个表面分开时,由于静电感应,补偿电荷在上下电极上建立。当两种相反极性的材料循环接触分离时就能输出交流电,电势大小与外部激励有关,且还受接触条件、时间以及接触面积的影响。除了上述的接触分离模式外,摩擦电器件的发电方式还有单电极模式、侧向滑移模式和电极自由移动模式等。相比金属电极,基于二维材料设计的新型电极具有优异的导电性、耐磨性和可拉伸性,在摩擦电式应变传感器系统中得到了广泛的应用。

2.2.2 二维材料应变传感器

(1) 石墨烯应变传感器

2004 年,Novoselov 和 Geim[21] 利用 Scotch 胶带从石墨中成功地剥离出单层石墨烯,石墨烯呈二维蜂窝状结构,单层石墨烯的厚度约为 0.35nm,且表面存在纳米尺度的褶皱起伏(振幅约为 1nm),如图 2.12(a)所示。其中碳原子紧密堆积并且以共价键相连形成 120°的六元环原子网络,C—C 键长仅为 0.142nm,原子间作用力较强,这使其机械强度非常高,拉伸强度和杨氏模量分别为 130GPa 和 1000GPa。石墨烯晶格中的碳原子以 sp^2 杂化方式结合,剩余 p 轨道的电子垂直于石墨烯平面,并形成离域 π 键可自由移动,因此石墨烯具有极高的电导率(10^8S/m)。如图 2.12(b)所示,单层石墨烯仅有一层原子,其电子运动被限制在平面内,根据紧束缚近似原理计算单层石墨烯的能带结构,导带和价带相交于狄拉克点,是一种带隙为零的半金属材料。石墨烯具有优异的力学性能、导电性能、光学特性以及高比表面积等特点,在纳米电子器件、光电材料、储能材料等方面有非常广阔的应用。

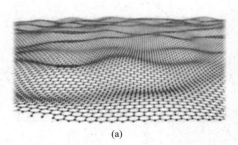
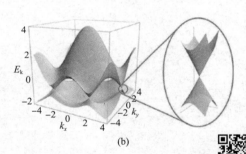

图 2.12　石墨烯的原子结构及能带结构
(a) 石墨烯的原子结构示意图[22];(b) 单层石墨烯的能带结构[23]

Chun 等人[24] 利用单层蛇形图案的石墨烯作为力学敏感材料,石墨烯薄片作为接触电极制作了全石墨烯柔性应变传感器,该传感器可拉伸至 20%,灵敏系数(应变系数)高达 42.2,而且最低拉伸检测应变低至 0.1%。Kang 等人[25] 利用石墨烯表面的纳米尺度的褶皱起伏制作了一种可拉伸光电探测器,弯曲的 3D 结构增加了石墨烯的面密度,光响应性增强了约 400%。测试结果表明传感器的拉伸能力达到其原始长度的 200%,并且对检测波长没有限制。

（2）MXene应变传感器

MXene是一大类二维过渡金属碳和/或氮化物，其表达通式为$M_{n+1}X_nT_x$，其中M代表过渡金属（比如钪Sc、钛Ti、锆Zr、铪Hf、钒V、铌Nb、钽Ta、铬Cr、钼Mo等），X为碳或者是氮，T_x是表面终端基团（例如—OH、—O和—F等），n的值范围通常为1～4[26]。MXene中过渡金属原子层填充在蜂窝状的二维晶格中，该晶格还被占据相邻过渡金属层之间八面体位置的碳和/或氮层所介入，这使MXene具有突出的成分多样性和可调性能。MXene凭借其优异的导电性、良好的力学性能等优点得到了广泛的关注，在储能、电催化、光热治疗和传感等领域均有广泛的应用。如图2.13所示，目前已有多种MXene材料被成功制备，其中$Ti_3C_2T_x$含有丰富的表面终端基团成为了许多学者的研究焦点。

MXene的电导率主要取决于其合成方法和层序，例如，HF蚀刻Ti_3C_2的电导率低至2S/cm，而LiF/HCl混合溶液制备的单层$Ti_3C_2T_x$的电导率可达1500S/cm。MXene材料可作为导电剂与其他材料复合以提升其电学性质，也可通过引入不同表面基团等方法形成半导体，可应用于应变等多个传感领域。例如，Li等人[27]在棉织物表面涂覆MXene制备了一种柔性压阻传感器，传感器的灵敏度为$12.095kPa^{-1}$，工作范围为29～40kPa，响应时间为26ms。该传感器采用MXene纺织网络结构，具有灵敏度高、响应时间短、传感范围宽（5～25kPa）等特点。Ma等人[28]在PI集成电极上涂敷多层$Ti_3C_2T_x$分散液并进行封装后制成柔性压阻式应变传感器，该MXene基传感器具有优异的拉伸性能、高灵敏系数（GF=180.1）和快速响应能力（<30ms），该传感器可以检测人体细微的弯曲活动。

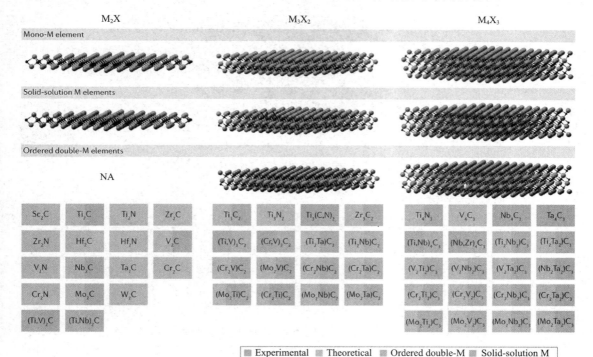

图2.13 目前已报道的MXene材料[29]

(3) 过渡金属硫族化合物应变传感器

过渡金属硫族化合物 (transition metal dichalcogenides, TMDs) 是化学式为 MX_2 的一类二维层状化合物半导体[30],其中 M 是过渡金属元素,X 表示硫族元素(例如硫 S、硒 Se 或碲 Te)。如图 2.14,TMDs 具有与石墨烯结构类似的二维层状结构,其上下两层为硫族原子,中间一层为过渡金属原子,层内以强力共价键连接,层与层之间由微弱的范德华力连接,因此体相或多层 TMDCs 比较容易沿着层间方向进行剥离[31-32]。二维过渡金属硫族化合物材料的能隙宽度常与其层数有关,例如,MoS_2 (1.8eV)、$MoSe_2$ (1.5eV)、(2H)-$MoTe_2$ (1.1eV)、WS_2 (2.1eV) 和 WSe_2 (1.7eV) 等单层 TMDCs 具有直接带隙,而它们的体相具有较小的间接带隙。由于带隙结构的跃变,单层 TMDCs 材料的价带顶电子在被激发后更容易发生跃迁,因此它们十分适合用来制作光电器件。二维 TMDCs 半导体薄膜既弥补了石墨烯零带隙的缺陷,又展现出带隙可调、性能各向异性、巨磁阻、电荷密度波、较强的自旋-轨道耦合等特性。被广泛用于电子、催化、能源等领域的前沿研究[33]。Park 等人[34] 利用 MoS_2 薄膜设计了一种有源的触觉传感器,该传感器具有较宽的压力检测范围 (1~120kPa)、可识别多点触摸的接触面积,具有良好的线性度。

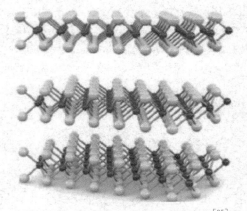

图 2.14 典型 MX_2 结构的三维结构[35]

[彩图中硫族原子 (X) 为黄色,金属原子 (M) 为灰色]

(4) 其他二维材料应变传感器

除了常见的石墨烯、MXene 和过渡金属硫族化合物等二维材料,还包括金属有机框架纳米片 (MOF)、黑磷 (BP)、共价有机框架 (COF)、层状金属氧化物、层状双金属氢氧化物 (LDH) 和 $g-C_3N_4$ 等多种人工制备的二维材料[36],如图 2.15 所示。An 等人[37] 总结了低维 BP 材料的制备方法、结构、性能和保护策略,BP 因其具有独特的褶皱结构、可调带隙、高载流子迁移率以及对任意方向应变敏感性等特点而被应用于各类柔性应变传感器中。Pan 等人[38] 报道了第一个基于 MOF 纳米薄膜的应变传感器,在 2.5%~3.3% 的应变范围内能实现超过 5000 个动态操作循环,并且具有精确的信号检测和噪声屏蔽能力,可以准确区分细微的摇摆、步行和剧烈的腿部运动变化。Wei 等人[39] 利用银纳米线 (AgNWs) 和 LDHs 在水性聚氨酯中构建了导电网络,该复合材料具有较低的电阻率 ($10^{-4}Ω·cm$)、优异的耐久性(超过 3000 次弯曲循环)和对弯曲变形的高灵敏度 (0.16rad^{-1}),可用在弯曲传感器来监测人手指运动。Riyajuddin 等人[40] 报道了一种由 g-C_3N_4 和石墨烯异质结构组成的复合材料，在大应变范围内也具有良好的线性度，其灵敏系数为 1.89。

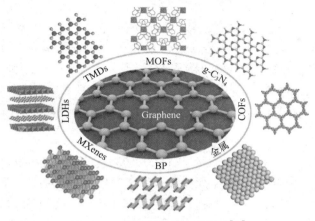

图 2.15 常见的一些二维材料[36]

2.2.3 二维材料应变传感器应用案例

（1）结构健康监测

结构健康监测（structural health monitoring，SHM）是结构与设备安全稳定运行的重要保障和前提，它可以帮助工作人员实时获得设备结构性能和工作状态，在结构未发生破坏时及时发现问题，避免造成严重后果。而应变是反映结构运行状态的关键参数，应变传感器能够实时监测结构受力状态和应变分布情况，为结构维护提供可靠的参考信息，从而减少了结构维修成本，并保证了整体结构的安全性和可靠性。Sun 等人[41] 讨论了不同填充度的石墨片胶凝复合材料在不同载荷下的导电性能和压阻性能。纳米石墨片填充胶凝复合材料具有敏感的压阻效应，对不同加载条件具有稳定的重复性，可用于混凝土结构健康监测和状态评估。Zhang 等人[42] 利用 MXene 传感器阵列来监测复合材料包覆压力容器（COPV）的冲击力和损伤程度，阵列式的配置可以确定冲击能量的大小和冲击点的位置，保证了 COPV 的安全系数。

（2）人体健康监测

人体健康监测是利用各类柔性传感器来监测人体的物理、化学、生物和环境状态，其可以在弯曲表面和拉伸状态下工作。基于二维材料的应变传感器能够克服刚性传感器的局限，具有超薄、重量轻、高效率和高舒适度的优点，可以测量人类活动产生的应变信号，并且可以很容易地安装在衣服上或直接贴附在人体皮肤上进行实时监测。通过对应变传感器产生的应变信号进行分析可以帮助人们及时发现问题、预防疾病、改善生活方式和提高人们的健康水平。Park 等人[43] 通过构建 WS_2/MoS_2 异质结构，成功制备了可对人体腕部运动进行持久性监测的柔性应变传感器。Chhetry 等人[44] 利用 MoS_2 修饰激光诱导石墨烯（MDS-LIG）开发了一种高灵敏度和可靠的压阻应变传感器，该传感器具有高灵敏度、低迟滞、超低检测限、宽工作范围以及长期可靠性（>12000 次循环）等优点，它可以检测皮肤的细微变形以及剧烈运动等多种人体运动。Pang 等人[45] 设计了一种具有棘层微观结构的应变传感器，采用砂纸作为模板，石墨烯作为传感材料。随机分布的棘层实现了更均匀的压力分布，在 0~2.6kPa 的线性范围内传感器的灵敏度为 25.1kPa^{-1}。该传感器可以检测脉搏、监测心率、呼吸和行走状态等信息。Yan 等人[46]通过光激发来控制载流子密度和迁移率，从而对应变传感器的灵敏系数进行调优。该方式能够使 SnS$_2$ 应变传感器的灵敏系数在 23~3933 范围内进行调整，优化后的传感器可以检测声音引起的振动和人体运动。Zhang 等人[47]开发了一种高度可拉伸和自修复的 MXene（Ti$_3$C$_2$T$_x$）/聚乙烯醇（PVA）水凝胶电极的电容式应变传感器。该传感器具有良好的线性度、自修复性和高机械耐久性（在 10000 次循环后相对电容变化降低 5.8%），可以检测人在饮酒时细微的吞咽运动。

（3）人机交互

人机界面（human-machine interfaces，HMI）是连接用户与机器控制系统的桥梁，它可以感知人类的刺激并将其转换为可执行的信号，然后将其传输给机器。电子皮肤具有柔软、韧性好、可拉伸和灵敏度高等特点，可在不牺牲运动自由度和舒适度的前提下感知外部刺激并产生反馈信息。二维材料制成的应变传感器因具有极薄的结构、优异的物理信号传感性能、机械柔性以及结构稳定等优点而被用于开发交互式电子皮肤。Li 等人[48]报道了一种基于微结构导电金属-有机框架（MOF）薄膜的柔性应变-温度传感器，该传感器能够同时进行温度和压力检测而不受信号干扰。Zhang 等人[49]报道了由 MXene 薄膜制成的摩擦电式应变传感器，其最大输出电压可达 199.56V，最大输出功率密度可达 0.469 mW/cm^2，利用 3×3 的传感器阵列可以实现控制机械手运动等交互功能。Luo 等人[50]开发了一种基于石墨烯/PDMS 的可穿戴电阻式应变传感器，机器人能够感知电阻变化并做出不同的跳舞动作。Bai 等人[51]展示了具有高灵敏度的 MXene/聚丙烯酸（PAA）水凝胶柔性应变传感器，该柔性应变传感器不仅可以快速感知皱眉、微笑、吞咽等微小人体生理活动，还可以远程同步控制智能机器人。Cheng 等人[52]开发了一种基于石墨烯的条纹图案和多孔结构柔性应变传感器，利用应变传感器检测唇肌运动并采集唇读信号来读取和识别语言。即使在嘈杂的环境、无声交流以及黑暗环境中的对话都能识别命令，还可以通过唇读命令来控制机械手。

2.3 二维材料在温度传感器的应用

2.3.1 温度感知机理

在柔性温度传感器中，存在多种传感机制可对温度进行传感，其中热阻效应和热电效应是目前制作柔性温度传感器的两大主要传感机制。

（1）热阻效应

材料的电阻率随温度变化而发生变化的物理现象被称为热阻效应。具有热阻效应的材料被称为热敏材料，其中，热敏材料分为正温度系数（PTC）热敏材料和负温度系数（NTC）热敏材料。在一定温度范围内，PTC 材料的电阻值随温度升高而升高，PTC 材料以金属材料为主，其原理为金属材料的主导电荷载流子在较高温度时的散射导致了电阻的增加。NTC 材料则相反，在一定温度范围内，其电阻值随温度的升高反而降低。NTC 材料主要为半导体材料，半导体材料的热激活载流子的数量在较高温度下增加而导致了电阻降低的现象。此外，特殊情况下，在以 NTC 材料为填料的聚合物复合材料中可以观察到 PTC 现象，这是由于随着温度的升高，聚合物的热膨胀会增加相邻导电填料之间的距离，从而导致电阻的增加[53]。

固定尺寸固体的电阻受温度变化的影响如下：

$$R(T) = R(T_0)\exp(E_a/2kT) = R(T_0)\exp(B/T) \tag{2.16}$$

式中，$R(T)$ 为温度 T 时的电阻；$R(T_0)$ 为 $T=\infty$ 时的电阻；E_a 为热活化能；k 为玻尔兹曼常数；B 为热指数。这个方程可改写为：

$$\ln R(T) = \ln R(T_0) + (E_a/2kT) = \ln R(T_0) + B/T \tag{2.17}$$

$\ln R$ 与 $1/T$ 线性关系的斜率表示热指数（B），它是材料常数，也是温度敏感性的指标。传统金属氧化物的热指数在 2000~5000K 之间。电阻温度系数（TCR，α）是温度敏感性的另一个度量，定义为：

$$\alpha = dR/dT \times 1/R = (\Delta R/R_0)/(T-T_0) \tag{2.18}$$

式中，T_0 为初始温度；R_0 为初始电阻[54]。

基于热阻效应的温度传感器是当下一种常用的温度传感器，可以利用导体或半导体的电阻值随温度变化而变化的原理进行测温，具有性能稳定、使用灵活、可靠性高等优点。

（2）热电效应

热电效应，是当受热物体中的电子（空穴），随着温度梯度由高温区往低温区移动时，所产生电流或电荷堆积的一种现象。热电效应表示了温差与电压的转换。基于热电效应测量温度的常用方法是使用热电偶进行测温。

热电偶是连接两种不同的导体或者半导体而形成的回路，其两端相互连接时，只要两接点处的温度不同，令一端温度为 T，称之为工作端或热端，另一端温度为 T_0，称之为自由端（也称参考端）或冷端。当热端和冷端存在温度差时，在回路中将产生一个电动势，该电动势的方向和大小与导体的材料及两接点的温度有关：

$$\Delta T = -S\Delta T \tag{2.19}$$

式中，ΔV 为电压差；ΔT 为温度差。ΔV 与 ΔT 之间的比例为塞贝克系数（S）或热功率，表示热电偶的灵敏度。因此，热电偶回路中热电动势的大小仅仅与组成热电偶的导体材料和两接点的温度有关，而与热电偶的形状尺寸无关[55]。

热电偶在实际测温中得到了广泛应用。因为冷端 T_0 恒定，热电偶产生的热电动势只随测量端温度的变化而变化，即一定的热电动势对应着一定的温度。只需测量热电动势便就可达到测温目的。

（3）红外线辐射传感

除了热阻效应与热电效应外，红外线辐射传感也是一种较为常见的技术。对于红外线辐射传感，某些材料对红外线辐射的吸收和散射特性会随温度的变化而发生变化。这种特性使得这些材料可以被利用来制造红外线热敏材料。以氧化物为例，其热导率会随温度升高而增加，因此可以被用于热成像传感器和温度测量设备中。一个典型的例子是红外线热像仪，它可以通过测量物体辐射出的红外线来准确地测量其表面温度。

2.3.2 二维材料温度传感器

二维材料,如石墨烯和过渡金属硫族化合物(TMDs),具有极高的柔韧性。此外,与它们的三维形式不同,它们表现出独特的物理和化学性质。了解这些材料的特性将有助于高性能柔性温度传感器的设计和制造。下面将介绍几种二维材料温度传感器。

(1) 石墨烯温度传感器

石墨烯是由 sp^2 键碳原子组成的单层六边形晶格,它的热导率在 $4.84\times10^3 \sim 5.31\times10^3$ W/(m·K) 范围内,由此可见,石墨烯具有高导热性,因此它有制造具有超快速响应和高灵敏度的可穿戴温度传感器的潜力。石墨烯温度传感器分为单层或多层石墨烯膜传感器和氧化石墨烯膜传感器两种。

单层或多层石墨烯膜的电阻随温度变化而变化。图 2.16 (a) 中显示了一种单层石墨烯制造的灵敏度可调的温度传感器[56]。采用 PDMS 衬底构建可拉伸结构,利用银纳米线层制备石墨烯通道,使其灵敏度随应变程度而调节。石墨烯通道被设计成蛇形,以增大其电阻。在 0%~50%应变范围内,传感器灵敏度为 1.05%~2.11%/℃。

由于氧化石墨烯结构松散,其对温度的响应速度快。图 2.16 (b) 展示了一种在 PET 基板上设计的基于还原氧化石墨烯(rGO)的可穿戴温度传感器[57]。该传感器是由将氧化石墨烯溶液喷涂在氧等离子体蚀刻的基底上制成的。该 rGO 柔性温度传感器具有较好的线性度和每摄氏度约 0.6345%的高灵敏度。此外,rGO 温度传感器具有良好的力学性能,可以在电阻变化可忽略不计的情况下进行不同角度的弯曲,这意味着它可以很好地贴合在被测物体的表面。

(2) MXene 温度传感器

MXene 是过渡金属的二维碳化物和氮化物。自 2011 年发现 MXene 材料以来,已有超过 70 种可能的成分被报道。其中,具有代表性的 MXene 材料 $Ti_3C_2T_x$ 得到了广泛的研究。物理性质上,原子力显微镜(AFM)纳米压痕显示,单层 $Ti_3C_2T_x$ 的有效杨氏模量为 330±30GPa,而 MXene 的电子性质取决于它们的官能团和化学成分的性质。

图 2.16 (c) 展示了一种用于全范围温度监测的类组织海藻酸钠(SA)涂层二维 MXene 柔性温度传感器[58],该薄膜以 $Ti_3C_2T_x$ 为活性导电骨架,SA 水凝胶为热敏涂层。由于二维 $Ti_3C_2T_x$ 具有随温度升高而直接增大的热导率和优异的导电性,以及 SA 水凝胶的热敏性,使得该新型薄膜在低温下仍能保持较高的电流;它在高温下快速导热,提高响应速度,同时避免内部热量积聚对设备的损坏。图 2.16 (d) 为低温与高温下,传感器的 I-V 曲线。此外,由于其高灵敏度,柔性温度传感器还可以动态监测物体的温度。

(3) 过渡金属硫族化合物温度传感器

过渡金属硫族化合物是一种类石墨烯层状材料。单层二维 TMDs 的基本化学式为 MX_2,其中 M 为Ⅳ至Ⅹ族过渡金属元素(Mo、W 等),X 为硫族元素(S、Se、Te 等)[59],最常见的 TMDs 材料是 MoS_2。TMDs 中的过渡金属原子层被硫族元素夹在中间形成三明治结构,典型的 TMDs 层与层之间依靠范德华力结合,层间距为 6~7Å。与半金属的石墨烯不同,许多 TMDs 表现出与厚度相关的电子特性,其带隙依厚度在 1.0~2.5eV 范围内可调[60-61]。例如，单层 MoS_2 是直接带隙半导体，其带隙约为 1.8eV，而体相形式的 MoS_2 则是间接带隙半导体，带隙约为 1.2eV[60,62]。TMDs 表现出良好的热电效应，如单层 MoS_2 的塞贝克系数（$-4\times10^2 \sim -1\times10^5 \mu V/K$）[63] 比石墨烯（$-100 \sim 100 \mu V/K$）[64] 和半导电碳纳米管（约 $-300\mu V/K$）[65] 高几个数量级，是十分优异的温度传感器件候选材料。例如，Daus 等人[66] 报道了一种基于单层 MoS_2 的柔性温度传感阵列，如图 2.17（a）所示。该传感阵列具有 1%～2%/K 的高电阻温度系数和小于 $36\mu s$ 的温度响应时间；Matthus 等人[67] 研究了实物照片如图 2.17（b）所示的 WSe_2/MoS_2 异质结构二极管在低温下的 I-V-T 特性和温度传感特性 [图 2.17（c）]，发现其在低温下的灵敏度约为 2mV/K。

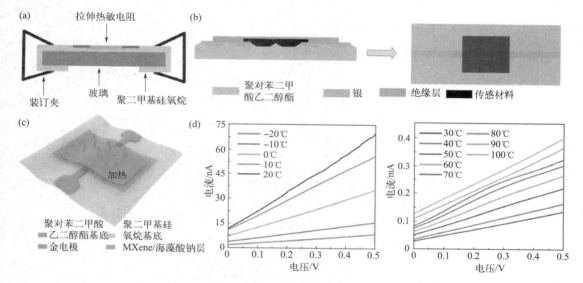

图 2.16　石墨烯温度传感器及 MXene 温度传感器
（a）单层石墨烯热传感器[56]；（b）rGO 热传感器主视图与俯视图[57]；
（c）海藻酸钠涂层二维 MXene 柔性温度传感器；（d）该传感器在低温与高温下的 I-V 曲线[58]

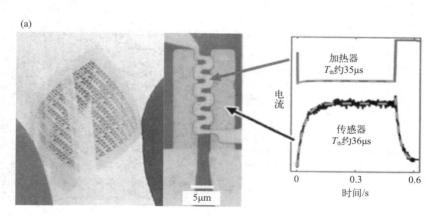

图 2.17

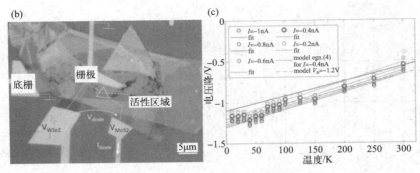

图 2.17 TMDs 温度传感器

(a) 基于单层 MoS_2 柔性温度传感器实物照片和及快速温度响应特性[66];
(b) WSe_2/MoS_2 异质结构二极管实物照片[67]；(c) WSe_2/MoS_2 异质结构二极管温度传感性能

（4）其它二维材料温度传感器

除了石墨烯、MXene 和 TMDs 之外，其它种类的二维材料，比如黑磷（black phosphorus，BP）等是温度传感器件的候选敏感材料。在磷的三种晶体结构中，正交黑磷是直接带隙半导体，其带隙从块体材料的 0.3eV 到单层材料的约 2eV 范围内可调[68-69]，且单层黑磷具有极高的空穴迁移率，可达约 $100000cm^2/(V·s)$[70]。然而，单层黑磷制备的传感器件在空气中不稳定，需与保护涂层结合防止黑磷降解。例如，A. Chhetry[71] 等人将聚烯丙胺涂层包裹的黑磷用于弹性基底上的温度与应变双模态传感器，如图 2.18 所示。该双模传感器显示出正温度系数的热阻效应和 0.001736℃$^{-1}$ 的较高灵敏度。

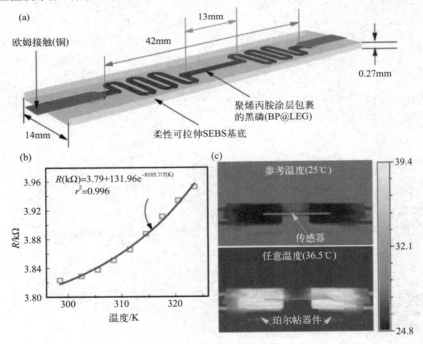

图 2.18 黑磷温度传感器

(a) 基于黑磷的温度-应变双模态传感器结构图[71]；(b) 传感器温度传感性能（电阻-温度响应曲线）[71]；(c) 温度传感性能测试时的红外热成像图[71]

2.3.3 二维材料温度传感器应用案例

（1）人体体温监测

人体体温与心率、血压和呼吸率一样，均为监测人体健康状态的最重要的生理指标。偏离正常范围的体温常常预示着呼吸疾病、心血管疾病甚至癌症等疾病的发生或不健康的情绪状态[72-73]。因此，对人体各部位体温进行实时监测在医疗健康领域尤为重要。二维材料温度传感器往往具有柔性、高灵敏度和高分辨率等特点，是可穿戴式体温检测传感器的良好选择。比如，Ameri 等人[74] 报道了一种亚微米厚的石墨烯多功能电子纹身传感器，如图2.19（a）所示，可实现对皮肤温度、心电图、肌电图、脑电图等生理信号的实时监测。其中，皮肤温度测量基于热石墨烯材料的热阻效应，其传感精度和商用热电偶相当［图 2.19 （b）］。Trung 等人[75] 利用 rGO 与聚氨酯复合材料的半导体行为将其制作成柔性晶体管的温敏导电沟道层，通过测量晶体管的转移特性随温度的变化实现温度传感。该传感器的层叠结构如图 2.19 （c）所示。该柔性晶体管温度传感器可以实现人体局部体温细微变化的精确监测，如饮用热水前后颈部温度变化［图 2.19 （d）］。

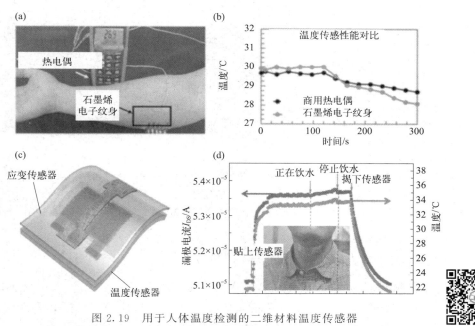

图 2.19　用于人体温度检测的二维材料温度传感器
（a）用于体温检测的石墨烯电子纹身[74]；（b）石墨烯电子纹身测温性能与商用热电偶对比[74]；
（c）还原氧化石墨烯/聚氨酯柔性温敏晶体管[75]；
（d）饮用热水过程中温敏晶体管沟道电流和颈部温度的同步变化[75]

（2）环境温度监测

对环境温度的实时监测在智能家居、生产条件控制、智慧农业、火灾提前预警等领域具有重要意义。如今，物联网技术的进一步发展对环境温度传感器在成本、功耗、灵敏度、分辨率和形态灵活性等方面提出了更高的要求。以二维材料为敏感材料的环境温度传感器件是一类新型传感器的构建形式，因其优异的传感性能和柔软的器件形态正逐渐成为温度传感器领域的研究热点。比如,Yang等人[76]开发了如图2.20(a)所示的一种基于氧化钒掺杂的激光诱导石墨烯泡沫的多参数传感器,经不同的封装处理方式可用于10～110℃宽线性范围的土壤温度准确监测[图2.20(b)]或约3ppb(1ppb=10^{-9})超低检测极限的土壤氮化合物监测。Chen等人[77]基于聚多巴胺改性的氧化石墨烯(GO)温度传感器制作了智能火灾报警壁纸,其结构如图2.20(c)所示。该传感器中的氧化石墨烯在升温至126.9℃时失去含氧基团而由绝缘态转变为导体,进而开启蜂鸣器和报警灯[图2.20(d)]。

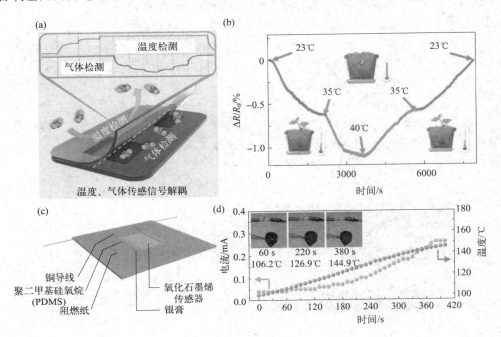

图2.20 用于环境温度监测的二维材料温度传感器
(a)氧化钒掺杂的石墨烯温度-气体多参数传感器[76];(b)土壤温度连续监测[76];
(c)氧化石墨烯温度传感火灾报警壁纸[77];(d)火灾报警壁纸在高于临界温度时报警应用[77]

(3)机器人/假肢电子皮肤

基于二维传感材料制成的柔性温度传感器可以直接层压在机器人或假肢的电子皮肤上[57,78-79],在允许机器人或假肢在感知环境变化并与周围物体交互的同时为其反馈控制器提供输入信号。例如,Li等人[78]利用MXene材料的固有塞贝克效应和裂纹扩展行为构建了应用于头足类仿生软体机器人的多功能电子皮肤。图2.21(a)是这种头足类仿生软体机器人的结构示意图,其中A、B、C均为附着其上的电子皮肤。该电子皮肤具有灵敏的温度-应变双模态传感性能[图2.21(b)]以及可调谐的红外发射性能,可协助软体机器人感知周围环境变化。Liu等人[57]将rGO作为温度敏感层,与绝缘层、导电银线和柔性PET组装结合制成温度传感电子皮肤,如图2.21(c)所示,并展示了该电子皮肤在机器人、假肢等领域的应用[图2.21(d)]。

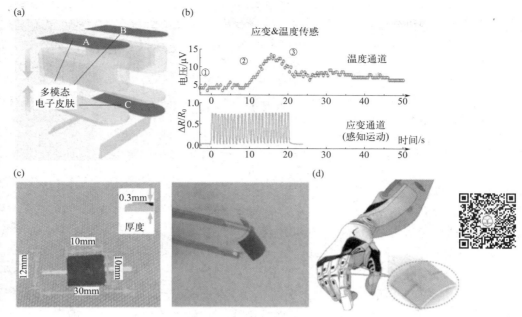

图 2.21 二维材料温度传感器应用于机器人/假肢电子皮肤

(a) 具有 MXene 多功能电子皮肤的仿头足类软体机器人[78];(b) MXene 电子皮肤的温度-应变双模态传感性能[78];
(c) 用于电子皮肤的还原氧化石墨烯温度传感器[57];(d) 温度传感电子皮肤的应用领域[57]

2.4 二维材料在湿度传感器的应用

湿度传感器在农业、环境监测、人体健康等领域有着广泛的应用。各种类型的湿度传感器,电阻式、电容式、阻抗式、石英晶体微天平(QCM)和光纤式已经研究了很多年。各种材料已经被应用于制造湿度传感器,诸如碳材料、金属氧化物和聚合物。为了更好地检测湿度,基于二维纳米材料的湿度敏感材料,例如氧化石墨烯、MXene、二硫化锡(SnS_2)、二硒化钨(WSe_2)和二硒化钼($MoSe_2$)引发了人们的极大研究兴趣,本节将从湿度感知机理、二维材料湿度传感器和湿度传感器应用三个方面探讨二维材料在湿度传感器中的应用。

2.4.1 湿度感知机理

(1) 电阻式湿度传感器

电阻式湿度传感器的工作原理是湿敏膜通过吸附水分子来改变其阻抗特性(图 2.22)。这些传感器通过输出电信号的变化来测量环境湿度。电阻式湿度传感器的灵敏度定义为:

$$\text{Response} = \frac{R_{\text{humidity}} - R_{\text{air}}}{R_{\text{air}}} \times 100\% \quad (2.20)$$

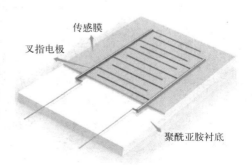

图 2.22 电阻型湿度传感器[80]

式中，Response是传感器的灵敏度；$R_{humidity}$是在潮湿条件下测量的电阻；R_{air}是在干燥空气条件下测量的电阻。这种传感器通过特殊的成膜工艺在柔性叉指电极上沉积湿敏薄膜，具有制备工艺简单、电路简单、灵敏度高、成本低、体积小等优点。

(2) 电容式湿度传感器

电容式湿度传感器的工作原理是通过湿度改变湿敏膜的介电常数进而改变传输电容值，以此来检测环境湿度。电容值可由以下公式表示：

$$C_{pu} = \frac{\varepsilon_r \varepsilon_0 S}{d} \quad (2.21)$$

式中，C_{pu}为电容值；S为电容传感器的有效电极面积；d为湿敏聚合物膜层的厚度；ε_0为真空的介电常数；ε_r为湿敏聚合物材料的介电常数。电容式柔性湿度传感器的结构类似于电阻式，将介质层覆盖在两个柔性十字指电极上（图2.23）。电容式湿度传感器对湿度的变化非常敏感，具有功耗低、输出信号高、响应时间短、温度系数小、产品互换性大等优点。

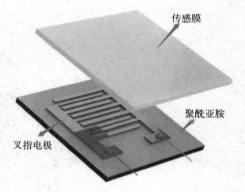

图2.23 电容型湿度传感器[80]

(3) 光纤式湿度传感器

光纤式湿度传感器的湿敏材料在吸附水分子后，折射或反射光波的性质发生变化。性质的变化可以通过光波的振幅、偏振振幅、频移或相移来检测（图2.24）。光纤传感器体积小、重量轻、传输损耗低、复用能力强，可实现多参数、远距离检测。光纤传感器由于具有优良的耐腐蚀性和抗电磁干扰能力，适合在强磁条件下和恶劣环境中使用。

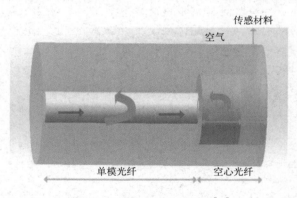

图2.24 光纤型湿度传感器[80]

(4) 石英晶体微天平式湿度传感器

石英晶体微天平（QCM）式湿度传感器的敏感机理是在电极上镀一层湿敏膜，当湿度敏感薄膜吸收水蒸气后，动态吸附质量转换成共振频率偏移（图2.25），相应关系可由Sauerbrey方程给出：

$$f = \frac{2f_0^2}{A\sqrt{\rho\mu}}\Delta m \tag{2.22}$$

式中，f_0 为 QCM 的谐振频率；A 为有效面积；ρ 和 μ 分别为石英晶体的密度和剪切模量；Δm 为薄层增加的质量。与传统的湿度传感器相比，QCM 湿度传感器具有体积小、频率高、智能化等特点。

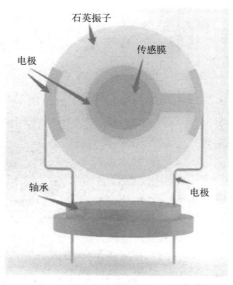

图 2.25　QCM 型湿度传感器[80]

2.4.2　二维材料湿度传感器

相较于传统湿度传感器，二维材料湿度传感器能够实现单层分子级别的湿度检测，快速敏感地响应微小湿度的变化，可以在广泛的湿度范围内进行准确测量，包括相对湿度从低至几个百分比到高达 100% 的情况，表 2.1 展示了几种不同的二维湿敏材料的参考工作范围和灵敏度。

表 2.1　不同二维湿敏材料的工作范围和灵敏度[81]

材料	检测范围	灵敏度	低湿度（<33RH）灵敏度
碳纳米管/聚电解质	35%～60% RH	4.2pF/% RH	
聚酰亚胺	20%～90% RH	43.9pF/% RH	
氧化石墨烯	15%～95% RH	46.3pF/% RH	
氧化石墨烯/聚电解质	11%～97% RH	1552pF/% RH	
氧化石墨烯/氧化锌	11%～97% RH	17785pF/% RH	约 50pF/% RH
二硫化钼/还原氧化石墨烯	25%～85% RH	0.91nA/% RH	
二硫化钼	17%～89.5% RH	73.3pF/% RH	
T_3C_2	0～95% RH	12Hz/% RH	5.5Hz/% RH
T_3C_2/聚电解质	10%～70% RH	1.6Ω/% RH	
Ti_3C_2/二氧化钛	7%～97% RH	1614pF/% RH	280pF/% RH

注：$1pF = 10^{-12}F$。

(1) 石墨烯湿度传感器

石墨烯传感器由于具有较大面积的比表面积、良好稳定的电子传输处理能力、良好的生物兼容性，是用于构建湿度传感器的最理想石墨材料。但是基于 GO 的湿度传感器具有灵敏度低、湿度检测间隔窄的特点。通过在 GO 表面引入适当的官能团进行表面改性，可改善 GO 湿度传感器性能。

GO 是石墨烯的衍生物，其结构保持了石墨烯的六边形形状。在氧化过程之后，大量的极性含氧基团，例如羟基、环氧基和羰基，将被引入石墨烯层上。因此，它可以吸收大量的水分子，并且随着湿度的增加，它将利用水分子与 GO 材料之间的相互作用聚集成水分子膜。

石墨烯湿度传感器通常可以覆盖 20%～90% RH 的范围［图 2.26（a）］。石墨烯湿度传感器能够检测微小的湿度变化。其灵敏度可以表现为电阻或电容的变化，图 2.26（b）展示了不同 RH 下，电容式湿度传感器湿度与灵敏度的关系。

由于其高阻抗，GO 也用于电容式湿度传感器制备中的介电材料。在不同湿度环境下，GO 传感器的介电常数也会改变。图 2.26（c）表示了 GO 吸附水分子后的示意图，在低湿度条件下，水分子的第一层物理吸附将发生在 GO 膜上。水分子主要通过双氢键吸附在 GO 上，在表面活性位点（亲水基团、空位）完成。在双氢键的限制下，水分子不能自由移动。相邻羟基之间的质子转移也需要大量能量，因此 GO 膜具有高电阻。当环境湿度逐渐增加时，GO 膜表面会有多层水分子。从第二层物理吸附开始，水分子可以通过羟基上的单个氢键进行物理吸附并变得可以移动，逐渐表现出与液态水相似的状态。在多层物理吸附过程中，水分子在静电场的作用下电离，形成大量的电荷载体（H_3O^+）。通过 Grothuss 链反应（$H_2O+H_3O^+ \longrightarrow H_3O^+ +H_2O$），在 GO 中发生质子转移和电荷转移，从而降低 GO 膜的电阻。

Yan 等人[82] 研究了一种基于氧化石墨烯和钴基 MOF 湿度传感器，采用 CO_2 激光直写法制备光纤光栅，并在光栅周围涂覆材料。氧化石墨烯与介孔结构的 Co-MOF-74 结合可以有效吸收水分子，提高灵敏度。在 30%～50%RH 内可实现 0.204nm/%RH 的高湿度灵敏度，在 50%～90%RH 内可实现 0.16dB/%RH 的高灵敏度，线性度均大于 0.95。此外，Zhu 等人[83] 通过丝网印刷设计了一种基于二胺修饰的氧化石墨烯/介孔二氧化硅纳米织物湿度传感器，传感器薄膜制作如图 2.26（d）所示。该传感器响应速度快（12.6s），灵敏度高，滞后低（2.71%）。

rGO 的结构类似于石墨烯，但是具有一些含氧基团，并且生产成本相对较低。rGO 与 GO 相比，具有更高的电导率，本质是一种 p 型半导体，空穴的浓度比自由带电电子的浓度大得多，当传感器所处环境的湿度增加时，水分子与 rGO 膜表面的含氧基团在氢键的位置吸附结合，如图 2.26（e）所示，此时水分子成为自由电子的供体，这直接导致 rGO 空穴浓度的降低，最终表现为薄膜电阻的增加。基于这种机制，rGO 可用于制作电阻型的湿度传感器，例如，Lei 等人[84] 制作了一种基于 rGO 材料的电阻式湿度传感器，该湿度传感器的关键部分采用叉指电极结构，图 2.26（f）展示了电极在不同湿度环境下的动态响应。

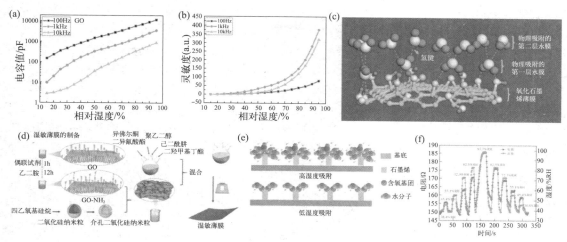

图 2.26　石墨烯湿度传感器的结构与特性
(a) 输出电容与湿度 RH 的函数关系[85]；(b) 灵敏度与湿度 RH 的函数关系[85]；
(c) GO 膜湿度传感[85]；(d) 湿度传感器层的制备工艺[83]；
(e) rGO 湿度传感器[84]；(f) 涂敷 rGO 薄膜的叉指电极在不同湿度环境中电阻变化的曲线[84]

（2）MXene 湿度传感器

MXene 材料具有良好的亲水性、电导性、化学稳定性，$Ti_3C_2T_x$ 是第一个合成的 MXene，并且由于其低形成能而成为研究最广泛的 MXene 材料。

Muckley 等人[86]测量了 Ti_3C_2 薄膜的电阻变化（ΔR）和 Ti_3C_2 涂层 QCM 的基频位移（Δf）。当 RH 从 0 增加到 95% 时，Ti_3C_2 涂覆的 QCM 的频移比裸 Au 参考 QCM 高 50 倍 [图 2.27（a）]，表明水在 Ti_3C_2 的选择性吸附可能是由于其相对高的表面积（10~20 m^2/g）和亲水性表面终止官能团（—OH、=O 和—H）。

在跨越 3 个数量级范围（20mTorr~20Torr，1Torr=133Pa）的水分压下观察到 Δf 和 ΔR 值 [图 2.27（a）]。Δf 和电阻 ΔR 的响应随 RH 呈指数下降 [图 2.27（b）]，表明 Ti_3C_2 的最强 RH 响应发生在干燥（<20%RH）条件下。离子插层 Ti_3C_2 中每晶胞吸附的约 $2H_2O$ 分子会引起明显的结构和电学变化，但经过测量在 0~95%RH 范围内，电阻变化较小（1.75Ω），仅占薄膜总电阻（200Ω）的 0.8%，表明导电 Ti_3C_2 的电学响应性很小。

Li 等人利用复阻抗谱和肖特基结理论来研究电容式 Ti_3C_2/TiO_2 传感器的湿度传感机制，他们报道了水分子化学吸附在 $Ti_3C_2T_x$ 表面的活性位点，然后通过氢键物理吸附形成水膜，如图 2.27（c）所示，Ti_3C_2/TiO_2 传感器可以在 7%~97%RH 范围内测量。在格罗特斯反应下，一些物理吸附的水分子被电离形成 H_3O^+ 作为电荷载体，并且离子电导率的增加改善了电容式湿度传感器的灵敏度。图 2.27（d）和图 2.27（e）表明，$Ti_3C_2T_x$ 在低 RH 下表现出弱的离子导电性，但 Ti_3C_2/TiO_2 由于其较强的吸附能力，更倾向于离子导电行为。

低电阻率（20Ω·cm）和对水蒸气的强烈响应使得基于 Ti_3C_2 的湿度传感器能够实现 RH 超低功耗传感。Muckley 等人在 Ti_3C_2 膜上施加恒定的 3mV DC 偏压，并监测到 RH 条件变化时，传感器电流（ΔI）有皮安级变化。如图 2.28（a）所示，当 RH 从 0 增加到 95% 时，电流降低了 260pA，并且当 RH 从 0%、40%、95% 循环回到 0% 时，显示出对变化的 RH 条件的可逆的、可重复的响应。电流响应的 SNR 在响应 40% RH 期间约为 5，在响应 95% RH 期间约为 7，这使得无源传感器可以在 0～95% RH 范围内实现 10% RH 分辨率。图 2.28（b）中 ΔI 的值与 RH 呈双指数趋势，与低频阻抗和直流电阻测量结果一致。3mV 的工作电压足够小，可以由全无源能量收集设备提供，包括射频识别天线、振动微型发电机、压电织物和纺织品。3mV×260pA 传感器的总功耗约为 0.8pW，大致相当于人体细胞的平均功耗。图 2.28（b）中 Ti_3C_2 薄膜从 −1V 到 +1V DC 偏压的电流-电压特性是线性的，这表明依赖环境能量收集装置的无源 RH 传感器即使在可变功率条件下也可以保持线性电流响应。

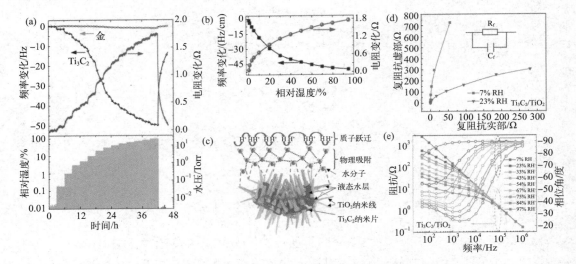

图 2.27　MXene 湿度传感器的性质

(a) 不同湿度下 Ti_3C_2 涂覆的 QCM 和裸 Au 涂覆的 QCM 的基频偏移 Ti_3C_2 的电阻变化[86]；(b) 暴露于不同 RH 水平下 Ti_3C_2 的基频偏移和 T 电阻变化[86]；(c) 水分子在 Ti_3C_2/TiO_2 复合膜上的吸附过程[81]；(d) Ti_3C_2/TiO_2 复合膜在 7%～23% RH 下的复阻抗图[81]；(e) 不同 RH 条件下 Ti_3C_2/TiO_2 复合材料的 Bode 图[81]

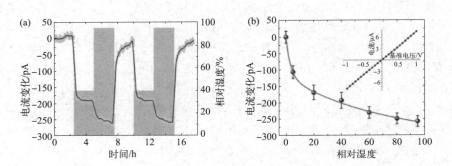

图 2.28　Ti_3C_2 湿度传感器的性质

(a) 在 3mV DC 偏压下跨 Ti_3C_2 膜测量的电流（ΔI）的变化，灰点表示测量电流，黑线表示通过 50 点相邻平均平滑后的电流，蓝色脉冲对应于 0、40% RH 和 95% RH[86]；(b) 电流变化与 RH 大致呈双指数趋势（蓝线），误差条表示电流信号中噪声的幅度[86]，插图：Ti_3C_2 薄膜在 −1～1V DC 偏压范围内表现出线性电流-电压特性

（3）过渡金属硫族化合物湿度传感器

过渡金属硫族化合物（TMDs）是一类层状材料，基本化学式可写作 MX_2，其中 M 代表过渡金属元素，包含 Ti、V、Ta、Mo、W、Re 等，X 表示硫属元素原子 S、Se、Te 等。Zhang 等人[87]制作了一种用于湿度检测的柔性 $MoSe_2/CuWO_4$ 薄膜传感器。分散在 $MoSe_2$ 表面的 $CuWO_4$ 纳米粒子作为吸附中心，在 $MoSe_2/CuWO_4$ 薄膜与水分子的相互作用中起主导作用。$MoSe_2$ 纳米花在 $MoSe_2/CuWO_4$ 纳米复合材料中起着锚的作用，在引发传感器响应的过程中起主导作用。$MoSe_2$ 与 $CuWO_4$ 的改性可以共同作用，为湿度传感提供独特的物理化学和电子性质。$CuWO_4$ 纳米粒子具有较大的比表面积，有利于水分子的接触和电荷转移。$CuWO_4$ 表面的氧空位可以提高其表面活性。先前化学吸附的氧空位可以被吸附的水分子取代，这也有助于湿度传感。

图 2.29（a）展示了 $MoSe_2/CuWO_4$ 湿度传感器的吸附过程。在低 RH 下，水分子通过化学吸附而形成第一层，在这个阶段，主要的导电离子是 H_3O^+，和初始的化学吸附水层附着在纳米复合材料的表面，不会受到进一步暴露于湿度的影响。随着相对湿度的增加，水溶液发生物理吸附，在初始化学吸附水层上形成物理吸附水层。物理吸附的水分子的量随着相对湿度的增加而增加。随着相对湿度的进一步增加，多层物理吸附水分子逐渐呈现出类液体的行为。在这种情况下，根据 Grotthuss 质子传输机制[88]，主要电荷载体质子（H^+）可以自由移动，并且质子在串联水层中的跳跃传输也很容易实现。

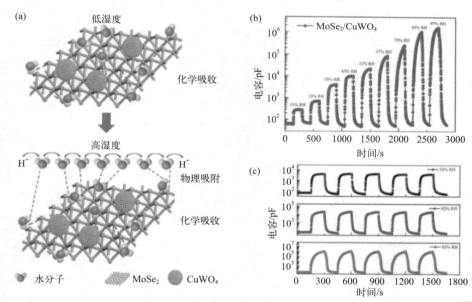

图 2.29　$MoSe_2/CuWO_4$ 薄膜传感器的性能

(a) $MoSe_2/CuWO_4$ 薄膜传感器湿度传感[87]；(b) $MoSe_2/CuWO_4$ 湿度传感器在暴露于各种 RH 水平时的电容[87]；(c) $MoSe_2/CuWO_4$ 湿度传感器暴露于 33%RH、52%RH 和 85%RH 干燥空气的重复性性能[87]

$MoSe_2/CuWO_4$ 电容式湿度传感器对不同 RH 水平的动态电容变化如图 2.29（b）所示，其中薄膜传感器在 0%RH 和 97%RH 下的电容分别为 50pF 和 1594590pF。$MoSe_2/CuWO_4$ 薄膜传感器的最高响应为 31982（C_x/C_0，C_x 表示 97%RH 下传感器的电容，C_0

表示0%RH下传感器的电容)。当传感器从平坦状态变为弯曲状态时,响应恢复速度逐渐增加。平板、弯曲半径10mm、弯曲半径5mm时的响应时间分别为109s、95s和79s,相应的恢复时间分别为9s、6s和4s。该传感器在不同湿度下表现出优异的可重复性[图2.29(c)]。

(4) 其他二维材料湿度传感器

2D黑磷具有很高的分子吸附能力和表面体积比,可以最大限度提高化学物质的吸附效果,此外,黑磷由于其特殊结构具有带隙可调、大的开关比以及各向异性的特点,是优异的湿度传感材料。

He等人[89]制备了基于黑磷的电容式湿度传感器。在潮湿空气中,水分子的吸附和冷凝,增强了BP膜的极化,提高了介电常数,使BP传感器的响应在10Hz频率下增加四个数量级,响应恢复时间在几秒内。Yao等人[90]在QCM上沉积BP纳米片,基于BP的QCM传感器具有良好的频率响应,高稳定性,湿度滞后小(小于4%),湿度响应和恢复时间短(14s/23s)等特点。

此外,六方氮化硼也具有不错的湿度性能。Sajid等人[91]将二维六方氮化硼薄片分散在聚氧乙烯中,可以制成一种高特异性、高灵敏度的线性湿度传感器。其灵敏度为24kΩ/%RH,响应恢复时间为2.6s/2.8s。

2.4.3 二维材料湿度传感器应用案例

(1) 人体汗液及呼吸监测

在人体汗液监测方面,二维材料湿度传感器可以实时检测人体皮肤上的汗液含量和湿度变化。通过将这种传感器集成到智能穿戴设备或医疗器械中,可以非侵入性地监测人体健康状态。例如,当人体运动或进行剧烈活动时,身体会出汗。通过监测汗液的湿度变化,可以评估人体的代谢率、水分平衡和疲劳程度。这对于运动员的训练和康复过程中的监测非常有帮助。

此外,二维材料湿度传感器也可以用于监测人体呼吸。呼吸是人体生命活动的重要指标之一。传统的呼吸监测方法通常需要使用大型设备或接触式传感器,限制了其在日常生活中的应用。而二维材料湿度传感器可以制作成柔性、薄型的传感器,可贴附在人体上或集成到智能口罩等设备中。图2.30使用了一种基于$Ti_3C_2T_x$/聚电解质多层膜的超快湿度传感器,用于监测实时人体呼吸,这种传感器可以实时监测呼吸过程中的湿度变化,并且可以同时将

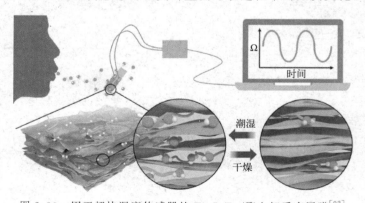

图2.30 用于超快湿度传感器的$Ti_3C_2T_x$/聚电解质多层膜[92]

数据传递至终端进行数据分析,从而准确地测量呼吸频率和深度,以及呼吸中的异常模式,这对于疾病的早期筛查、睡眠质量监测以及呼吸系统疾病的治疗和康复有重要意义。

（2）环境湿度监测

二维材料湿度传感器可用于灌溉和其他农业操作的调整,以确保作物获得适当的湿度（图 2.31）。

图 2.31　基于无线传感器的农业土壤环境监测[93]

 可穿戴电子传感器

参考文献

[1] FIORILLO A S, CRITELLO C D, PULLANO S A. Theory, technology and applications of piezoresistive sensors: A review [J]. Sensors and Actuators A: Physical, 2018, 281: 156-175.

[2] WANG M, GURUNATHAN R, IMASATO K, et al. A percolation model for piezoresistivity in conductor-polymer composites [J]. 2019, 2(2): 1800125.

[3] HAMEDI M, ATASHPARVA M. A review of electrical contact resistance modeling in resistance spot welding [J]. Welding in the World, 2017, 61(2): 269-290.

[4] GUO L, WU G, WANG Q, et al. Advances in triboelectric pressure sensors [J]. 2023, 355(1): 114331.

[5] PANG Y, ZHANG K, YANG Z, et al. Epidermis Microstructure Inspired Graphene Pressure Sensor with Random Distributed Spinosum for High Sensitivity and Large Linearity [J]. ACS Nano, 2018, 12(3): 2346-2354.

[6] LIU H, FENG B, BAI X, et al. Two-dimensional oxide based pressure sensors with high sensitivity [J]. Nano Select, 2022, 3(1): 51-59.

[7] CHENG Y, MA Y, LI L, et al. Bioinspired Microspines for a High-Performance Spray Ti(3)C(2)T(x) MXene-Based Piezoresistive Sensor [J]. ACS Nano, 2020, 14(2): 2145-2155.

[8] PATANIYA P M, BHAKHAR S A, TANNARANA M, et al. Highly sensitive and flexible pressure sensor based on two-dimensional MoSe(2) nanosheets for online wrist pulse monitoring [J]. J Colloid Interface Sci, 2021, 584: 495-504.

[9] FU X, ZHAO L, YUAN Z, et al. Hierarchical MXene@ ZIF-67 Film Based High Performance Tactile Sensor with Large Sensing Range from Motion Monitoring to Sound Wave Detection [J]. 2022, 7(8): 2101511.

[10] LI L, CHENG Y, CAO H, et al. MXene/rGO/PS spheres multiple physical networks as high-performance pressure sensor [J]. 2022, 95: 106986.

[11] ZHENG Y, YIN R, ZHAO Y, et al. Conductive MXene/cotton fabric based pressure sensor with both high sensitivity and wide sensing range for human motion detection and E-skin [J]. 2021, 420: 127720.

[12] CHEN H, ZHUO F L, ZHOU J, et al. Advances in graphene-based flexible and wearable strain sensors [J]. Chemical Engineering Journal, 2023, 464: 142576.

[13] AMJADI M, KYUNG K U, PARK I, et al. Stretchable, Skin-Mountable, and Wearable Strain Sensors and Their Potential Applications: A Review [J]. Advanced Functional Materials, 2016, 26(11): 1678-1698.

[14] THOULESS M D, LI Z, DOUVILLE N J, et al. Periodic cracking of films supported on compliant substrates [J]. Journal of the Mechanics and Physics of Solids, 2011, 59(9): 1927-1937.

[15] 张电波. 基于导电水凝胶交流阻抗效应的力敏传感器设计及响应特性研究[D]. 郑州: 郑州大学, 2022.

[16] LEE T, CHOI Y W, LEE G, et al. Crack-based strain sensor with diverse metal films by inserting an inter-layer [J]. Rsc Advances, 2017, 7(55): 34810-34815.

[17] AMJADI M, PICHITPAJONGKIT A, LEE S, et al. Highly Stretchable and Sensitive Strain Sensor Based on Silver Nanowire-Elastomer Nanocomposite [J]. ACS Nano, 2014, 8(5): 5154-5163.

[18] LI C Y, THOSTENSON E T, CHOU T W. Dominant role of tunneling resistance in the electrical conductivity of carbon nanotube-based composites [J]. Applied Physics Letters, 2007, 91(22): 223114.

[19] OSKOUYI A B, SUNDARARAJ U, MERTINY P. Tunneling Conductivity and Piezoresistivity of Composites Containing Randomly Dispersed Conductive Nano-Platelets [J]. Materials, 2014, 7(4): 2501-2521.

[20] QIN J, YIN L J, HAO Y N, et al. Flexible and Stretchable Capacitive Sensors with Different Microstructures [J]. Advanced Materials, 2021, 33(34): 2008267.

[21] NOVOSELOV K S, GEIM A K, MOROZOV S V, et al. Electric field effect in atomically thin carbon films [J]. Science, 2004, 306(5696): 666-669.

[22] MEYER J C, GEIM A K, KATSNELSON M I, et al. The structure of suspended graphene sheets [J]. Nature, 2007, 446(7131): 60-63.

[23] CASTRO NETO A H, GUINEA F, PERES N M R, et al. The electronic properties of graphene [J]. Reviews of Modern Physics, 2009, 81(1): 109-162.

[24] CHUN S, CHOI Y, PARK W. All-graphene strain sensor on soft substrate [J]. Carbon, 2017, 116: 753-759.

[25] KANG P, WANG M C, KNAPP P M, et al. Crumpled Graphene Photodetector with Enhanced, Strain-Tunable, and Wavelength-Selective Photoresponsivity[J]. Advanced Materials, 2016, 28(23): 4639-4645.

[26] SHAHZAD F, IQBAL A, KIM H, et al. 2D Transition Metal Carbides (MXenes): Applications as an Electrically Conducting Material[J]. Advanced Materials, 2020, 32(51): 2002159.

[27] LI T K, CHEN L L, YANG X, et al. A flexible pressure sensor based on an MXene-textile network structure [J]. Journal of Materials Chemistry C, 2019, 7(4): 1022-1027.

[28] MA Y N, LIU N S, LI L Y, et al. A highly flexible and sensitive piezoresistive sensor based on MXene with greatly changed interlayer distances [J]. Nature Communications, 2017, 8: 1207.

[29] ANASORI B, LUKATSKAYA M R, GOGOTSI Y. 2D metal carbides and nitrides (MXenes) for energy storage [J]. Nature Reviews Materials, 2017, 2(2): 16098.

[30] DING Y, WANG Y L, NI J, et al. First principles study of structural, vibrational and electronic properties of graphene-like MX_2 (M=Mo, Nb, W, Ta; X=S, Se, Te) monolayers [J]. Physica B-Condensed Matter, 2011, 406(11): 2254-2260.

[31] WILSON J A, YOFFE A D. TRANSITION METAL DICHALCOGENIDES DISCUSSION AND INTERPRETATION OF OBSERVED OPTICAL, ELECTRICAL AND STRUCTURAL PROPERTIES [J]. Advances in Physics, 1969, 18(73): 193-335.

[32] SPLENDIANI A, SUN L, ZHANG Y B, et al. Emerging Photoluminescence in Monolayer MoS_2 [J]. Nano Letters, 2010, 10(4): 1271-1275.

[33] WANG H, NG S M, WONG H F, et al. Effect of post-annealing on laser-ablation deposited WS_2 thin films [J]. Vacuum, 2018, 152: 239-242.

[34] PARK Y J, SHARMA B K, SHINDE S M, et al. All MoS_2-Based Large Area, Skin-Attachable Active-Matrix Tactile Sensor [J]. ACS Nano, 2019, 13(3): 3023-3030.

[35] MANZELI S, OVCHINNIKOV D, PASQUIER D, et al. 2D transition metal dichalcogenides[J]. Nature Reviews Materials, 2017, 2(8): 17033.

[36] YANG F, SONG P, RUAN M B, et al. Recent progress in two-dimensional nanomaterials: Synthesis, engineering, and applications [J]. Flatchem, 2019, 18: 100133.

[37] AN D, ZHANG X, BI Z S, et al. Low-Dimensional Black Phosphorus in Sensor Applications: Advances and Challenges [J]. Advanced Functional Materials, 2021, 31(52): 2106484.

[38] PAN L, LIU G, SHI W X, et al. Mechano-regulated metal-organic framework nanofilm for ultrasensitive and anti-jamming strain sensing [J]. Nature Communications, 2018, 9: 3813.

[39] WEI Y, CHEN S L, LI F C, et al. Highly Stable and Sensitive Paper-Based Bending Sensor Using Silver Nanowires/Layered Double Hydroxides Hybrids[J]. ACS Applied Materials & Interfaces, 2015, 7(26): 14182-14191.

[40] RIYAJUDDIN S, KUMAR S, GAUR S P, et al. Linear piezoresistive strain sensor based on graphene/g-C_3N_4/PDMS heterostructure [J]. Nanotechnology, 2020, 31(29): 295501.

[41] SUN S W, HAN B G, JIANG S, et al. Nano graphite platelets-enabled piezoresistive cementitious composites for structural health monitoring [J]. Construction and Building Materials, 2017, 136: 314-328.

[42] ZHANG L, QU X Q, LU S W, et al. Damage monitoring and locating of COPV under low velocity impact using MXene sensor array [J]. Composites Communications, 2022, 34:101241.

[43] PARK S, LEE A, CHOI K H, et al. Layer-Selective Synthesis of MoS_2 and WS_2 Structures under Ambient Conditions for Customized Electronics [J]. ACS Nano, 2020, 14(7): 8485-8494.

[44] CHHETRY A, SHARIFUZZAMAN M, YOON H, et al. MoS_2-Decorated Laser-Induced Graphene

for a Highly Sensitive, Hysteresis-free, and Reliable Piezoresistive Strain Sensor [J]. ACS Applied Materials & Interfaces, 2019, 11(25): 22531-22542.

[45] PANG Y, ZHANG K N, YANG Z, et al. Epidermis Microstructure Inspired Graphene Pressure Sensor with Random Distributed Spinosum for High Sensitivity and Large Linearity [J]. ACS Nano, 2018, 12(3): 2346-2354.

[46] YAN W J, FUH H R, LV Y H, et al. Giant gauge factor of Van der Waals material based strain sensors[J]. Nature Communications, 2021, 12(1): 2018.

[47] ZHANG J Q, WAN L J, GAO Y, et al. Highly Stretchable and Self-Healable MXene/Polyvinyl Alcohol Hydrogel Electrode for Wearable Capacitive Electronic Skin [J]. Advanced Electronic Materials, 2019, 5(7): 1900285.

[48] LI Y X, WANG R R, WANG G E, et al. Mutually Noninterfering Flexible Pressure-Temperature Dual-Modal Sensors Based on Conductive Metal-Organic Framework for Electronic Skin [J]. ACS Nano, 2022, 16(1): 473-484.

[49] ZHANG S C, XIAO Y, CHEN H M, et al. Flexible Triboelectric Tactile Sensor Based on a Robust MXene/ Leather Film for Human-Machine Interaction [J]. ACS Applied Materials & Interfaces, 2023, 15(10): 13802-13812.

[50] LUO Z W, LI X M, LI Q L, et al. In Situ Dynamic Manipulation of Graphene Strain Sensor with Drastically Sensing Performance Enhancement [J]. Advanced Electronic Materials, 2020, 6(6): 2000269.

[51] BAI Y, LU Y Y, BI S H, et al. Stretchable and Photothermal MXene/PAA Hydrogel in Strain Sensor for Wearable Human-Machine Interaction Electronics [J]. Advanced Materials Technologies, 2023, 9(8): 2365.

[52] CHENG L, FANG G Q, WEI L, et al. Laser-Induced Graphene Strain Sensor for Conformable Lip-Reading Recognition and Human-Machine Interaction [J]. ACS Applied Nano Materials, 2023, 6(9): 7290-7298.

[53] DINH T, PHAN H P, QAMAR A, et al. Thermoresistive Effect for Advanced Thermal Sensors: Fundamentals, Design Considerations, and Applications [J]. Journal of Microelectromechanical Systems, 2017, 26(5): 966-986.

[54] LIM S, SUK J W. Flexible temperature sensors based on two-dimensional materials for wearable devices [J]. Journal of Physics D: Applied Physics, 2023, 56(6): 063001.

[55] ZHANG Z, LIU Z, LEI J, et al. Flexible thin film thermocouples: From structure, material, fabrication to application [J]. iScience, 2023, 26(8): 107303.

[56] YAN C, WANG J, LEE P S. Stretchable Graphene Thermistor with Tunable Thermal Index [J]. ACS Nano, 2015, 9(2): 2130-2137.

[57] LIU G, TAN Q, KOU H, et al. A Flexible Temperature Sensor Based on Reduced Graphene Oxide for Robot Skin Used in Internet of Things [J]. Sensors, 2018, 18(5): 1400.

[58] ZHAO L, FU X, XU H, et al. Tissue-Like Sodium Alginate-Coated 2D MXene-Based Flexible Temperature Sensors for Full-Range Temperature Monitoring [J]. Advanced Materials Technologies, 2022, 7(10): 2101740.

[59] WANG Q H, KALANTAR-ZADEH K, KIS A, et al. Electronics and optoelectronics of two-dimensional transition metal dichalcogenides[J]. Nature Nanotechnology, 2012, 7(11): 699-712.

[60] MAK K F, LEE C, HONE J C, et al. Atomically thin MoS_2: a new direct-gap semiconductor[J]. Physical review letters, 2010, 105 (13): 136805.

[61] SPLENDIANI A, SUN L, ZHANG Y, et al. Emerging Photoluminescence in Monolayer MoS_2[J].

Nano Letters, 2010, 10(4): 1271-1275.

[62] KAM K K, PARKINSON B A. Detailed photocurrent spectroscopy of the semiconducting group VIB transition metal dichalcogenides[J]. The Journal of Physical Chemistry, 1982, 86(4): 463-467.

[63] BUSCEMA M, BARKELID M, ZWILLER V, et al. Large and Tunable Photothermoelectric Effect in Single-Layer MoS_2[J]. Nano Letters, 2013, 13(2): 358-363.

[64] XU X, GABOR N M, ALDEN J S, et al. Photo-Thermoelectric Effect at a Graphene Interface Junction[J]. Nano Letters, 2010, 10(2): 562-566.

[65] SMALL J P, PEREZ K M, KIM P. Modulation of Thermoelectric Power of Individual Carbon Nanotubes[J]. Physical Review Letters, 2003, 91(25): 256801.

[66] DAUS A, JAIKISSOON M, KHAN A I, et al. Fast-Response Flexible Temperature Sensors with Atomically Thin Molybdenum Disulfide[J]. Nano Letters, 2022, 22(15): 6135-6140.

[67] MATTHUS C D, CHAVA P, WATANABE K, et al. I-V-T Characteristics and Temperature Sensor Performance of a Fully 2-D WSe_2/MoS_2 Heterojunction Diode at Cryogenic Temperatures[J]. IEEE Journal of the Electron Devices Society, 2023, 11: 359-366.

[68] GAUFRèS E, FOSSARD F, GOSSELIN V, et al. Momentum-Resolved Dielectric Response of Free-Standing Mono-, Bi-, and Trilayer Black Phosphorus[J]. Nano Letters, 2019, 19(11): 8303-8310.

[69] LI L, KIM J, JIN C, et al. Direct observation of the layer-dependent electronic structure in phosphorene[J]. Nature Nanotechnology, 2017, 12(1): 21-25.

[70] QIAO J, KONG X, HU Z X, et al. High-mobility transport anisotropy and linear dichroism in few-layer black phosphorus[J]. Nature Communications, 2014, 5(1): 4475.

[71] CHHETRY A, SHARMA S, BARMAN S C, et al. Black Phosphorus@Laser-Engraved Graphene Heterostructure-Based Temperature-Strain Hybridized Sensor for Electronic-Skin Applications[J]. Advanced Functional Materials, 2021, 31(10): 2007661.

[72] TRUNG T Q, LEE N E. Flexible and Stretchable Physical Sensor Integrated Platforms for Wearable Human-Activity Monitoringand Personal Healthcare[J]. Advanced Materials, 2016, 28(22): 4338-4372.

[73] DENG Z S, LIU J. Mathematical modeling of temperature mapping over skin surface and its implementation in thermal disease diagnostics[J]. Computers in Biology and Medicine, 2004, 34(6): 495-521.

[74] AMERI S K, WANG L. 3-Graphene electronic tattoo sensors for point-of-care personal health monitoring and human-machine interfaces[M]. Emerging 2D Materials and Devices for the Internet of Things. Elsevier, 2020: 59-86.

[75] TRUNG T Q, RAMASUNDARAM S, HWANG B-U, et al. An All-Elastomeric Transparent and Stretchable Temperature Sensor for Body-Attachable Wearable Electronics[J]. Advanced Materials, 2016, 28(3): 502-509.

[76] YANG L, YAN J, MENG C, et al. Vanadium Oxide-Doped Laser-Induced Graphene Multi-Parameter Sensor to Decouple Soil Nitrogen Loss and Temperature[J]. Advanced Materials, 2023, 35(14): 2210322.

[77] CHEN F F, ZHU Y J, CHEN F, et al. Fire Alarm Wallpaper Based on Fire-Resistant Hydroxyapatite Nanowire Inorganic Paper and Graphene Oxide Thermosensitive Sensor[J]. ACS Nano, 2018, 12(4): 3159-3171.

[78] LI K, LI Z, XIONG Z, et al. Thermal Camouflaging MXene Robotic Skin with Bio-Inspired Stimulus Sensation and Wireless Communication[J]. Advanced Functional Materials, 2022, 32(23): 2110534.

[79] WEI X, LI H, YUE W, et al. A high-accuracy, real-time, intelligent material perception system with

a machine-learning-motivated pressure-sensitive electronic skin[J]. Matter, 2022, 5(5): 1481-501.

[80] LIANG R X, LUO A S, ZHANG Z B, et al. Research Progress of Graphene-Based Flexible Humidity Sensor [J]. Sensors, 2020, 20(19): 17.

[81] LI N, JIANG Y, ZHOU C, et al. High-Performance Humidity Sensor Based on Urchin-Like Composite of Ti_3C_2 MXene-Derived TiO_2 Nanowires [J]. ACS Applied Materials & Interfaces, 2019, 11(41): 38116-38125.

[82] YAN J, FENG J, GE J, et al. Highly sensitive humidity sensor based on a GO/Co-MOF-74 coated long period fiber grating [J]. IEEE Photonics Technology Letters, 2021, 34(2): 77-80.

[83] ZHU J, ZHANG N, YIN Y, et al. High-Sensitivity and Low-Hysteresis GO/NH_2/Mesoporous SiO_2 Nanosphere-Fabric-Based Humidity Sensor for Respiratory Monitoring and Noncontact Sensing [J]. Advanced Materials Interfaces, 2022, 9(1): 2101498.

[84] 雷程, 张君娜, 刘瑞芳, 等. 基于还原氧化石墨烯材料的电阻式湿度传感器[J]. 微纳电子技术, 2021, 58(11): 6.

[85] BI H, YIN K, XIE X, et al. Ultrahigh humidity sensitivity of graphene oxide [J]. Scientific Reports, 2013, 3(1): 2714.

[86] MUCKLEY E S, NAGUIB M, IVANOV I N. Multi-modal, ultrasensitive, wide-range humidity sensing with Ti_3C_2 film[J]. Nanoscale, 2018, 10(46): 21689-21695.

[87] ZHANG D Z, WANG M Y, ZHANG W Y, et al. Flexible humidity sensing and portable applications based on $MoSe_2$ nanoflowers/copper tungstate nanoparticles [J]. Sens Actuator B-Chem, 2020, 304: 9.

[88] ZHANG D Z, JIANG C X, SUN Y, et al. Layer-by-layer self-assembly of tricobalt tetroxide-polymer nanocomposite toward high-performance humidity-sensing [J]. J Alloy Compd, 2017, 711: 652-658.

[89] HE P, BRENT J R, DING H, et al. Fully printed high performance humidity sensors based on two-dimensional materials [J]. Nanoscale, 2018, 10(12): 5599-5606.

[90] YAO Y, ZHANG H, SUN J, et al. Novel QCM humidity sensors using stacked black phosphorus nanosheets as sensing film [J]. Sens Actuator B-Chem, 2017, 244: 259-264.

[91] SAJID M, KIM H B, LIM J H, et al. Liquid-assisted exfoliation of 2D hBN flakes and their dispersion in PEO to fabricate highly specific and stable linear humidity sensors [J]. J Mater Chem C, 2018, 6(6): 1421-1432.

[92] AN H, HABIB T, SHAH S, et al. Water Sorption in MXene/Polyelectrolyte Multilayers for Ultrafast Humidity Sensing [J]. ACS Appl Nano Mater, 2019, 2(2): 948-955.

[93] AQUINO-SANTOS R, GONZáLEZ-POTES A, EDWARDS-BLOCK A, et al. Developing a New Wireless Sensor Network Platform and Its Application in Precision Agriculture [J]. Sensors, 2011, 11(1): 1192-1211.

第 3 章
二维过渡金属硫族化合物用于生物传感节点

3.1 生物传感器件的挑战与新机遇

高效灵敏的生物传感器领域的突破可能会给重大疾病诊断带来颠覆性变革。原子级过渡金属硫族化合物（TMPS）有望提升生物传感器灵敏度，给生物传感节点带来了"新机遇"，科学家们在此节点基础上致力于开发诸多生物传感器。本章介绍了 TMPS 制备的电子生物传感器、光学和光电性质的生物传感器以及具备 TPMS 结构特性的生物传感器。

3.1.1 生物传感器的现状与挑战

生物传感相关领域最大的挑战之一是同时以检测速度、灵敏度、准确度和分辨率的最佳组合来定量测量目标生物分子或与疾病相关的生物标志物的浓度。然而，生物传感检测精度和处理速度（或处理量）通常是相互制约的。具体来说，生物传感领域最基本也是最迫切的挑战之一是很难在生物检测设备中解析目标分子浓度的极其细微的变化的同时，达到生物检测高处理速度、高精确度以及高分辨率。如果在某种程度上解决这一基本的制约问题，就可以在即时医疗（POC）场景中实现循环生物标志物的超快速和高精度实时检测，这有可能对急性疾病的个性化诊断和管理产生范式转变。这里有一个具体的例子，表明了人们对具有高处理速率和高检测分辨率的生物传感器的迫切需要。败血症是一种复杂并且致命的器官功能失调综合征，通常由宿主对感染的反应失调引起[1-4]。在美国，败血症每年夺去超过 25 万人的生命。进行败血症诊断的常规标准（或通常称为金标准）依赖于生理、血液参数以及微生物培养的结合，以此来确定病源[5]。然而，这种分析和培养过程可能需要 2 天以上，并且还需要在临床实验室而不是即时医疗场景中进行。此外，由于在早期感染阶段血液中细菌的浓度较低，这种分析过程容易产生假阴性结果。由于缺乏高速且高精度的生物传感设备，难以实现从当前"缓慢"且"被动"的疾病诊断和管理模式向更为"及时"且"主动"的过程转变。在当前"缓慢"和"被动"的疾病诊断和管理中，仅根据恶化的症状来制定医学治疗计划，而在"及时"和"主动"的治疗过程中，可以通过精确量化关键生物标记物浓度中极其微小的变化来制定治疗计划，并在器官功能失调和死亡之前，在即时医疗场景中确定威胁生命疾病的发作时间以及病情随时间的发展状况[6-8]。为了应对这一临床挑战，生物传感器研究人员一直在努力探索新的生物传感机制、物理化学特性对外界刺激敏感的新功能材料，以及能够快速可靠地检测生物标记物中极其微小变化的生物传感设备架构。在这些尝试中，与低维纳米材料相关的研究活动可能为当前的行业带来巨大改变。

在基于纳米结构和纳米材料的生物传感装置的活跃研究初期，各种一维纳米材料，例如纳米线、纳米纤维和纳米管被研究用于制造纳米电子、光电和纳米机械生物传感器。例如，使用纳米线和碳纳米管来制造基于场效应晶体管（FET）结构的电子生物传感器，该场效应晶体管结构以"累积"模式运行。使用这种基于场效应晶体管的纳米电子生物传感器，研究人员演示了血清中浓度范围从 nmol/L 到 fmol/L 的癌症相关生物标记物的非标定量法技术[9-13]，细胞生长系统中目标分子的体外生物检测和监测[14-15]，以及与生物分子间相互作用相关的亲和力和动力学参数的表征。预计这种纳米级场效应晶体管生物传感器的大阵列与寻址输入和输出电路的结合将最终实现全面的生物传感和分析系统，该系统能够实现生物标记物的自动高速、高分辨率量化，并作为可靠的芯片实验室平台，用于定量表征各种生物和化学分子的动力学特性。然而，将均匀的高质量一维纳米结构规模化制造成可重复的阵列架构仍然是一个关键的挑战[16]。特别是，为了能够检测生物分子浓度的皮摩尔级变化，要求一维传感通道的特征尺寸至少与典型生物分子的冲击维度尺寸相当[12,17-18]。对于自上而下的光刻和自下而上的合成方法，研究人员仍然缺乏能够生产这种一维纳米结构的高度有序阵列或可寻址排列的纳米制造技术。更具体地说，晶体纳米线和碳纳米管目前是通过各种自下而上的合成工艺，例如各种化学气相沉积（CVD）方法制成的。该领域的研究人员仍然缺乏合适的后嫁接的纳米制造方法，该方法能够以可接受的生产量将生长的纳米线和碳纳米管组装成有序阵列。在自上而下的光刻领域，研究人员可以使用各种图案化技术，例如光刻（投影印刷）、电子束光刻和纳米压印光刻，结合化学或等离子体蚀刻工艺，制造晶体硅和其他化合物半导体纳米线的有序阵列。这种光刻产生的纳米线已经被用来制作基于场效应晶体管的生物传感器阵列[19]。然而，高质量纳米线阵列的光刻制造通常需要昂贵的材料衬底（例如绝缘体上半导体、外延生长在金刚石上的Ⅲ～Ⅴ族化合物）以及精密的构图工具（例如等离子蚀刻机、步进机、纳米印刷机和各种显微镜）。这些要求可能会导致临床应用的生物传感芯片和相关分析试剂盒的大规模生产成本巨大。

3.1.2 基于二维材料的生物传感器

自从关于单层石墨[20-22]的第一份研究以来，二维材料已经被深入研究了十多年。其他被广泛研究的二维原子层材料包括过渡金属硫族化合物（TMDs）和一些拓扑绝缘体。二维材料家族已经吸引了学术界和工业界的大量关注，因为该家族中的一些成员提供了优异的电学、光电、化学和力学性能，并且其二维结构与最先进的平面微/纳米制造技术兼容[23-34]。这些二维材料的一些特定的物理和化学性质可以被进一步研究和开发，用于制造活跃的生物传感装置并解决上述技术挑战。

由于二维材料的原子级薄结构，由二维层制成的传感通道的传输特性（如导电性、场效应迁移率和光电导性）对外部刺激极其敏感，有望为生物检测应用带来前所未有的灵敏度提升[35-39]。在生物传感一个非常特殊的子领域中，石墨烯及其衍生材料已经被研究和实现，用于制造适合于长期监测大脑活动的新脑电图（EEG）传感器。这种与脑电图相关的应用是由石墨烯及其衍生材料的优异导电性、机械柔性、化学稳定性、生物相容性和环境友好性所推动的[21,40]。此外，这种二维电子/电气材料，如普通传感器通道或电极材料，表现出极低水平的内部电子噪声[29,41-45]。如此低水平的内部电子噪声归因于二维材料表面具有极低密度的悬挂键。这种二维表面特性有望产生具有低密度散射中心（因此具有低闪烁噪声水平）的活性传感通道，并能够对生物分子进行高灵敏度、低噪声水平的检测（即高信噪比）[36,46-47]。特别是，Schedin 等人之前的工作表明，基于石墨烯的气体传感器表现出极高的检测分辨率或非常小的检测限（LOD），能够在二维传感通道上感测单个分子的吸收和解吸[41]。由石墨烯和其他相关二维材料制成的脑电传感器具有实现低于纳伏范围内的脑电图信号和大脑中神经离子电流的可靠传感的显著潜力。在相关领域已经有一些研究者对此开展了研究工作。例如，Kuzum等人展示了光学透明的柔性石墨烯电极，该电极具有低噪声水平，适用于同时进行电生理学和神经成像过程[48]。Du等人构建了以石墨烯为基础的微电极阵列，用于神经活动检测，表现出良好的生物相容性和高透明度[49]。Mlynczak等人对石墨烯电极进行了长期阻抗呼吸描记法的可行性研究[50]。这项工作突出了基于石墨烯印刷电极的穿戴物在心肺、生理保健、体育和睡眠质量监测相关领域的潜在应用[50]。Lu等人制造了具有高光学透明度的纳米颗粒（NP）涂覆的石墨烯微电极，用于转基因小鼠的深双光子成像[51]。这项工作还探索了通过涂覆金属纳米颗粒来降低石墨烯微电极阻抗的方法。Lou等人展示了针对长期心电图监测的柔性石墨烯电极[52]。

石墨烯和其他相关的二维层状材料也已被开发用于制造一系列在"积累"模式下运行的薄膜晶体管（TFT），并以生物传感应用为目标[53-55]。科学家们认为，与由传统的块状半导体（例如，Si、Ge、Ⅲ~Ⅴ族化合物和有机材料）制成的薄膜晶体管相比，基于二维材料的薄膜晶体管对于与生物分子的吸收和解吸相关的活动，表现出更灵敏的电响应（例如，薄膜晶体管沟道电导或跨导参数的变化）。

除了石墨烯及其衍生的二维材料，另一组二维材料TMDs也被广泛研究用于制作新的传感器件。TMDs材料的化学通式是MX_2，其中M是属于第4~10族的过渡金属，X代表硫族元素。TMDs家族成员表现出广泛的化学性质，这为探索许多领域的器件应用提供了新的机会，包括催化、能量捕获和储存、生物和化学传感，以及电子和光子器件[23]。TMDs材料的多用途特性也因其物理性质的多样性而突出，其范围包括介电绝缘体（例如HfS_2）、带隙与常规半导体相当的半导体（例如MoS_2、WS_2和WSe_2）、半金属（例如$TiSe_2$和WTe_2）、金属（例如NbS_2和VSe_2）和潜在超导体（例如$NbSe_2$和TaS_2）。此外，许多TMDs材料的原料在地球上相对丰富，这有望降低商业上可行的、基于TMDs的设备和系统的制造成本。特别是，半导体TMDs成员，如MoS_2、WSe_2和WS_2，已被广泛研究用于电子和光电设备应用[23-26,34]。具体而言，这些TMDs材料的单层结构通常是直接带隙的半导体，可用于制造超薄发光器件[26,56]。多层TMDs结构可以作为零带隙石墨烯的重要补充，并实现新的设备应用，如机械柔性薄膜晶体管[25]，超灵敏-化学传感器[57]和神经形态计算组件[58-59]。应当注意，单层和多层TMDs结构可以被认为是垂直方向上材料尺寸的极限尺度。因此，对于制造纳米级（或短沟道）场效应晶体管来说，它们在本质上优于块状半导体（例如Si），在场效应晶体管尺寸的缩放极限下有效地抑制了源极到漏极的隧穿电流。这为电子和光电设备的小型化提供了超越摩尔定律的显著优势[27]。

Lopez-Sanchez等人的工作表明，MoS_2是最受欢迎的TMDs材料之一，类似于高质量的原始石墨烯层，也表现出极低的内部电子噪声水平[45]。然而，与石墨烯的零带隙不同，MoS_2的带隙与典型半导体（例如，Si和Ge）的带隙相当。因此，由MoS_2和其他半导体TMDs制成的场效应晶体管表现出高达10^8的开/关通道电导比（典型石墨烯场效应晶体管的开/关通道电导比通常小于10），与基于石墨烯的场效应晶体管生物传感器相比，结合原子级薄厚度的二维材料，可以极大地提高生物检测灵敏度和动态范围，用于感测液体溶液或气体环境中的生物和化学分子[53,57,60]。Sarkar等人和Wang等人制造了基于MoS_2的场效应晶体管生物传感器，该生物传感器在100~400fmol/L范围内定量检测出一些癌症相关生物标志物的 LOD 值[53-54]。此外，几个后续的工作表明了 MoS_2 和其他二维分层的 TMDs 器件结构和图案可以通过可扩展的制造，在商业上可行的晶片衬底（例如，玻璃、SiO_x 和 Si）上大面积产生或制造，如化学合成或生长，随后是基于辊的转印[61]，生长后是平面平版印刷图案化步骤[62]，以及由各种黏合增强方法辅助的机械转印技术。这些先前的工作表明，在基于二维 MoS_2 或其他半导体 TMDs 材料的场效应晶体管传感器阵列的基础上，多路生物传感测定的低成本大规模生产很可能在不久的将来实现。

除了基于与单层和少数层 TMDs 结构相关的优越的平面内传输特性实现电气和电子生物传感器之外，TMDs 还提供了一种非常独特的途径，通过范德华层间耦合直接堆叠具有不同晶格常数的异质 TMDs 层或具有不同晶体取向或掺杂类型的同质 TMDs 层来制造各种各样的二维异质结构[63-65]。这种范德华异质结构有望使新的光电子、纳米电子和传感器件具有新的功能或大大改善的性能特征。特别地，范德华异质结构通常在宽波长范围（UV-IR）内表现出高的光响应值。这种光电性能可以归因于如下两方面。①二维的 TMDs 层的能带结构中丰富的范霍夫奇点，这是二维 TMDs 有着高光吸收系数的原因（例如，单个 MoS_2 层的光吸收能力与 50nm Si 或 12nm GaAs 膜的光吸收能力相当）。②TMDs 成员的宽带隙范围，其可以形成具有稳定能带偏移的异质结势垒，因此形成用于有效分离和收集光生载流子的内置场区[29,30,66]。一些先前的工作已经表明，光生激子可以很容易地在 Ⅱ 型范德华异质结处分离[67-68]，并且与层间电荷转移相关的特征持续时间在 50fs 以内[68]。这种光响应特性适用于光伏（PV）和光电探测应用。最近，Park 等人演示了一种光电生物传感器结构，用于实现低丰度生物标记分子的快速定量，其中基于 MoS_2 的传感通道用作关键的光电探测器，具有超低噪声水平和高灵敏度，用于检测与抗原抗体结合事件相关的等离子体信号，并解析与生物标记浓度的极微小变化相关的传感器读数[69]。

一些单层 TMDs 材料表现出强烈的谷旋光选择性[70-71]。这种具有不同晶体取向的垂直堆叠 TMDs 层有可能实现这些谷偏振光子性质的可控调制，并基于新的能谷电子理论创建新的光电探测器和生物传感设备[70-71]。此外，范德华异质结构的规模化生产不需要精细的外延工艺（例如，分子束外延）来产生具有低密度电荷陷阱的原子级尖锐异质结（即，没有由 TMDs 层之间的晶体失配引起的高密度晶体缺陷）。二维材料这种独特的结构特征可以让传感器设计者自由地创造各种范德华异质结构（例如，超晶格和量子阱），并调节它们的光电特性，以创造各种生物和化学传感器。

MoS_2 纳米结构与其他功能纳米结构（例如，金属纳米颗粒和石墨烯纳米片）的结合预计会对其周围介质的变化表现出显著的表面等离子体共振（SPR）响应性。这种特性已经被提出用于制造基于 SPR 的生物传感器，这种生物传感器具有较好的相位灵敏度。此外，一些其他涉及 MoS_2 的异质结结构表现出增强的化学发光（CL）激发特性，这些特性已被应用于新的光电化学生物传感器[72-74]。

以下部分将回顾对基于 TMDs 材料的不同类型的生物传感器至关重要的科学和技术方案，并讨论这种基于 TMDs 的传感器与其最先进的对应传感器相比的优势和劣势。

3.2 基于过渡金属硫族化合物制备的电子生物传感器

3.2.1 场效应晶体管（FET）生物传感器

Sarkar 等人和 Wang 等人报道了最早的两项工作，即使用 MoS_2 层作为传感通道，制作超灵敏的场效应晶体管（FET）生物传感器[53-54]。基于这些生物传感器，研究团队展示了一些的癌症相关的生物标志物分子定量、特定蛋白定量，以及检测限在 100～400fmol/L 范围内的分析物溶液的 pH 值的定量[53-54]。之前工作实现的最重要的技术是基于 TMDs 的场效应晶体管生物传感器的临界横向尺寸，确实不需要精确减少到纳米尺度即可实现低丰度小分子量蛋白质在飞摩尔（甚至单分子）级别的测定。这意味着 MoS_2 场效应晶体管生物传感器的生产可能不需要非常昂贵的纳米制造工具。特别地，最近几项与二维 TMDs 材料的纳米制造和纳米加工的有关工作表明，对尺寸和性能有良好控制的功能性 TMDs 器件结构可以在低成本的晶圆基板（如玻璃、橡胶、和塑料基板）上，结合一些低成本工艺，如 CVD，加上基于滚子的转移印刷技术[61]，选择适合 TMDs 特性的技术[62,75]，如纳米印刷工艺技术[76-78] 和纳米印迹技术[79] 等方法来生产。因此，对于生物传感器工程师和科学家来说，基于 TMDs 的场效应晶体管生物传感器阵列的多路复用检测系统具有巨大的商业潜力和价值。

作为初步尝试，Nam 等人实现了使用同一研究团队[55] 发明的纳米打印方法制备多组少层的 MoS_2 场效应晶体管生物传感器。由于这些传感器在传输特性和传感器响应特性方面具有良好的一致性，它们既可以协同开发，用于测定液体溶液中目标生物分子的浓度，也可以作为一个方便的平台工具，用于表征特定分析受体对（或抗原抗体对）[55] 的结合动力学特性。在这项工作中，研究团队使用他们的生物传感器研究肿瘤坏死因子 α（TNF-α），这是一种重要的促炎症细胞因子，也是与免疫监视和宿主防御相关的重要生物标志物[80-85]。由于 TNF-α 分子（约 17kDa）的分子尺寸相对较小，在 fmol/L 水平上对此类细胞因子分子的无标记检测是临床应用的一个关键性挑战。Nam 等人开发的 MoS_2 FET 生物传感器在应对这一挑战方面取得了重要进展，使 TNF-α 的检测限达到了出色的水平。测量结果显示，其检测限低于 60fmol/L[55]。Nam 等人的研究也表明，在少层 MoS_2 FET 生物传感器上使用线性和阈下两种操作方法均可获得这种用于细胞因子量化的检测限[55]。从两种传输方式中提炼出的标准校准曲线（即校准后的传感器响应量与分析物浓度的对比）彼此一致[55]。基于这些校准曲线，研究团队成功提炼出了抗体（TNF-α）对[55] 时间依赖性的缔合-解离动力学参数。

在上述较早的工作中，不同团队制得的 MoS_2 FET 生物传感器的结构和工作原理是十分相似的[53-55]。图 3.1 为典型的 MoS_2 FET 生物传感器的截面图，该生物传感器具有双栅薄膜晶体管（TFT）结构。将顶部参比栅极（通常为 Pt 或 Ag/AgCl 参比电极）插入储液器中，用于检测结合反应引起的表面电位变化。具体来讲，如图 3.1 所示，目标分子与 MoS_2 通道顶部绝缘层上功能化的对应受体结合，引起该绝缘层表面电位变化（$\Delta \Phi$）。$\Delta \Phi$ 可以通过公式 $\Delta \Phi = \dfrac{qN_T}{C_{Top}}$ 进行计算，其中 q 是通过抗体和分析物结合携带到绝缘层的有效电荷，这里，q 也应视为 FET 通道直接感知到的有效电荷，且溶剂中双电层引起的屏蔽效应已考虑进去；N_T 是已吸收到绝缘层上的靶分子数；C_{Top} 是与顶部绝缘层连接的净电容。这种顶面电势变化 $\Delta \Phi$ 改变了 MoS_2 传感通道中的可移动电荷（$\Delta Q = C_T \Delta \Phi$）。从背栅测量的转移特性曲线中可以提炼出由于 ΔQ 这一变量导致的阈值电压（ΔV_T）的变化。ΔV_T 的计算公式为 $\Delta V_T = \dfrac{\Delta Q}{C_T} = \dfrac{C_T}{C_{SiO_2}} \Delta \Phi = \dfrac{qN_T}{C_{SiO_2}}$，其中 C_{SiO_2} 为背栅介质层的净电容（通常是在 p 型 Si 衬底上热生长的 SiO_2 层）。N_T 可用公式 $N_T = \sigma_T A$ 进一步计算，其中 σ_T 为绝缘层顶部已经吸收的目标分子的面积密度，A 为抗体受体功能化的总传感通道面积。C_{SiO_2} 的计算公式为

$C_{SiO_2} = \dfrac{k_{SiO_2}\varepsilon_0 A}{d_{SiO_2}}$，其中 k_{SiO_2} 和 d_{SiO_2} 分别为 SiO$_2$ 背栅介电层的介电系数和平均厚度；ε_0 为真空介电常数。因此，基于此标准 FET 模块分析，ΔV_T 可由 $\Delta V_T = \dfrac{qN_{TNF}}{C_{SiO_2}} = \dfrac{qd_{SiO_2}\sigma_{TNF}}{k_{SiO_2}\varepsilon_0}$ 计算得出。该方程表明，生物传感器响应量 ΔV_T 在理论上与承载受体的顶层绝缘层厚度无关。这对于基于新兴二维材料设计 FET 生物传感器是一个十分重要的科学技术理论。具体来说，由于二维 FET 通道的厚度很薄，近似原子尺寸，来自顶部和底部栅电极的电场能够完全穿透到二维半导体通道中。因此，通过直接测量来自顶部参考栅极的 $\Delta \Phi$ 或来自底部 p 型 Si 衬底栅极的 ΔV_T，可以感知 FET 通道电导的结合诱导修饰。对于其他由传统块状半导体或一维半导体纳米材料（如碳纳米管和金属纳米线）制成的 FET 生物传感器，这种双栅极传感读数效果并不显著，所以双栅极传感读数可能是二维 FET 生物传感器的一个优势。由于这一特性，基于二维材料的 FET 生物传感器可能不需要顶部栅电极，其顶部绝缘层承载受体的厚度几乎可以降至零。Lee 等人的进一步实验表明，由于二维 MoS$_2$ 表面的疏水性，具有适当化学性质的抗体受体确实可以直接固定在原始 MoS$_2$ 层上，而不需要绝缘层[86]。这些特点可以大大简化 FET 生物传感器系统的结构设计和操作，可能降低未来基于二维 TMDs FET 生物传感器的商业检测系统的制造和操作成本。Nam 等人进行了一系列后续工作，进一步支持了这一技术观点，他们还发现，在没有顶部绝缘层的情况下，基于 WSe$_2$ 的 FET 生物传感器比结构类似的基于 MoS$_2$ 的 FET 生物传感器具有更高的灵敏度和更大的动态范围。这归因于 WSe$_2$ 层的双极性输运特性[87-89]。同时需要指出的是，虽然 WSe$_2$ FET 生物传感器表现出了良好的响应特性，但对其的研究远少于 MoS$_2$ FET 生物传感器。其中一个关键原因是，WSe$_2$ 器件结构的平面图纹在光刻时会产生有毒的副产物，被许多机构所禁止。

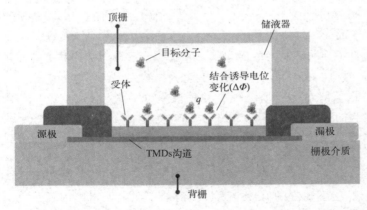

图 3.1 一个具备双栅薄膜晶体管结构的典型的基于 MoS$_2$ 的 FET 生物传感器的截面

在 Nam 等人的工作中，系统地研究了基于二维 TMDs 的 FET 生物传感器的一个重要器件的物理问题[88]，问题描述如下。尽管基于理想晶体管模型（即图 3.1 所示的模型）的分析得出结论，二维 TMDs FET 生物传感器的响应特性与顶部绝缘层厚度无关，但应仔细检查这一结论的有效性，特别是在保温层厚度接近于零的情况下。在此器件工作时，Nam 等人从 MoS$_2$ FET 生物传感器中通过实验确定了两种不同的基本类型的传感器响应特性（或机理)[88]。在 MoS$_2$ FET 生物传感器中，哪种机制真正占主导地位取决于顶部绝缘层的厚度，如图 3.2 所示[88]。从图 3.2（a）可以看出，MoS$_2$ FET 生物传感器的 HfO$_2$ 顶部绝缘层厚度超过 5nm（本例中厚度为 $t=30$nm），通常会对分析受体结合反应表现出 V_T-调节的响应，即结合反应主要改变 FET 阈值电压 V_T。使用传统的金属-氧化物-半导体电容模型可以很好地描述和评估这一原理，如图 3.2 所示[88]。在 $t>5$nm 对应的区域，传感器响应量 ΔV_T 确实与顶部绝缘层厚度无关。图 3.2（b）表明，没有顶部绝缘层（即 $t=0$）的 MoS$_2$ FET 生物传感器通常对结合反应表现出跨导（gm）-调节的响应，即如果抗体受体直接嫁接在 MoS$_2$ FET 的几层通道上，结合反应将主要改变 FET 传感器的跨导（gm）。这种 V_T-调节和 gm-调节的响应行为被认为是 MoS$_2$ FET 生物传感器运行过程中所涉及的两种基本的传感器响应机制。哪一个占主导取决于顶部绝缘层的具体厚度。特别是如图 3.2（c）所示，顶部绝缘层厚度约为 5nm 的 MoS$_2$ FET 生物传感器表现出 V_T-调节和 gm-调节响应机制"混合"的响应特性[88]。

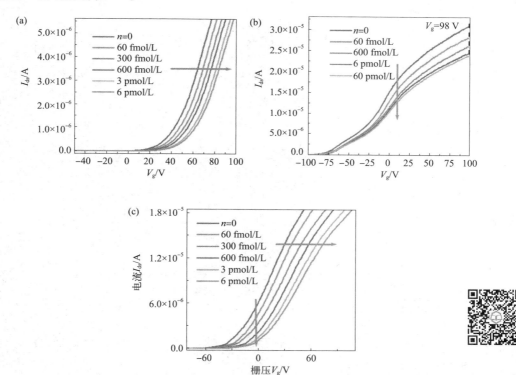

图 3.2　三个绝缘层厚度不同的 MoS$_2$ FET 生物传感器响应特性测试

(a) 30nm HfO$_2$ 顶部绝缘层生物传感器的传输特性，目标分子（例如 TNF-α）浓度 $n=0$、60、300、600、3000 和 6000fmol/L；(b) 没有顶部绝缘层的生物传感器的传输特性，$n=60$、600、6000 和 60000fmol/L；(c) 5nm HfO$_2$ 顶部绝缘层生物传感器的传输特性，$n=0$、60、300、600、3000 和 6000fmol/L V_g：栅压，I_{ds}：电流[88]

H. Nam 等人进一步将两种不同的传感器响应机制归因于 MoS$_2$ 传感通道中形成的潜在紊乱，这种紊乱受顶部绝缘层厚度的影响[88]。图 3.3 为 MoS$_2$ FET 传感器通道内电势分布的有限元模拟结果。从图 3.3（a）的结果可以看出，对于具有 30nm HfO$_2$ 绝缘层的 MoS$_2$ FET 生物传感器，该绝缘层可以有效地缓冲和"抛光"由绝缘层顶部吸收的离散分子引起的无序的电位分布。这导致 MoS₂ 传感通道中具有相当平坦的等势面，目前来看，这不会显著改变传感通道的载流子迁移率（或 gm），只会导致 FET 传感器阈值电压 ΔV_T 的偏移[88]。从图 3.3（b）可以看出，对于没有顶部绝缘层的 FET 传感器，在 MoS₂ 传感通道中，被吸收到传感通道上的离散目标分子直接形成无序的电位分布（或称为波形等势面）。预计这种 MoS₂ 传感通道中的潜在紊乱将显著增加其中载流子的散射和定位频率，导致整个 FET 传感器的场效应迁移率和 gm[90-93] 降低。Nam 等人的这一有限元结果定性地解释了二维材料基 FET 生物传感器中存在两种不同的传感器响应机制[88]。基于这一模拟结果，结合上述实验观察，可以发现这两种响应机制的主导作用在绝缘层厚度 t 约为 5nm 时相互切换，而在绝缘层厚度 $t>$5nm 时，TMDs FET 生物传感器的响应特性与顶部绝缘层厚度无关[88]。在将来的工作中，建立一个更加全面的、能够定量评估 TMDs FET 生物传感器在 gm-调节机制主导下的响应机制的模型是非常重要的。需要注意的是，在这种情况下，传感器响应量可能无法满足基于分子吸附等温线模型进行定量分析的要求。

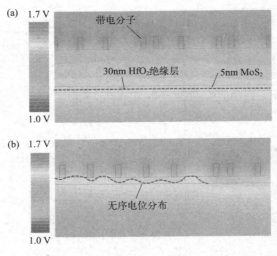

图 3.3　MoS₂ 传感通道有限元分析仿真结果的潜在分布[88]
(a) 30nm HfO₂ 绝缘层的 FET 传感器；
(b) 没有绝缘层的 FET 传感器，顶部的目标分子电荷直接吸附到 MoS₂ 通道表面

虽然 MoS₂ 和其他 TMDs 材料制成的生物传感器拥有非常简单的背栅场效应晶体管结构，这使低成本大规模生产成为可能，但在液体试剂环境中，这样的电子传感器结构与二维电子/电气结构的兼容性和耐用性仍存在许多技术问题。如果长期采用二维 TMDs 生物传感器测量分析受体结合反应的时间依赖性动力学参数，这些问题将变得更加严重。这对于最终实现以结合反应非平衡阶段收集到的传感器响应信号为基础的生物标志物快速量化至关重要。与液体环境有关的技术挑战可归纳为以下几个问题：①电信号采集过程与液体环境之间一般不兼容，在电偏倚的情况下这种问题尤为显著[55,89]。这可能导致其在液体溶液中产生高强度的电噪声和离子噪声、由于场增强离子泄漏电流造成错误的传感器响应读数[94,95]、电化学的损伤或由于溶剂离子强度不同导致屏蔽效应不起作用[16,96-97]；②基于二维 TMDs 的 FET 传感器读数存在滞后现象，这与捕获在材料界面的栅极调制电荷有关，而这个问题在液体环境中更加严重[98-99]；③在 TMDs 传感通道长时间暴露于静态复杂溶液中的非靶向

分子的非特异性吸附。这些问题和挑战严重阻碍了基于 TMDs FET 生物传感器的免疫分析系统的构建。尤其是在实际应用中需要超快、高特异性和高分辨率的生物分子定量,此时这些问题更加显著。

为了解决这些问题和挑战,Ryu 等人开发了一种循环操作 MoS_2 FET 生物传感器并从溶液中收集传感器读数数据的方法[87]。图 3.4(a) 为 Chen 等人利用纳米压印辅助剪切剥落法制备的 MoS_2 多层 TFT 阵列的扫描电子显微图(SEM)[79,100]。他们将一套聚二甲基硅氧烷(PDMS)进/出液组件集成在这种 MoS_2 FET 生物传感器的顶部,用来执行周期性的传感过程[图 3.4(b)][87]。如图 3.4(c) 所示,在循环过程中,各种试剂液(包括气体流动)依次输送到 FET 生物传感器的 MoS_2 传感通道,外部控制电路定期将生物传感器设置为四个重要的检测阶段:孵化期、冲洗期、干燥期和电测量期。因此,每个测定周期被称为培养-冲洗-干燥-测量(IFDM)周期。多个 IFDM 循环的操作可以获取随时间变化的传感器响应信号,从而记录不同分析物浓度下分析物-受体结合反应的反应动力学过程[图 3.4(d)][87]。更重要的是,这种 IFDM 方法可以有效地防止 FET 生物传感器在溶液中引起的传感器读数错误、电化学损伤、信号筛选和非靶向分子的非特异性吸附[87]。与常规条件下工作的传感器相比,FET 传感器的灵敏度、耐久性、信噪比、检测限(或在分析物浓度下的分辨率)和特异性都有所提高[87]。Ryu 等人利用 IFDM 方法证明了在复杂溶液(如唾液

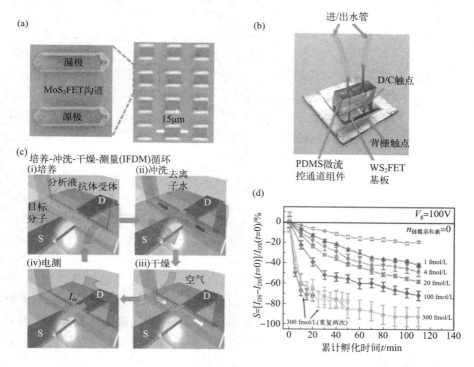

图 3.4 循环操作 MoS_2 FET 生物传感器以及从溶液中收集数据的方法
(a)MoS_2 背栅场效应晶体管阵列的 SEM 图像;(b)一组集成在 MoS_2 FET 生物传感器顶部的 PDMS 进口/出口流量组件;(c)培养-冲洗-干燥-测量(IFDM)试验周期图;(d)在不同的链霉亲和素浓度($n_{链霉亲和素}$=0、1、4、20、100、300fmol/L)下获得的时间依赖性传感器响应信号(其中每个数据点通过单个 IFDM 周期测量)

和血清)中,白细胞介素-1β分子的检测具有时间依赖性,检测极限约为 1fmol/L,检测时间约为 20min[87]。

3.2.2 细胞毒性研究

对于应用在生物传感器的二维过渡金属硫化物材料,其细胞毒性也早有研究。例如,通过细胞活力评估,将 TMDs 与氧化石墨烯(GO)和卤化石墨烯(HG)进行比较,研究了三种常见二维 TMDs(MoS_2、WS_2 和 WSe_2)的细胞毒性。MoS_2 和 WS_2 纳米片(NSs)对 A549 细胞的细胞毒性非常低,与氧化石墨烯和汞相比,其危险性要低得多。相比之下,WSe_2 表现出更高的细胞毒性,其细胞毒性与氧化石墨烯和汞相近,这可能与硒原子的特性有关[95,101]。此外,研究发现剥落的 MoS_2 的毒性取决于剥落程度,而剥落程度可以通过与不同插层剂的相互作用来调节[96];剥落程度高的 MoS_2 细胞毒性更强,这可能是由增加的表面积和活性边缘位点所导致。有研究发现二维 TMDs 的毒性也取决于制备方法,并显示其毒性低于氧化石墨烯[96]。为了进一步促进其在体内生物医学应用中的生物相容性,石墨烯材料和剥落的 TMDs[96] 通常被聚乙二醇(PEG)预功能化。实验结果表明,3 种 PEG 功能化的 TMDs(包括 MoS_2、WS_2 和 TiS_2)体外细胞毒性不显著,而 PEG-MoS_2 的体内细胞毒性远小于 PEG-WS_2 和 PEG-TiS_2,这是因为 PEG-MoS_2 可以被生物降解并几乎完全可以从器官中快速排出。除细胞毒性试验外,还对二维 MS_2(M= Mo、W)进行了遗传毒性检测,机械剥离的 MS_2 和 CVD 生长的 MS_2 均显示出较低细胞毒性和遗传毒性[102]。

3.2.3 用于 DNA 检测的生物传感器

TMDs 材料在用于 DNA 检测的生物传感器中也有应用。DNA 的检测对于医学研究、癌症诊断、取证等非常重要,传统的预放大和光学检测(即测量标记链的荧光强度等)需要专门的基础设施和大量人力资源。将基于 TMDs 的 DMFET 用于 DNA 电化学检测是一种低成本、快速的检测方法,检测限在 fmol/L 到 amol/L 范围,相较于其他 DNA 检测方法要低得多。Jin[103] 等人报道了利用 3-氨基丙基三乙氧基硅烷(APTES)、氧化石墨烯和包裹的 SiO_2 颗粒的复合材料对登革热 DNA 和 RNA 的阻抗检测。Checkin 等人研究了用多孔还原氧化石墨烯(prGO)和 MoS_2 先后修饰的玻璃碳(GC)电极对人乳头瘤病毒(HPV)L1-主衣壳蛋白的敏感性和选择性检测的性能。文献报道的线性范围和检测限分别为 3.5~35.3pmol/L 和 1.75pmol/L。

近年来,DNA 功能化纳米材料已成为刺激反应材料、药物递送载体和开关的新平台。然而,基于 DNA 的 FET 器件的效率很大程度上取决于 DNA 探针如何连接到纳米材料通道上,其中一个关键的步骤是锚定 DNA 到纳米材料,以实现功能稳定的共轭,同时保持杂交活性。当将胺化 DNA 应用到羧基端基表面(如氧化石墨烯或巯基修饰 DNA 应用到金表面)时,通常会发生共价连接。然而,共价 DNA 接合对于许多材料来说比较困难,如过渡金属硫化物和金属氧化物。利用四种碱基的物理吸附成本效益和吸附亲和度的差异,多组研究人员设计了多种 DNA 吸附方法,在保持杂交功能的同时,简单物理吸附即可。例如,Zhang[104] 等人通过简单地调整 DNA-AuNP 混合物的 pH 值,超高容量的非硫化 DNA 在几分钟内与 AuNP 结合,从而产生具有协同熔融行为的多价 DNA-AuP 偶联物。聚胸腺嘧啶(poly-thymine,T30)DNA 被认为是 ZnO 的适配体[105]。聚腺嘌呤(poly-A)被认为是

GO 和金纳米颗粒（AuNPs）的常用锚点[106]。对此的主要解释是，无机表面通常遵循与 DNA 核苷酸长度尺度（0.34nm）相当的周期结构，这说明了 DNA 均聚物的良好位点和核酸适配体的简单重复序列用于表面结合。

相对于共价附着，简单的 DNA 物理吸附在 TMDs 材料中更容易实现，并且结合效果良好，对纳米材料具有强亲和力的 DNA 序列仍然受研究者们追捧。迄今为止，二维过渡金属二硫化物材料，如二硫化钼（MoS_2）和二硫化钨（WS_2），由于其足够的稳定性，较高的载流子迁移率和高开/关比以及层数依赖的半导体特性，在生物传感器设计中引起了极大的关注。WS_2 有三个原子厚，其六角形层由夹在两层硫原子之间的金属原子（W）组成。利用化学气相沉积（CVD）技术可以大规模合成 WS_2 纳米片，并且具有直接分散在水溶液中的优点，这使得 WS_2 纳米片有望成为一种新型的生物医学纳米材料。与 MoS_2 相比，WS_2 具有更高的热稳定性、氧化稳定性和优越的内在电导率，这使其成为 DNA 传感应用的更合适的候选者。近年来，基于纳米材料的 FET 非标记定量检测技术因其高灵敏度、高选择性、低检测限、可大规模生产和低功耗等优点而备受关注[107]。基于 TMDC 的场效应管已被广泛应用于生物标记[108]、蛋白质[54]、抗生素[109]、重金属[110] 以及 DNA[110] 的检测。

Bahri[111] 等人提出了一种新型的 WS_2 FET 生物传感器，用于互补 DNA（cDNA）目标检测，该传感器基于大规模 CVD 生长单层 WS_2 作为传感通道和未经修饰的二嵌段 DNA 探针吸附。一端含有连续的胞嘧啶，这些胞嘧啶可以通过 poly-C 区牢固地锚定在 WS_2 表面，而另一端则在表面被抬起以进行序列识别［图 3.5（a）］。所开发的基于 WS_2 的 FET 生物传感器在大约 7 个数量级（$10^{-16} \sim 10^{-9}$ mol/L）的浓度范围内实现了对 cDNA 的响应增强，并实现了低至摩尔浓度的检测限（LOD），如图 3.5（b）所示。此外，它可以很容易地区分靶 DNA 与错配 DNA（MM-DNA）和随机 ncDNA，证实了 cDNA 检测的高选择性。这一发现扩展了 CVD 合成单层 WS_2 及其基于生物传感的 FET 的前景，特别是在疾病的早期诊断领域。

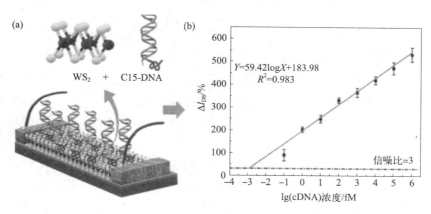

图 3.5　基于单层 WS_2 作和未经修饰的二嵌段 DNA 探针吸附的
cDNA 检测生物传感器[111]

(a) 生物传感器结构；(b) DNA 功能化的 WS_2 FET 器件与 cDNA 在 100amol/L～1nmol/L 范围内杂交的转移特性，蓝色虚线表示阴性对照试验的三倍噪声水平（约 31.86%）

3.3 基于过渡金属硫族化合物光学和光电性质的生物传感器

3.3.1 光吸收传感器

如 3.2 节所述，半导体 TMDs 材料的能带结构具有明显大量的范霍夫奇异性，这导致这些二维 TMDs 结构对可见光的光吸收系数非常高[29,30,66]。这种高光吸收特性可用于制造超灵敏光电探测器和 PV 器件[28,45,112-113]。此外，TMDs 光电探测器可以与其他传感设备结构集成，以创建具有前所未有的性能或功能的新集成生物传感系统。Park 等人最近开发了一种集成生物传感器，由纳米等离子体过滤器和多层 MoS_2 光电探测器组成[69]。图 3.6（a）显示了该装置的横截面图。具体而言，纳米等离子过滤器由涂有分散良好的金纳米颗粒的二氧化硅薄层制成，金纳米颗粒通过抗细胞因子抗体受体发挥作用，该过滤器集成在多层二硫化钼光电探测器的顶部 [图 3.6（b）][69]。在生物传感操作中，光束穿过纳米等离子体过滤器并投射到 MoS_2 光敏通道上[69]。纳米等离子过滤器上发生的抗体-细胞因子结合反应改变了 Au NPs 的局部表面等离子体共振性质以及过滤器的透光率，最终导致 MoS_2 光电探测器测量的光电流发生变化[69]。这种二维电子材料在用作传感通道材料时，由于其二维性质而表现出极低水平的内部电子噪声[29,45]，细胞因子浓度的微小变化（例如，fmol/L 水平的浓度变化）可以通过光电流信号解决[75]。利用这种集成生物传感器，Park 等人已经成功实现了 IL-1β（一种重要的炎性细胞因子）的定量检测，并实现了低至 250fg/mL（或 14fmol/L）的检测极限[69]。此外，用于量化单一分析物浓度的总分析时间为 10min[69]。如此短的分析时间可以实现快速细胞因子定量，以实现急性临床状态的实时监测，这对于即时医疗应用至关重要 [图 3.6（c）]。

3.3.2 表面等离子体共振传感器

除了作为光敏材料，MoS_2 和一些半导体 TMDs 也被认为是制造新型表面等离子体共振传感器的很有前途的材料[114-115]。单独的 TMDs 材料通常不作为表面等离子体共振材料进行研究，但它被认为是与其他表面等离子体共振成分结合的补充材料，积极增强表面等离子体共振效应[114-116]。例如，El Barghouti 等人提出了一种由石墨烯-MoS_2 混合纳米结构组成的表面等离子体共振生物传感器结构，如图 3.7 所示[114]。在此之前的工作中，具有类似架构的石墨烯金属基表面等离子体共振传感器已得到广泛研究。此类生物传感器包括由沉积在金属膜上的石墨烯层制成的传感器，以及基于用金属纳米颗粒功能化的石墨烯层的传感器。在这种传感器中，由于石墨烯/金属表面的高效电荷转移过程，在这种界面处形成了大大增强的电场。该场被激发为倏逝电磁波，对周围环境折射率的变化非常敏感，即表面等离子体共振现象。除了产生高感应场之外，石墨烯层的参与还实现了通过 π 堆积效应检测芳香化合物的高选择性，这可用于量化各种溶液环境中的 DNA/蛋白质相互作用。然而，尽管石墨烯/金属界面表现出高电荷转移效率，但石墨烯层具有相对较低的光吸收，这为整个表面等离子体共振传感器的光学响应度设置了上限。在 El Barghouti 等人提出的生物传感器结构中，MoS_2 纳米结构的引入预计会增强光吸收，这是因为 TMDs 的高光吸收系数为产生表面等离子体共振信号提供了更多的激发能量[114]。El Barghouti 等人估计，这种石墨烯-MoS_2 混合传感器系统的相位灵敏度比基于纯石墨烯/金属界面的系统高两个数量级[114-115]。

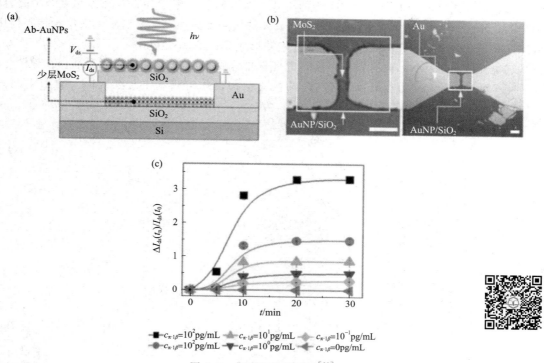

图 3.6 集成生物传感器[69]
（a）由纳米等离子过滤器和几层 MoS_2 光电探测器组成的集成生物传感器；
（b）MoS_2 光电探测器的光学显微照片，其覆盖着涂有 Au NPs 的纳米等离子体滤光器窗口；
（c）IL-1β 检测期间的时间依赖性光电流读数

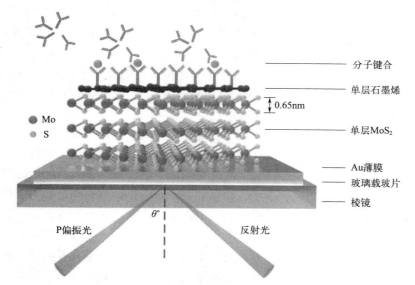

图 3.7 石墨烯-MoS_2 增强表面等离子体共振传感器[114]

3.3.3 化学发光传感器

MoS₂ 也被用作构建光电化学传感器的组成材料[72-74]。例如，Zang 等人开发了基于 CdS/MoS₂ 异质结的光电化学生物传感器[73]。该传感器可用于在氯化血红素-DNA 复合物催化的化学发光激发下检测和定量 DNA。具体的检测方案如图 3.8 所示。在这种传感器中，MoS₂ 和 CdS 量子点共沉积在 ITO 电极上，并形成 CdS/MoS₂ 异质结，其通过捕获 DNA 来实现功能化。捕获 DNA 具有发夹结构，并能使催化发夹组件（CHA）再循环。在检测过程中，靶 DNA 的存在可以打开捕获 DNA 的发夹结构，并与双氯化血红素标记的 DNA 探针（HLDP）一起启动 CHA 循环。

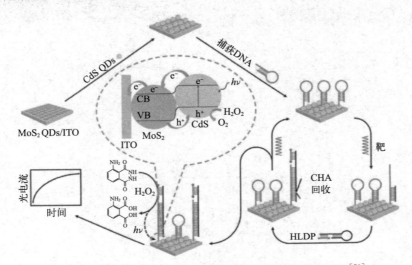

图 3.8 基于 CdS/MoS₂ 异质结的光电化学 DNA 传感器[73]

这种 CHA 再循环在锡-铟氧化物电极上产生 HLDP：DNA 双链体构，然后双链结构中的氯化血红素充当能够催化鲁米诺氧化的模拟酶。鲁米诺氧化产生化学发光，在此条件下，电子-空穴对在 CdS/MoS₂ 异质结构中被光学激发，随后被异质结分离成带电载流子，形成在锡-铟氧化物电极处测量的光电流[73]。由于 MoS₂ 和 CdS 纳米结构的高光吸收、MoS₂/CdS 界面处的适当能带排列以及 H₂O₂ 诱导的价带中空穴的伴随清除，这种 CdS/MoS₂ 异质结光电化学传感器表现出高的光电转换效率和灵敏度，使得检测限能够降至 fmol/L 水平。

3.3.4 比色生物传感器

比色生物传感因其结构简单、操作方便、成本低、反应快、易读出等优点，已成为一种流行的传感方法，并受到广泛关注。天然酶已被证明能够作为比色生物传感器的活性成分。尽管天然酶具有高灵敏度，但其成本高、制备复杂、对环境条件敏感等缺点，阻碍了其有效和广泛的应用。因此，对能够替代传统天然酶的人工生物催化剂的需求不断增长，推动了酶法比色生物检测领域的创新。在种类繁多的人工生物催化剂中，过渡金属硫化物因其可调节的带隙和原子环境、明确的电子结构以及具有不同电导率和内在催化性能的异质结构而成为新的生物催化剂家族。然而，与贵金属相比，原始过渡金属硫化物作为生物催化剂有一些固有的缺点，例如活性位点不足、催化活性较低和稳定性差。为了获得催化性能突出的催化剂，人们开发了一系列的改性策略来调节过渡金属硫化物的催化原子和键合微环境。此外，与晶体材料相比，非晶态材料往往具有特殊的结构，有可能实现优异的催化性能。因此，有必要设计具有高效仿酶催化特性的非晶态过渡金属硫化物，并解释其结构特征和催化机制。

四川大学赵长生教授课题组报道了一种非晶态RuS_2（a-RuS_2）生物催化系统的建立，它可以极大地提高RuS_2的过氧化物酶催化活性，用于多种生物分子的酶法检测[117]。由于存在丰富的可利用活性位点和温和的表面氧化，与结晶型RuS_2相比，a-RuS_2生物催化剂具有两倍的V_{max}值和更高的反应动力学/周转次数（1.63×10^{-2}/s）。值得注意的是，基于a-RuS_2的生物传感器对H_2O_2（3.25×10^{-6} mol/L）、L-半胱氨酸（3.39×10^{-6} mol/L）和葡萄糖（9.84×10^{-6} mol/L）分别显示出极低的检测极限，如图3.9（e）所示，从而表现出比目前报道的许多类过氧化物酶纳米材料更好的检测灵敏度。这项工作为创建高灵敏度和特异性的检测生物分子的比色生物传感器提供了一条新的途径，同时也为通过非晶化调制设计来构建强大的酶类生物催化剂提供了有价值的见解。

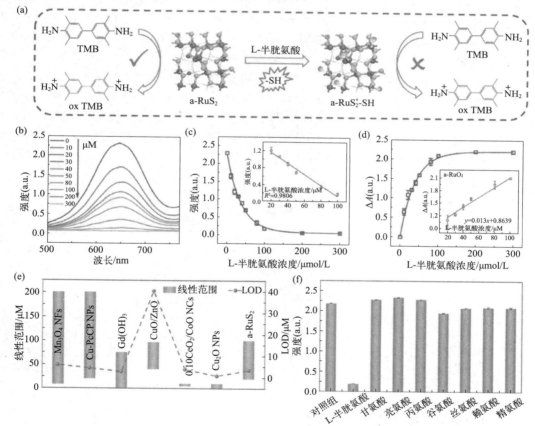

图3.9 非晶态RuS_2（a-RuS_2）生物催化系统检测分析[117]

(a) 生物检测机制；(b) 不同浓度的L-半胱氨酸反应溶液的特征吸收；(c) L-半胱氨酸浓度与吸收强度的关系，插图：L-半胱氨酸的线性校准；(d) 吸光度下降与L-半胱氨酸浓度之间的校准曲线，插图：L-半胱氨酸的线性校准图；(e) a-RuS_2与之前报道的人工酶的L-半胱氨酸比色检测的比较；(f) 通过吸光度的选择性分析检测L-半胱氨酸作为天然酶的直接替代物，纳米酶包含多价元素或具有模仿天然酶的催化位点，由于其成本低、可批量制备、易于修饰和优异的稳定性等诸多优点而备受科研人员关注。如今，许多纳米材料，例如金属氧化物纳米颗粒（Fe_3O_4、CeO_2 和 Co_3O_4 纳米颗粒）、碳纳米材料（碳点和石墨烯）、贵金属和二维过渡金属二硫化物（2D TMDs）等，据报道都具有模拟酶活性。但将它们与天然酶相比时，由于纳米材料具有较弱的催化活性，从而在应用范围和性能上受到了限制。因此，获得具有强大催化活性的纳米酶仍然是一项重大挑战。为了增强纳米酶的催化活性，已经做了很多研究来制造杂化纳米结构，纳米酶的表面修饰或将纳米酶与天然酶组合。研究表明，DNA 修饰可以明显增强 Fe_3O_4 活性纳米颗粒（NPs）的模拟酶活性，归因于这些纳米酶与衬底的亲和力增强。作为 2D TMD 的代表，MoS_2 NSs 由于其独特的光学特性、负载大量生物分子的能力和良好的生物相容性，在过去的几年中对传感器在生物医学应用的中引起了广泛关注。研究发现 MoS_2 NSs 具有固有的过氧化物酶活性。

吉林大学卢革宇课题组通过 DNA 修饰显著增强了 MoS_2 NSs 的催化活性。研究了 MoS_2 NSs、ssDNA 和 TMB 之间的相互作用，以说明增强催化作用的机理。增强的催化活性主要是由于 DNA/MoS_2 NSs 与过氧化物酶底物 TMB 的亲和力提高，而不是羟基自由基的产生。癌胚抗原（CEA）适体是对目标蛋白 CEA 具有高亲和力和特异性的短 ssDNA，通过体外指数富集（SELEX）方法进行选择。此外，将 MoS_2 的适体可控酶模拟活性 NSs 用于构建比色生物传感器，用于无标记地检测肿瘤生物标志物（图 3.10）。在 CEA 存在下，CEA 适体将优先与 CEA 结合并从 MoS_2 NSs 表面脱附，导致催化活性降低，TMB-H_2O_2 系统的紫外可见吸收率下降，溶液颜色也随之改变。在记录吸光度的基础上，开发了灵敏检测 CEA 的策略。此外，通过使用琼脂糖水凝胶作为牢固的固相支持物来固定适体/MoS_2 NSs 系统，制造了用于视觉检测 CEA 的便携式测试套件。这种新颖的传感平台不仅设计简单，而且不涉及寡核苷酸标记或复杂的纳米材料修饰过程。

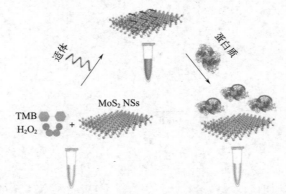

图 3.10 基于适体修饰的 MoS_2 的比色生物传感器用于 CEA 蛋白检测[118-120]

3.3.5 光电化学（PEC）生物传感器

光电化学（PEC）分析作为一种新兴的生物分子检测技术，具有设备简单、成本低、灵敏度高等优点，已迅速成为研究热点。光电化学生物传感器的性能密切依赖于所用光活性材料的特性。WS_2 作为典型的二维过渡金属硫化物，所具备的优异的弯曲性能和光电性能使其成为光敏材料的选择。通过建立异质结，可进一步提高纳米材料的光电转换效率，有利于构建灵敏的 PEC 传感器。

山东农业大学殷焕顺教授课题组报道了一种基于 $WS_2/Bi/BiOBr$ 异质结结构和 hemin/G-四链体双重信号放大的光电化学生物传感器检测 5-甲酰基尿嘧啶[116]，如图 3.11 所示。该研究基于 $WS_2/Bi/BiOBr$ 异质结的构建和 3,4-二氨基苯甲酸（DABA）与 5fU 之间的共价反应，建立了用于灵敏和定量检测 5fdUTP 的 PEC 生物传感器。首先，将 $WS_2/Bi/BiOBr$ 修饰于 ITO 电极表面作光敏材料。然后，DABA 通过与聚乙烯多胺的共价反应，修饰于电极表面，被用作 5fdUTP 的识别和捕获单元。基于 DABA 的邻二胺结构与 5fdUTP 的—CHO 之间形成苯并咪唑键，将 5fdUTP 选择性地捕获在电极上。接下来，以黑色 TiO_2 作为交联剂，通过其与 5fdUTP 磷酸基团的共价反应和富含鸟嘌呤的 ssDNA 序列末端的磷酸根之间的共价反应，将 ssDNA 捕获至电极表面。在 K^+ 和氯化血红素的存在下，ssDNA 在电极上形成了氯化血红素/G-四链体结构。作为电子供体，氯化血红素可显著提高电极的 PEC 响应。鉴于传感器的 PEC 响应与 5fdUTP 浓度呈线性关系，可实现 5fdUTP 的定量检测。此外，还通过标准添加回收实验研究作物组织基因组 DNA 中 5fdUTP 的含量，进一步评价了该方法的精密度和准确度。

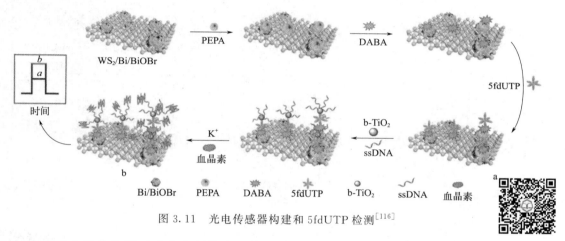

图 3.11　光电传感器构建和 5fdUTP 检测[116]

自然界中的植物通过光合作用将太阳能转化为化学能，为人类营养和社会活动提供着源源不断的能源。受光合作用中植物叶绿体的类囊体捕获光能、实现电子传递的启发，人造光响应纳米通道受到了广泛关注，并已在光学传感、光控释放以及光电能量转换等领域展现出了应用潜力。当前构建光响应纳米通道的策略通常是采用光响应分子（如螺吡喃、偶氮苯），而很少采用半导体作为光电材料修饰固态纳米通道，因为它们的制备条件更加复杂，而且往往会堵塞纳米通道。常用的固态纳米通道材质包括氮化硅、石英、阳极氧化铝（AAO）、石墨烯和有机聚合物，其中 AAO 由于其均匀的纳米通道尺寸、可调节的孔密度和出色的稳定性而具有显著优势。

二硫化钼（MoS_2）作为过渡金属硫族化合物（TMDs）一种，具有出色的光吸收系数、长的光激发载流子寿命，因此是光响应纳米通道的理想半导体光电材料。另一方面，原子层沉积（ALD）为在超高深宽比的 AAO 纳米通道内可控地修饰 MoS_2 作为光响应纳米通道提供了可能。光响应纳米通道可以用作光电化学（PEC）生物传感器以产生光激发电流，AAO 纳米通道具有离子传输电流响应，双重电流作用可以大大提高检测灵敏度。尽管当前基于各种光敏材料构建了许多 PEC 生物传感器，但尚未有通过改变 PEC 装置来设计生物传感器的报道。

东南大学刘磊教授课题组应用 ALD 技术在 AAO 模板上可控地生长了 MoS_2,基于此构筑了用于 miRNA-155(乳腺癌等癌症诊断的生物标志物之一)超灵敏检测的新型光电化学生物传感器[118]。研究结果表明,以孔径为 150nm 的 AAO 为基底,ALD 的生长循环为 70 小时,光响应纳米通道具有最佳的光电流性能,对应获得 0.01fmol/L~0.01nmol/L 的线性检测区间,检测下限达 3amol/L [图 3.12(d)]。MoS_2 修饰的 AAO 纳米通道不仅可以在光照射下产生光激发电流用作 PEC 生物传感器,同时 AAO 中的高密度纳米通道可以增强电活性物质的通量来有效放大离子电流信号,从而实现对 miRNA-155 的超灵敏检测。此项研究提出的将 ALD 技术用于构建半导体光响应纳米通道具有一定的推广意义,同时将普通 PEC 生物传感器与纳米通道相结合的策略为提高生物传感器的检测性能提供了新的可能。

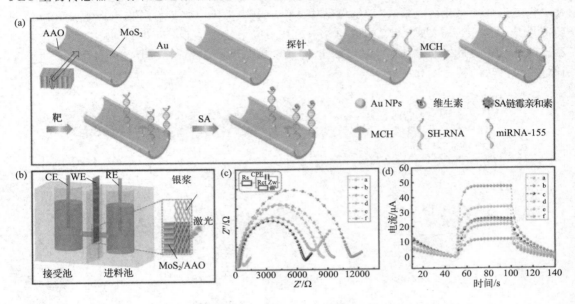

图 3.12 用于 miRNA-155 超灵敏检测的光电化学生物传感器[118]
(a) miRNA 检测原理的制作程序;(b) 基于 MoS_2/AAO 光响应的 PEC 生物传感器的示意图纳米通道,连接到 MoS_2/AAO 的 Ag 网作为工作电极(WE),饱和甘汞电极作为参比电极(RE),以及铂导线作为反电极(CE);(c) EIS;(d) 光电流

准确可靠地量化临床样本中的肿瘤生物标志物对于癌症的早期诊断和治疗至关重要。然而,前列腺特异性抗原(PSA)检测的特异性较差,会导致过度检测和过度治疗,这在前列腺癌(PCa)筛查中仍然存在很大争议。基于此,上海工程技术大学 Yan 报道了一种使用分层 MoS_2 纳米结构作为基底和 SiO_2 纳米信号放大的电化学适体传感器,用于同时检测双 PCa 生物标志物(PSA 和肌氨酸),提高了 PCa 的诊断性能[121],如图 3.13 所示。

在该传感器中,具有跨尺度特征的分层花状 MoS_2 纳米结构作为功能界面,显著增强界面分子间可及性并提高 DNA 杂交效率。球形 SiO_2 纳米探针与两种不同的电活性探针和 DNA 探针共轭结合,可产生放大的电化学信号。这种修饰的探针可对不同的目标分析物产生不同的电化学响应,有助于实现一步分析的多重检测。该研究实现了 PSA 和肌氨酸的同时测定,通过结合高性能的 MoS_2 界面和纳米信号放大,电化学适体传感器展现出超高的灵敏度和良好的特异性，检测限（LOD）分别降至 2.5fg/mL 和 14.4fg/mL，有望实现前列腺癌的早期检测和准确筛查。这种方法可以直接区分癌症患者和健康患者的临床血清样本。超灵敏生物传感器提供单步分析，操作简单，样本量小（约 12μL），为临床应用中癌症的准确诊断和早期检测提供新思路。

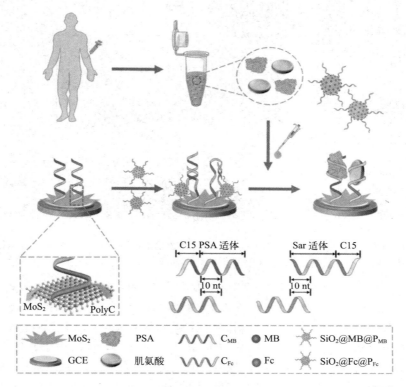

图 3.13　基于纳米花状 MoS_2 功能界面和信号放大的 SiO_2 纳米探针[121]

近日，福州大学 Hu 等报道了"基于 MoS_2/Au/GaN 光电极的光电化学传感器用于肿瘤标志物 AFP 的检测"的相关成果[122]。通过在 n 型 GaN 表面直流溅射 30nm 的金膜，制得 Au/GaN 工作电极。当电极与多层 MoS_2 接触时，光生电子和光生空穴向 MoS_2 转移，Au 会促进载流子的进一步向 MoS_2 转移，使得电子和空穴更大程度地复合，光电流明显被抑制。因此利用以上特点开发了一种新型的用于肿瘤标志物甲胎蛋白（AFP）检测的光电化学传感器。

光电机理和电荷转移过程如图 3.14（a）所示。当光照射 n 型 GaN 和多层 MoS_2 时，它们价带的电子吸收相应能量的光子后被激发，从价带（VB）跃迁到导带（CB），形成了电子-空穴对。当二者相接触时，由于 n 型 GaN 和多层 MoS_2 纳米片的带隙位置匹配（n 型 GaN：$-3.0\sim-6.4eV$；多层 MoS_2：$-4.0\sim-5.9eV$），GaN 的 CB 上的光生电子和 VB 上的光生空穴在电势梯度的作用下分别向 MoS_2 的 CB 和 VB 转移，而二硫化物的禁带宽度较窄，其电子和空穴更容易发生复合，因此抑制了体系的光电流。而当 GaN 和 MoS_2 中间存在金膜时，因为 Au 对载流子有良好的捕获和转移作用，会进一步促进 GaN 的电子和空穴向 MoS_2 转移，使得更多的电子空穴发生复合，体系光电流抑制效果会更加明显。

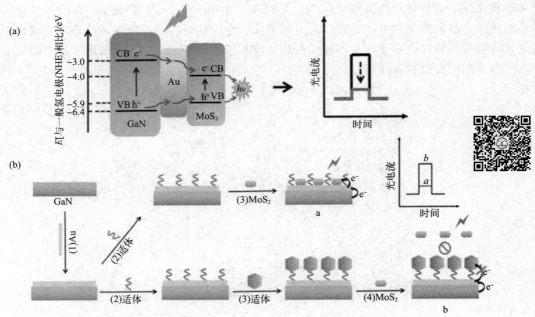

图 3.14 基于 $MoS_2/Au/GaN$ 光电极的光电化学传感器的电荷转移机理与实验方案[122]
(a) 基于 $MoS_2/Au/GaN$ 电极的 PEC 适配体传感器的电荷转移机理；(b) 检测 AFP 实验方案图

基于以上机理设计的实验方案如图 3.14（b）所示，在镀金膜 GaN 电极表面利用 Au—S 键的连接修饰上 AFP 的适配体[19]。当电极没有孵育目标蛋白 AFP 时，MoS_2 可以与镀金膜 GaN 接触，GaN 的电子和空穴向 MoS_2 转移，此时体系光电流被抑制（曲线 a）。当电极孵育目标蛋白 AFP 后，适配体特异性识别并连接上目标蛋白，此时由于其较大的空间位阻会阻碍载流子由 GaN 向 MoS_2 的转移，从而使光电流的抑制减少（曲线 b）。因此，孵育目标蛋白前后的光电流的变化值与 AFP 的浓度有着一定的关系。在此基础上，可以研发出一种高灵敏度、选择性强的 PEC 适配体传感器。

该工作开发了一种基于 $MoS_2/Au/GaN$ 电极的 PEC 适配体传感器，用于特异性检测肿瘤标志物 AFP。采用镀膜机在 n 型 GaN 外延片上直流溅射 30nm 的金膜制得镀金膜 GaN 电极。当电极与多层 MoS_2 接触后，电子和空穴由 GaN 向 MoS_2 转移，其中，金对载流子有良好的捕获和转移的作用，促进了载流子向 MoS_2 的转移，使得更多的电子空穴复合，从而更明显地抑制了系统的光电流。电极修饰了适配体后连接目标蛋白 AFP，AFP 的存在阻碍了载流子转移，从而使得光电流抑制减少，可以特异性检测 AFP，并具备较好的选择性。该传感器具有灵敏度高、选择性好、存储稳定性好等优点，对于实际样品中 AFP 的定量检测结果令人满意。并且，这种策略也可以通过修饰其它合适的适配体，在开发检测多种不同生物分子的传感器方面具有可行性。

3.3.6 二极管生物传感器

细胞因子是在调节炎症反应中起重要作用的小蛋白。常见于血液、唾液和汗液等生物流体，它们作为各种健康状况和疾病的生物标志物，已引起人们的关注。细胞因子浓度的异常变化是失控炎症反应的一个指标，与阿尔茨海默病、癌症、肺结核、自身免疫性疾病和心血管疾病有关。此外，2019 年暴发新冠肺炎（COVID-19），其感染者伴随着高水平促炎细胞因子的释放，如白细胞介素（IL-1β 和 IL-6）和肿瘤坏死因子-α，这种现象被称为细胞因子风暴。

有研究表明，细胞因子抑制剂是提高新冠肺炎生存率的有效治疗方法。许多疾病的治疗在早期阶段最为有效。因此，监测和检测炎症细胞因子水平的早期变化对临床诊断具有重要意义。健康青年和成年人群中血清肿瘤坏死因子-α 的水平通常在 200fmol/L～300fmol/L 的范围内。而儿童血清水平可低至 12fmol/L。因此，fmol/L 范围内的检测限（LOD）在早期诊断应用中非常重要。

近日，西蒙弗雷泽大学的研究人员开发了一款基于非对称几何 MoS_2（二硫化钼）二极管的生物传感器，用于无标记、快速且高灵敏的特异性检测肿瘤坏死因子-α（TNF-α，一种促炎细胞因子）[119]。该传感器由肿瘤坏死因子-α 结合寡核苷酸适配子功能化，以检测浓度低至 10fmol/L 的肿瘤坏死因子-α，该浓度水平远低于健康血液中的典型浓度。寡核苷酸适配子和肿瘤坏死因子-α 在传感器表面的相互作用诱导传感器表面能量的变化，从而改变 MoS_2 二极管的电流-电压整流行为，这可以使用双电极结构读出。该二极管传感器的主要优点是制造工艺和电子读数简单，因此，它有潜力应用于快速且易于使用的即时诊断（POCT）工具。

图 3.15 显示了使用不对称几何 MoS_2 二极管的细胞因子测量程序。图 3.15（a）展示的血液样本是如何在血液样本中测量肿瘤坏死因子-α 浓度的。该传感器由二维半导体（2H相）多层 MoS_2 晶体薄片组成，Al_2O_3 在其表面，顶部是热氧化的 SiO_2（氧化膜厚度为 300nm），接触两个 Cr/Au（铬/金）电极。基于原子力显微镜（AFM）测量，典型的 MoS_2 厚度在 13～60nm 之间[119]。

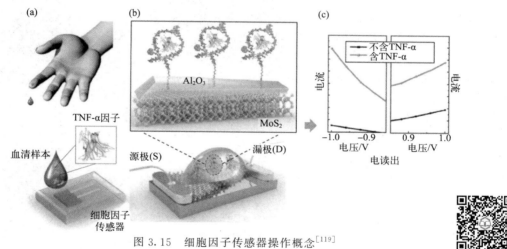

图 3.15　细胞因子传感器操作概念[119]

3.4　基于过渡金属硫族化合物结构特性的生物传感器

3.4.1　纳米孔生物传感器

纳米孔生物传感器的研究已有 20 多年的历史。第一个纳米孔传感器由嵌入在脂质双分子层的 α-溶血素蛋白制成[9,123]。纳米孔传感器的工作原理是测量通过单个生物分子的离子电流的瞬间变化[9]。纳米孔传感器最重要的一个应用是高通量 DNA 的测序和分析[9,123]。

随着自上而下纳米制备方法的快速发展，纳米孔也可以从各种各样的无机固体中制备而成，如氧化硅和氮化硅[124-125]。与蛋白质或者液体纳米孔相比，固态的纳米孔传感器的电子和微流控特性使其在测量过程中更具兼容性，可实现更具决定性的布局。因此他们在实现实际生物传感系统中更具潜力。但是，他们的厚度远远大于 DNA 的碱基间距，因此他们很难实现 DNA 高分辨测序。

当二维材料开始成为一个重要的研究课题时，特别是由于其原子级别薄的结构，它们自然被认为是制造具有原子尺度分辨率的纳米孔传感器的理想材料。由石墨烯制成的纳米孔传感器已经被制备出来并用于基于 dsDNAs 传感[126-128]。这些工作表明，石墨烯纳米孔传感器具有较高的耐用性和优异的绝缘性能。MoS_2 被认为是另一种制备超薄纳米粒传感器的二维材料。和石墨烯不同，MoS_2 是带隙较大的半导体材料（单层 MoS_2 的带隙为 1.8eV）。对于传感应用而言，这一特性堪称理想之选，原因在于它可以实现传感器大动态范围的信号读取。此外，MoS_2 单层的厚度是单层石墨烯的三倍，因此所制备的 MoS_2 纳米孔膜具备更大的结构刚性，具有较低的噪声信号。早期，Liu 等人证实了 MoS_2 纳米孔传感器具有比石墨烯纳米孔传感器三倍多的信噪比[129]。对于 DNA 测序的传感应用，MoS_2 表现出相比其他相关二维材料的又一个重要优势。理论和实验都证实，由于 MoS_2 表面的亲水 Mo 位点，MoS_2 膜对于 DNA 分子的亲和性较弱。这些优势使得 MoS_2 成为制备未来纳米孔传感器用于 DNA 分析和测序应用中很有前景的材料[130]。

3.4.2 纳米孔传感器的制备方法

目前，如图 3.16 所示，制备纳米孔传感器主要有两种方法[131]。最常用的方法是离子电流传感 [图 3.16（a）]，在这种方法中 DNA 电解液的两侧被单层二维材料膜的纳米孔（2~10nm）分离。当电泳场穿过纳米孔薄膜，纳米孔处产生稳定的离子电流，并且可以通过常用的膜片钳放大系统实现外部电路的持续检测。一旦 DNA 链穿过纳米孔会诱导离子电流的瞬态下降，在膜片钳放大器处产生尖峰信号。脉冲信号的持续时间、振幅和轮廓提供了 DNA 链的微观信息。另一种纳米孔制备方法是场效应传感器 [图 3.16（b）]。这种方法的基础设置与离子传感方法相似，但在这种情况下，传感器的信号读取是测量二维层状横向方向的一对电极的平面内电导[132-135]。基于石墨烯的纳米孔传感器已经在实验室实现了上述两种方法的制备并且用于超快 DNA 测序应用，在最近的一些综述中可以看到这些工作详细的信息[130-131]。

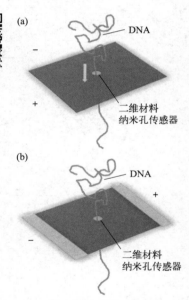

图 3.16 用于 DNA 分析的二维材料纳米孔传感器的操作方法[131]
（a）离子电流传感；（b）场效应传感

3.4.3 纳米孔传感器的表征与应用

目前已有研究者成功制备了基于 MoS_2 的纳米孔传感器，并在离子电流传感装置中进行了表征[129,136]。如 K. Liu 等人采用聚焦电子束制备了一系列基于 MoS_2 的 2~20nm 尺寸的纳米孔［图 3.17（a）］[129]。这种纳米孔薄膜制备后通过单个纳米孔测量，因为 DNA 错序产生了尖峰离子电流信号［图 3.17（b）］。在另外一项工作中，Feng 等人在 MoS_2 纳米孔传感上实现了黏度梯度系统以及各种 DNA 通过纳米孔时的动力学变化[137]，如图 3.18（a）所示。这样的纳米孔传感器能实现四种核苷酸的统计探测［图 3.18（b）][137]。值得一提的是，由于 MoS_2 膜能够有效地分离中性水分子和离子，并产生与空间离子浓度梯度相关的显著渗透电位差，MoS_2 纳米孔也被用作渗透纳米电源和海水淡化过滤器的设备[138-139]。MoS_2 和其他 TMDs 材料的这些性能能够进一步研究和开发在高离子强度液体环境下工作的纳米电子和光电子生物传感器，抑制与离子有关的假信号。

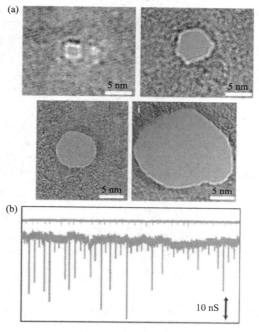

图 3.17 基于 MoS_2 的纳米孔传感器的表征与测量信号[129]
（a）聚焦电子束在 MoS_2 层中钻出一系列不同尺寸的纳米孔的 HRTEM 图像；
（b）20nm MoS_2 纳米孔的 λ-DNA 易位峰信号的时间轨迹，并与 λ-DNA 通过 SiN_x 纳米孔易位信号峰作比较

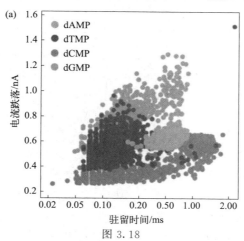

图 3.18

第 3 章 二维过渡金属硫族化合物用于生物传感节点

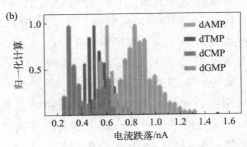

图 3.18 DNA 通过纳米孔时的动力学变化及统计探测[137]
(a) 通过 MoS₂ 纳米孔的核苷酸易位,由停留时间和离子电流表征从测量的尖峰信号中提取的下降值纳米孔(不同颜色对应四种类型核苷酸:dAMP、dCMP、dTMP 和 dGMP);(b) 四种核苷酸的离子电流降的统计数据

3.5 结语

单层或少层的原子级二维材料为纳米电子、光电子、光电化学和基于膜/纳米孔的生物传感器提供了新的机会。在纳米科学与技术领域,研究人员致力于将大的块体功能材料制备为纳米材料,试图最大化这些材料的比表面积,并极大地提高这些组分的物理性质对外界刺激的敏感性。这些努力旨在实现材料维度的缩减,然而,过往的众多尝试往往仅能实现"不完全的维度缩减",即仅局限于简单的物质厚度沿特定尺寸的减小。在这样的情况下,原来块体材料中残留的复杂影响依然存在。比如,当硅的传感器通道减薄到小于 5nm 的厚度时,相比它的内部,其表面态更能决定传感器相应特性,且有利于提高探测敏感性。但是由于硅表面出现了大量的悬键,这样的"准二维"电子结构出现了更多的内部电子噪声,大大降低了传感器固有的信噪比。所以,二维层状材料不仅是一种非常薄的物质,而且是一个具有可预测和可复制电子特性的低维系统,这是因为它真正具备极低的悬浮键和散射中心密度的二维表面。这样真正的二维特性才能确保提升一系列生物传感器的性能。如上所述,高信噪比的二维 TMDs 材料已经应用于生物传感器并在检测低丰度的蛋白质方面具备较高的灵敏度和低检测极限[53,57,60]。该方向未来的趋势是提升技术手段,进一步精确量化二维层状晶体管的生物传感器在不同传感条件下的信噪比。特别是,对于大多数传感器来说,在复杂的电解液环境中,复杂溶液对这种传感器的特异性、灵敏度和耐久性的影响,仍然缺乏深入的研究和探索。对于光电子和声子传感领域来说,层状 TMDs 材料的真正二维特性,具备可预测的电子能带结构和光电特性,使其成为可信赖的材料平台。特别是,这种真二维结构中的量子限制效应产生了真二维电子带结构,这些电子带结构在费米能级附近富含范霍夫奇异点。对于 TMDs 材料,这样的二维半导体特性使其在可见光区具有较高的光吸收系数。半导体 TMDs(如二硫化钼和二硒化钨)的这种特性结合其他等离子体组分(例如石墨烯和金属纳米结构)的表面等离子体共振特性,可以实现基于表面等离子体共振的超灵敏传感器,用于非标定生物传感[115]。如上所说,几种器件结构已经被提出并进行了理论探究。未来在这个方向的研究致力于论证这些器件结构[115]。单层 TMDs 材料除了在传感领域具备优异的电子和光学性质,它还可以作为制造纳米孔传感器的薄膜[129,136]。特别是这样的 TMDs 纳

米孔传感器，类似于石墨烯纳米孔，可以实现原子级别的分辨率，实现探测 DNA 分子。该方向的未来研究有望整合 TMDs 的原子薄结构及其优越的平面内输运特性，实现从横向上感知分子相关信号的纳米孔传感器。最后值得一提的是，尽管 TMDs 以及其他新兴的二维材料已经在传感领域表现出优越的物化特性，商业化的规模生产依然存在非常大的挑战。在未来，最终实现基于二维材料的综合传感体系，需要进一步发展适合二维材料的沉积、光刻和封装等新的技术。

参考文献

[1] VAN DER POLL T, OPAL S M. Host-pathogen interactions in sepsis [J]. The Lancet Infectious Diseases, 2008, 8(1): 32-43.

[2] ANGUS D C, LINDE-ZWIRBLE W T, LIDICKER J R, et al. Epidemiology of severe sepsis in the United States: Analysis of incidence, outcome, and associated costs of care [J]. Critical Care Medicine, 2001, 29: 1303-1310.

[3] MARTIN G S, MANNINO D M, EATON S, et al. The epidemiology of sepsis in the United States from 1979 through 2000 [J]. N Engl J Med, 2003, 348(16): 1546-1554.

[4] SINGER M, DEUTSCHMAN C S, SEYMOUR C W, et al. The Third International Consensus Definitions for Sepsis and Septic Shock (Sepsis-3) [J]. Jama, 2016, 315(8): 775-787.

[5] AGGARWAL R, SARKAR N, DEORARI A K, et al. Sepsis in the newborn [J]. The Indian Journal of Pediatrics, 2001, 68(12): 1143-1147.

[6] Biomarkers and surrogate endpoints: preferred definitions and conceptual framework [J]. Clin Pharmacol Ther, 2001, 69(3): 89-95.

[7] FAIX J D. Biomarkers of sepsis [J]. Crit Rev Clin Lab Sci, 2013, 50(1): 23-36.

[8] DAVIAUD F, GRIMALDI D, DECHARTRES A, et al. Timing and causes of death in septic shock [J]. Ann Intensive Care, 2015, 5(1): 16-25.

[9] KASIANOWICZ J J, BRANDIN E, BRANTON D, et al. Characterization of individual polynucleotide molecules using a membrane channel [J]. Proc Natl Acad Sci U S A, 1996, 93(24): 13770-13773.

[10] TIMKO A L, MILLER C H, JOHNSON F B, et al. In vitro quantitative chemical analysis of tattoo pigments [J]. Arch Dermatol, 2001, 137(2): 143-147.

[11] TIMKO B P, COHEN-KARNI T, QING Q, et al. Design and Implementation of Functional Nanoelectronic Interfaces With Biomolecules, Cells, and Tissue Using Nanowire Device Arrays [J]. IEEE Transactions on Nanotechnology, 2010, 9(3): 269-280.

[12] ZHENG G, PATOLSKY F, CUI Y, et al. Multiplexed electrical detection of cancer markers with nanowire sensor arrays [J]. Nature Biotechnology, 2005, 23(10): 1294-1301.

[13] VASHIST Y K, UZUNGOLU G, KUTUP A, et al. Heme oxygenase-1 germ line GTn promoter polymorphism is an independent prognosticator of tumor recurrence and survival in pancreatic cancer [J]. Journal of Surgical Oncology, 2011, 104(3): 305-311.

[14] HUANG Y, SUDIBYA H G, FU D, et al. Label-free detection of ATP release from living astrocytes with high temporal resolution using carbon nanotube network [J]. Biosens Bioelectron, 2009, 24(8): 2716-2720.

[15] SUDIBYA H G, MA J, DONG X, et al. Interfacing Glycosylated Carbon-Nanotube-Network Devices with Living Cells to Detect Dynamic Secretion of Biomolecules [J]. Angewandte Chemie International

Edition, 2009, 48(15): 2723-2726.

[16] LEE W H, LEE J M, UHM M, et al. Characterization and Capacitive Modeling of Target Concentration-Dependent Subthreshold Swing in Silicon Nanoribbon Biosensors [J]. IEEE Electron Device Letters, 2014, 35(5): 587-589.

[17] STERN E, KLEMIC J F, ROUTENBERG D A, et al. Label-free immunodetection with CMOS-compatible semiconducting nanowires [J]. Nature, 2007, 445(7127): 519-522.

[18] ZHOU F S, WEI Q H. Scaling laws for nanoFET sensors [J]. Nanotechnology, 2008, 19(1): 015504.

[19] DUAN X, LI Y, RAJAN N K, et al. Quantification of the affinities and kinetics of protein interactions using silicon nanowire biosensors [J]. Nature Nanotechnology, 2012, 7(6): 401-407.

[20] NOVOSELOV K S, GEIM A K, MOROZOV S V, et al. Electric Field Effect in Atomically Thin Carbon Films [J]. Science, 2004, 306(5696): 666-669.

[21] GEIM A K, NOVOSELOV K S. The rise of graphene [J]. Nature Materials, 2007, 6(3): 183-191.

[22] GENG D, YANG H Y. Recent Advances in Growth of Novel 2D Materials: Beyond Graphene and Transition Metal Dichalcogenides [J]. Advanced Materials, 2018, 30(45): 1800865.

[23] CHHOWALLA M, SHIN H S, EDA G, et al. The chemistry of two-dimensional layered transition metal dichalcogenide nanosheets [J]. Nature Chemistry, 2013, 5(4): 263-275.

[24] RADISAVLJEVIC B, RADENOVIC A, BRIVIO J, et al. Single-layer MoS_2 transistors [J]. Nature Nanotechnology, 2011, 6(3): 147-150.

[25] KORN T, HEYDRICH S, HIRMER M, et al. Low-temperature photocarrier dynamics in monolayer MoS_2 [J]. Applied Physics Letters, 2011, 99(10): 102109.

[26] MAK K F, LEE C, HONE J, et al. Atomically thin MoS_2: a new direct-gap semiconductor [J]. Phys Rev Lett, 2010, 105(13): 136805.

[27] JING W, LUNDSTROM M. Does source-to-drain tunneling limit the ultimate scaling of MOSFETs? [C]//Digest International Electron Devices Meeting, San Francisco: IEEE, 2002.

[28] BERNARDI M, PALUMMO M, GROSSMAN J C. Extraordinary Sunlight Absorption and One Nanometer Thick Photovoltaics Using Two-Dimensional Monolayer Materials [J]. Nano Letters, 2013, 13(8): 3664-3670.

[29] BRITNELL L, RIBEIRO R M, ECKMANN A, et al. Strong Light-Matter Interactions in Heterostructures of Atomically Thin Films [J]. Science, 2013, 340(6138): 1311-1314.

[30] EDA G, MAIER S A. Two-Dimensional Crystals: Managing Light for Optoelectronics [J]. ACS Nano, 2013, 7(7): 5660-5665.

[31] CHANG H Y, YANG S, LEE J, et al. High-performance, highly bendable MoS_2 transistors with high-k dielectrics for flexible low-power systems [J]. ACS Nano, 2013, 7(6): 5446-5452.

[32] WANG H, YU L, LEE Y H, et al. Integrated Circuits Based on Bilayer MoS_2 Transistors [J]. Nano Letters, 2012, 12(9): 4674-4680.

[33] AYARI A, COBAS E, OGUNDADEGBE O, et al. Realization and electrical characterization of ultrathin crystals of layered transition-metal dichalcogenides [J]. Journal of Applied Physics, 2007, 101(1): 014507.

[34] PU J, YOMOGIDA Y, LIU K K, et al. Highly Flexible MoS_2 Thin-Film Transistors with Ion Gel Dielectrics [J]. Nano Letters, 2012, 12(8): 4013-4017.

[35] RAO C N R, BISWAS K, SUBRAHMANYAM K S, et al. Graphene, the new nanocarbon [J]. Journal of Materials Chemistry, 2009, 19(17): 2457-2469.

[36] AVOURIS P. Graphene: Electronic and Photonic Properties and Devices [J]. Nano Letters, 2010, 10

(11): 4285-4294.

[37] ZHU W, NEUMAYER D, PEREBEINOS V, et al. Silicon Nitride Gate Dielectrics and Band Gap Engineering in Graphene Layers [J]. Nano Letters, 2010, 10(9): 3572-3576.

[38] WU Y Q, LIN Y M, JENKINS K A, et al. RF performance of short channel graphene field-effect transistor[C]//2010 International Electron Devices Meeting, San Francisco: IEEE, 2010.

[39] ALLEN M J, TUNG V C, KANER R B. Honeycomb Carbon: A Review of Graphene [J]. Chemical Reviews, 2010, 110(1): 132-145.

[40] JARIWALA D, SANGWAN V K, LAUHON L J, et al. Emerging Device Applications for Semiconducting Two-Dimensional Transition Metal Dichalcogenides [J]. ACS Nano, 2014, 8(2): 1102-1120.

[41] SCHEDIN F, GEIM A K, MOROZOV S V, et al. Detection of individual gas molecules adsorbed on graphene [J]. Nature Materials, 2007, 6(9): 652-655.

[42] WANG Q H, KALANTAR-ZADEH K, KIS A, et al. Electronics and optoelectronics of two-dimensional transition metal dichalcogenides [J]. Nature Nanotechnology, 2012, 7(11): 699-712.

[43] KAYYALHA M, CHEN Y P. Observation of reduced 1/f noise in graphene field effect transistors on boron nitride substrates [J]. Applied Physics Letters, 2015, 107(11): 113101.

[44] STOLYAROV M A, LIU G, RUMYANTSEV S L, et al. Suppression of 1/f noise in near-ballistic h-BN-graphene-h-BN heterostructure field-effect transistors [J]. Applied Physics Letters, 2015, 107(2): 023106.

[45] LOPEZ-SANCHEZ O, LEMBKE D, KAYCI M, et al. Ultrasensitive photodetectors based on monolayer MoS_2 [J]. Nature Nanotechnology, 2013, 8(7): 497-501.

[46] ALICEA J, OREG Y, REFAEL G, et al. Non-Abelian statistics and topological quantum information processing in 1D wire networks [J]. Nature Physics, 2011, 7(5): 412-417.

[47] KANE C L, MELE E J. Z2 topological order and the quantum spin Hall effect [J]. Phys Rev Lett, 2005, 95(14): 146802.

[48] KUZUM D, TAKANO H, SHIM E, et al. Transparent and flexible low noise graphene electrodes for simultaneous electrophysiology and neuroimaging [J]. Nature Communications, 2014, 5(1): 5259-5269.

[49] DU X, WU L, CHENG J, et al. Graphene microelectrode arrays for neural activity detection [J]. Journal of Biological Physics, 2015, 41(4): 339-347.

[50] MŁYŃCZAK M, ZYLIŃSKI M, JANCZAK D, et al. Graphene electrodes for long-term impedance pneumography-a feasibility study[C]//EMBEC & NBC 2017, Singapore: Springer, 2018, 65: 514-517.

[51] LU Y, LIU X, HATTORI R, et al. Ultralow Impedance Graphene Microelectrodes with High Optical Transparency for Simultaneous Deep Two-Photon Imaging in Transgenic Mice [J]. Advanced Functional Materials, 2018, 28(31): 1800002.

[52] LOU C, LI R, LI Z, et al. Flexible Graphene Electrodes for Prolonged Dynamic ECG Monitoring [J]. Sensors, 2016, 16(11): 1833.

[53] SARKAR D, LIU W, XIE X, et al. MoS_2 Field-Effect Transistor for Next-Generation Label-Free Biosensors [J]. ACS Nano, 2014, 8(4): 3992-4003.

[54] WANG L, WANG Y, WONG J I, et al. Functionalized MoS_2 Nanosheet-Based Field-Effect Biosensor for Label-Free Sensitive Detection of Cancer Marker Proteins in Solution [J]. Small, 2014, 10(6): 1101-1105.

[55] NAM H, OH B-R, CHEN P, et al. Multiple MoS_2 Transistors for Sensing Molecule Interaction Kinetics [J]. Scientific Reports, 2015, 5(1): 10546-10559.

[56] EDA G, YAMAGUCHI H, VOIRY D, et al. Photoluminescence from Chemically Exfoliated MoS_2

[J]. Nano Letters, 2011, 11(12): 5111-5116.

[57] HE Q, ZENG Z, YIN Z, et al. Fabrication of Flexible MoS$_2$ Thin-Film Transistor Arrays for Practical Gas-Sensing Applications [J]. Small, 2012, 8(19): 2994-2999.

[58] LI D, WU B, ZHU X, et al. MoS$_2$ Memristors Exhibiting Variable Switching Characteristics toward Biorealistic Synaptic Emulation [J]. ACS Nano, 2018, 12(9): 9240-9252.

[59] ZHU X, LI D, LIANG X, et al. Ionic modulation and ionic coupling effects in MoS$_2$ devices for neuromorphic computing [J]. Nature Materials, 2019, 18(2): 141-148.

[60] LATE D J, HUANG Y K, LIU B, et al. Sensing Behavior of Atomically Thin-Layered MoS$_2$ Transistors [J]. ACS Nano, 2013, 7(6): 4879-4891.

[61] BAE S, KIM H, LEE Y, et al. Roll-to-roll production of 30-inch graphene films for transparent electrodes [J]. Nature Nanotechnology, 2010, 5(8): 574-578.

[62] PARK W, BAIK J, KIM T Y, et al. Photoelectron Spectroscopic Imaging and Device Applications of Large-Area Patternable Single-Layer MoS$_2$ Synthesized by Chemical Vapor Deposition [J]. ACS Nano, 2014, 8(5): 4961-4968.

[63] ZHANG X, MENG F, CHRISTIANSON J R, et al. Vertical Heterostructures of Layered Metal Chalcogenides by van der Waals Epitaxy [J]. Nano Letters, 2014, 14(6): 3047-3054.

[64] FANG H, BATTAGLIA C, CARRARO C, et al. Strong interlayer coupling in van der Waals heterostructures built from single-layer chalcogenides [J]. Proceedings of the National Academy of Sciences, 2014, 111(17): 6198-6202.

[65] GEIM A K, GRIGORIEVA I V. Van der Waals heterostructures [J]. Nature, 2013, 499(7459): 419-425.

[66] MATTHEISS L F. Band Structures of Transition-Metal-Dichalcogenide Layer Compounds [J]. Physical Review B, 1973, 8(8): 3719-3740.

[67] LEE C H, LEE G H, VAN DER ZANDE A M, et al. Atomically thin p-n junctions with van der Waals heterointerfaces [J]. Nature Nanotechnology, 2014, 9(9): 676-681.

[68] HONG X, KIM J, SHI S F, et al. Ultrafast charge transfer in atomically thin MoS$_2$/WS$_2$ heterostructures [J]. Nature Nanotechnology, 2014, 9(9): 682-686.

[69] PARK Y, RYU B, OH B R, et al. Biotunable Nanoplasmonic Filter on Few-Layer MoS$_2$ for Rapid and Highly Sensitive Cytokine Optoelectronic Immunosensing [J]. ACS Nano, 2017, 11(6): 5697-5705.

[70] XIAO D, LIU G B, FENG W, et al. Coupled Spin and Valley Physics in Monolayers of MoS$_2$ and Other Group-VI Dichalcogenides [J]. Physical Review Letters, 2012, 108(19): 196802.

[71] JIANG T, LIU H, HUANG D, et al. Valley and band structure engineering of folded MoS$_2$ bilayers [J]. Nature Nanotechnology, 2014, 9(10): 825-829.

[72] PARLAK O, İNCEL A, UZUN L, et al. Structuring Au nanoparticles on two-dimensional MoS$_2$ nanosheets for electrochemical glucose biosensors [J]. Biosensors and Bioelectronics, 2017, 89: 545-550.

[73] ZANG Y, LEI J, HAO Q, et al. CdS/MoS$_2$ heterojunction-based photoelectrochemical DNA biosensor via enhanced chemiluminescence excitation [J]. Biosensors and Bioelectronics, 2016, 77: 557-564.

[74] ZHU C, ZENG Z, LI H, et al. Single-Layer MoS$_2$-Based Nanoprobes for Homogeneous Detection of Biomolecules [J]. Journal of the American Chemical Society, 2013, 135(16): 5998-6001.

[75] RYU B, LI D, PARK C, et al. Rubbing-Induced Site-Selective Growth of MoS$_2$ Device Patterns [J]. ACS Appl Mater Interfaces, 2018, 10(50): 43774-43784.

[76] LIANG X, GIACOMETTI V, ISMACH A, et al. Roller-style electrostatic printing of prepatterned few-layer-graphenes [J]. Applied Physics Letters, 2010, 96(1): 013109.

[77] LIANG X, CHANG A S P, ZHANG Y, et al. Electrostatic Force Assisted Exfoliation of Prepatterned Few-Layer Graphenes into Device Sites [J]. Nano Letters, 2009, 9(2): 467-472.

[78] NAM H, WI S, ROKNI H, et al. MoS_2 transistors fabricated via plasma-assisted nanoprinting of few-layer MoS_2 flakes into large-area arrays [J]. ACS Nano, 2013, 7(7): 5870-5881.

[79] CHEN M, NAM H, ROKNI H, et al. Nanoimprint-Assisted Shear Exfoliation (NASE) for Producing Multilayer MoS_2 Structures as Field-Effect Transistor Channel Arrays [J]. ACS Nano, 2015, 9(9): 8773-8785.

[80] FRAZIER W J, HALL M W. Immunoparalysis and adverse outcomes from critical illness [J]. Pediatr Clin North Am, 2008, 55(3): 647-668.

[81] HALL M W, KNATZ N L, VETTERLY C, et al. Immunoparalysis and nosocomial infection in children with multiple organ dysfunction syndrome [J]. Intensive Care Medicine, 2011, 37(3): 525-532.

[82] AGGARWAL B B, NATARAJAN K. Tumor necrosis factors: developments during the last decade [J]. Eur Cytokine Netw, 1996, 7(2): 93-124.

[83] ADERKA D. The potential biological and clinical significance of the soluble tumor necrosis factor receptors [J]. Cytokine & Growth Factor Reviews, 1996, 7(3): 231-240.

[84] GORLIN R. The Biological Actions and Potential Clinical Significance of Dietary Omega-3 Fatty Acids [J]. Archives of Internal Medicine, 1988, 148(9): 2043-2048.

[85] SHURETY W, MERINO-TRIGO A, BROWN D, et al. Localization and Post-Golgi Trafficking of Tumor Necrosis Factor-alpha in Macrophages [J]. Journal of Interferon & Cytokine Research, 2000, 20(4): 427-438.

[86] LEE J, DAK P, LEE Y, et al. Two-dimensional Layered MoS_2 Biosensors Enable Highly Sensitive Detection of Biomolecules [J]. Scientific Reports, 2014, 4(1): 7352-7359.

[87] RYU B, NAM H, OH B R, et al. Cyclewise Operation of Printed MoS_2 Transistor Biosensors for Rapid Biomolecule Quantification at Femtomolar Levels [J]. ACS Sensors, 2017, 2(2): 274-281.

[88] NAM H, OH B R, CHEN P, et al. Two different device physics principles for operating MoS_2 transistor biosensors with femtomolar-level detection limits [J]. Applied Physics Letters, 2015, 107(1): 012105.

[89] NAM H, OH B R, CHEN M, et al. Fabrication and comparison of MoS_2 and WSe_2 field-effect transistor biosensors [J]. Journal of Vacuum Science & Technology B, 2015, 33(6): 06FG1.

[90] ABRAHAMS E, ANDERSON P W, LICCIARDELLO D C, et al. Scaling Theory of Localization: Absence of Quantum Diffusion in Two Dimensions [J]. Physical Review Letters, 1979, 42(10): 673-676.

[91] ANDERSON P W. Absence of Diffusion in Certain Random Lattices [J]. Physical Review, 1958, 109(5): 1492-1505.

[92] SINHA O P. Charge Redistribution in the Anderson Model [J]. American Journal of Physics, 1970, 38(8): 996-1002.

[93] TAKASHIMA K, YAMAMOTO T. Conductance fluctuation of edge-disordered graphene nanoribbons: Crossover from diffusive transport to Anderson localization [J]. Applied Physics Letters, 2014, 104(9): 093105.

[94] ATKINSON A. Growth of NiO and SiO_2 thin films [J]. Philosophical Magazine Part B, 1987, 55: 637-650.

[95] SARANTARIDIS D, ATKINSON A. Redox Cycling of Ni-Based Solid Oxide Fuel Cell Anodes: A Review [J]. Fuel Cells, 2007, 7(3): 246-258.

[96] KULKARNI G S, ZHONG Z. Detection beyond the Debye Screening Length in a High-Frequency Nanoelectronic Biosensor [J]. Nano Letters, 2012, 12(2): 719-723.

[97] SHOORIDEH K, CHUI C O. On the origin of enhanced sensitivity in nanoscale FET-based biosensors [J]. Proc Natl Acad Sci U S A, 2014, 111(14): 5111-5116.

[98] LATE D, LIU B, MATTE H, et al. Hysteresis in Single-Layer MoS_2 Field Effect Transistors [J]. ACS nano, 2012, 6: 5635-5641.

[99] CHEN M, WI S, NAM H, et al. Effects of MoS_2 thickness and air humidity on transport characteristics of plasma-doped MoS_2 field-effect transistors [J]. Journal of Vacuum Science & Technology B, 2014, 32(6): 06FF2.

[100] CHEN M, ROKNI H, LU W, et al. Scaling behavior of nanoimprint and nanoprinting lithography for producing nanostructures of molybdenum disulfide [J]. Microsystems & Nanoengineering, 2017, 3(1): 17053.

[101] THANH T D, CHUONG N D, HIEN H V, et al. Recent advances in two-dimensional transition metal dichalcogenides-graphene heterostructured materials for electrochemical applications [J]. Progress in Materials Science, 2018, 96: 51-85.

[102] APPEL J H, LI D O, PODLEVSKY J D, et al. Low Cytotoxicity and Genotoxicity of Two-Dimensional MoS_2 and WS_2 [J]. ACS Biomaterials Science & Engineering, 2016, 2(3): 361-367.

[103] JIN S A, POUDYAL S, MARINERO E E, et al. Impedimetric Dengue Biosensor based on Functionalized Graphene Oxide Wrapped Silica Particles [J]. Electrochimica Acta, 2016, 194: 422-430.

[104] ZHANG X, LIU B, DAVE N, et al. Instantaneous Attachment of an Ultrahigh Density of Nonthiolated DNA to Gold Nanoparticles and Its Applications [J]. Langmuir, 2012, 28(49): 17053-17060.

[105] BAWAZER L A, NEWMAN A M, GU Q, et al. Efficient Selection of Biomineralizing DNA Aptamers Using Deep Sequencing and Population Clustering [J]. ACS Nano, 2014, 8(1): 387-395.

[106] CHEN N, WEI M, SUN Y, et al. Self-Assembly of Poly-Adenine-Tailed CpG Oligonucleotide-Gold Nanoparticle Nanoconjugates with Immunostimulatory Activity [J]. Small, 2014, 10(2): 368-375.

[107] SHAN J, LI J, CHU X, et al. High sensitivity glucose detection at extremely low concentrations using a MoS_2-based field-effect transistor [J]. RSC Advances, 2018, 8(15): 7942-7948.

[108] MAJD S M, SALIMI A, GHASEMI F. An ultrasensitive detection of miRNA-155 in breast cancer via direct hybridization assay using two-dimensional molybdenum disulfide field-effect transistor biosensor [J]. Biosensors and Bioelectronics, 2018, 105: 6-13.

[109] CHEN X, HAO S, ZONG B, et al. Ultraselective antibiotic sensing with complementary strand DNA assisted aptamer/MoS_2 field-effect transistors [J]. Biosensors and Bioelectronics, 2019, 145: 111711.

[110] ZHOU G, CHANG J, PU H, et al. Ultrasensitive Mercury Ion Detection Using DNA-Functionalized Molybdenum Disulfide Nanosheet/Gold Nanoparticle Hybrid Field-Effect Transistor Device [J]. 2016, 1: 295-302.

[111] BAHRI M, SHI B, ELAGUECH M A, et al. Tungsten Disulfide Nanosheet-Based Field-Effect Transistor Biosensor for DNA Hybridization Detection [J]. ACS Applied Nano Materials, 2022, 5(4): 5035-5044.

[112] SHANMUGAM M, DURCAN C A, YU B. Layered semiconductor molybdenum disulfide nanomembrane based Schottky-barrier solar cells [J]. Nanoscale, 2012, 4(23): 7399-7405.

[113] SUTAR S, AGNIHOTRI P, COMFORT E, et al. Reconfigurable p-n junction diodes and the photovoltaic effect in exfoliated MoS_2 films [J]. Applied Physics Letters, 2014, 104(12): 122104.

[114] EL BARGHOUTI M, AKJOUJ A, MIR A. MoS_2-graphene hybrid nanostructures enhanced localized

surface plasmon resonance biosensors [J]. Optics & Laser Technology, 2020, 130: 106306.

[115] MAURYA J B, PRAJAPATI Y K, SINGH V, et al. Improved performance of the surface plasmon resonance biosensor based on graphene or MoS_2 using silicon [J]. Optics Communications, 2016, 359: 426-434.

[116] WANG Q, YIN H, DING J, et al. WS_2/Bi/BiOBr Nanostructures for Photoelectrochemical Sensing of 5-Formyluracil-2′-deoxyuridine-5′-triphosphate through Hemin/G-Quadruplex Double Signal Amplification [J]. ACS Applied Nano Materials, 2021, 4, 8998-9007.

[117] LI T, DENG Y, XING Z, et al. Amorphization-Modulated Metal Sulfides with Boosted Active Sites and Kinetics for Efficient Enzymatic Colorimetric Biodetection [J]. Small Methods, 2023, 7(7): 2300011.

[118] JIAO S, LIU L, WANG J, et al. A Novel Biosensor Based on Molybdenum Disulfide (MoS_2) Modified Porous Anodic Aluminum Oxide Nanochannels for Ultrasensitive microRNA-155 Detection [J]. Small, 2020, 16(28): 2001223.

[119] DE SILVA T, FAWZY M, HASANI A, et al. Ultrasensitive rapid cytokine sensors based on asymmetric geometry two-dimensional MoS_2 diodes [J]. Nature Communications, 2022, 13(1): 7593.

[120] ZHAO L, WANG J, SU D, et al. The DNA controllable peroxidase mimetic activity of MoS_2 nanosheets for constructing a robust colorimetric biosensor [J]. Nanoscale, 2020, 12(37): 19420-19428.

[121] YAN R, LU N, HAN S, et al. Simultaneous detection of dual biomarkers using hierarchical MoS_2 nanostructuring and nano-signal amplification-based electrochemical aptasensor toward accurate diagnosis of prostate cancer [J]. Biosens Bioelectron, 2022, 197: 113797.

[122] HU D, CUI H, WANG X, et al. Highly Sensitive and Selective Photoelectrochemical Aptasensors for Cancer Biomarkers Based on MoS_2/Au/GaN Photoelectrodes [J]. Analytical Chemistry, 2021, 93(19): 7341-7347.

[123] KASIANOWICZ J J. Nanopores: flossing with DNA [J]. Nat Mater, 2004, 3(6): 355-356.

[124] GOTO Y, AKAHORI R, YANAGI I, et al. Solid-state nanopores towards single-molecule DNA sequencing [J]. Journal of Human Genetics, 2020, 65(1): 69-77.

[125] LI J, GERSHOW M, STEIN D, et al. DNA molecules and configurations in a solid-state nanopore microscope [J]. Nature Materials, 2003, 2(9): 611-615.

[126] GARAJ S, HUBBARD W, REINA A, et al. Graphene as a subnanometre trans-electrode membrane [J]. Nature, 2010, 467(7312): 190-193.

[127] MERCHANT C A, HEALY K, WANUNU M, et al. DNA Translocation through Graphene Nanopores [J]. Nano Letters, 2010, 10(8): 2915-2921.

[128] POSTMA H W. Rapid sequencing of individual DNA molecules in graphene nanogaps [J]. Nano Lett, 2010, 10(2): 420-425.

[129] LIU K, FENG J, KIS A, et al. Atomically Thin Molybdenum Disulfide Nanopores with High Sensitivity for DNA Translocation [J]. ACS Nano, 2014, 8(3): 2504-2511.

[130] ARJMANDI-TASH H, BELYAEVA L A, SCHNEIDER G F. Single molecule detection with graphene and other two-dimensional materials: nanopores and beyond [J]. Chemical Society Reviews, 2016, 45(3): 476-493.

[131] CHEN W, LIU G-C, OUYANG J, et al. Graphene nanopores toward DNA sequencing: a review of experimental aspects [J]. Science China Chemistry, 2017, 60(6): 721-729.

[132] TRAVERSI F, RAILLON C, BENAMEUR S M, et al. Detecting the translocation of DNA through

a nanopore using graphene nanoribbons [J]. Nature Nanotechnology, 2013, 8(12): 939-945.

[133] SAHA K, DRNDIĆ M, NIKOLIĆ B. DNA Base-Specific Modulation of Microampere Transverse Edge Currents through a Metallic Graphene Nanoribbon with a Nanopore [J]. Nano letters, 2011, 12: 50-55.

[134] PUSTER M, RODRiGUEZ-MANZO J A, BALAN A, et al. Toward sensitive graphene nanoribbon-nanopore devices by preventing electron beam-induced damage [J]. ACS Nano, 2013, 7(12): 11283-11289.

[135] MIN S K, KIM W Y, CHO Y, et al. Fast DNA sequencing with a graphene-based nanochannel device [J]. Nature Nanotechnology, 2011, 6(3): 162-165.

[136] SHIM J, BANERJEE S, QIU H, et al. Detection of methylation on dsDNA using nanopores in a MoS_2 membrane [J]. Nanoscale, 2017, 9(39): 14836-14845.

[137] FENG J, LIU K, BULUSHEV R D, et al. Identification of single nucleotides in MoS_2 nanopores [J]. Nature Nanotechnology, 2015, 10(12): 1070-1076.

[138] FENG J, GRAF M, LIU K, et al. Single-layer MoS_2 nanopores as nanopower generators [J]. Nature, 2016, 536(7615): 197-200.

[139] HEIRANIAN M, FARIMANI A B, ALURU N R. Water desalination with a single-layer MoS_2 nanopore [J]. Nature Communications, 2015, 6(1): 8616.

第 4 章
二维过渡金属硫族化合物的纳米光子学和光电子学

二维过渡金属硫族化合物（TMPS）是一类由过渡金属与硫、硒或碲等硫族元素构成的薄层材料。由于具有独特的光学和电学性能，使其成为纳米光子学和光电子学的理想研究对象。本章将以二硫化钼（MoS_2）为例，从 MoS_2 纳米等离激元光子学和光电子学两个方面介绍相关理论、研究现状和应用前景。

4.1 二硫化钼纳米等离激元光子学

二硫化钼（MoS_2）是一种具有特殊二维层状结构的材料，其单层由硫原子与钼原子交替排列而成。这种独特的结构赋予了 MoS_2 许多独特的光学和电子性质，使其成为纳米光子学研究的理想对象。在纳米尺度下，MoS_2 与光场相互作用会引发等离激元共振现象，这是一种表面等离激元和体等离激元的耦合现象，这种耦合可以显著增强光场在纳米结构中的局域化，从而在材料的微观尺度上实现强烈的光-物质相互作用。这一现象不仅将自由空间中的光转化为亚波长尺度光，并且能够极大地增强电场的强度。因此，表面等离子体激元成为了广泛关注和研究的对象。

在局域表面等离子体共振（LSPRs）这一研究领域，研究人员已经取得了显著的进展。由于纳米材料具有高品质因数，并且其模式体积相对较小，从而能够在紫外到中红外的广泛波长范围内实现共振，因此，纳米材料发挥了关键作用[1-3]。在等离子体纳米颗粒和活性介质组成的混合系统中，光与物质的相互作用使得纳米激光器[4]、光调制器[5]和等离子体波导[6]的开发成为可能。在这一节，我们将讨论基于二维（2D）MoS_2 的纳米等离子体的基础研究、结构工程以及相关应用。这些分支包括激子与等离子体的相互作用机制、MoS_2 的热电子注入、高掺杂 MoS_2 的表面等离子体以及等离子体-MoS_2 结构的纳米加工技术。

4.1.1 二硫化钼中激子与等离子相互作用

当 MoS_2 置于电磁模局域密度较高的等离子体腔中时，光与激子发射极之间的相互作用增强。Butun 等人[7]在单层 MoS_2 上制备了具有不同直径的银（Ag）纳米片阵列，观察到了光致发光（PL）增强的现象。当 Ag 纳米片阵列的直径达到 130nm 时，会导致 PL 增强因子达到极值，约为 12。这一现象的出现可归因于银纳米片的 LSPRs 与 MoS_2 的光致发光能级之间发生的能量重叠。这种重叠使得在与单层 MoS_2 的直接带隙能量相匹配的波长范围内，电场增强因子达到了最大值。在光学放大率的提升中，局域电场强度被认为具有关键性的贡献。因此，对等离子体纳米颗粒的优化可以进一步改善激子与等离子体之间的相互作用。受到近场耦合的影响，相邻的两个银纳米三角形之间形成的间隙具备高强度的电场。在这一基础上，Lee 等研究人员[8] 采用银蝴蝶结纳米天线阵列对 MoS_2 的光谱进行了调整和修正，以进一步优化其光学特性。因此，在纳米结构的设计和调控中，借助等离子体共振效应和局域电场增强，能够对材料的光学性能进行精细调整，为光电子学领域的进一步研究和应用开辟了新的途径。

除了 Raman（拉曼）和 PL 增强，他们还观察到反射测量中的 Fano（法诺）共振，这归因于等离子体激元的直接激发和通过等离子体双偶极耦合的间接激发之间的相长和相消干涉，使激子等离子体激元耦合成为弱耦合和强耦合之间的居间态。为了实现强耦合，激子等离子体耦合强度超过了单个衰变速率（$2g > \gamma$ 或 κ，其中 g 为耦合能量，γ 为发射极散射率，κ 为等离子体腔的损耗率），要获得有效腔体积小、质量因子（q）大的高质量等离子体腔，就必须考虑这些因素。通过在设计良好的银纳米片阵列中引入远场辐射耦合，进一步优化了等离子体纳米结构[8]，尽管缺乏具有均匀折射率的对称系统环境，但通过从 70K 到室温的角分辨反射测量观察到 LSPRs、衍射级和激子之间的强耦合，这一现象可以通过耦合振荡器模型来解释［图 4.1（b）］。考虑到衬底-空气界面与 MoS_2 单分子膜的衍射截止，认为可以通过构建对称环境以提高晶格等离子体激元的品质因数，实现更强大的强耦合。

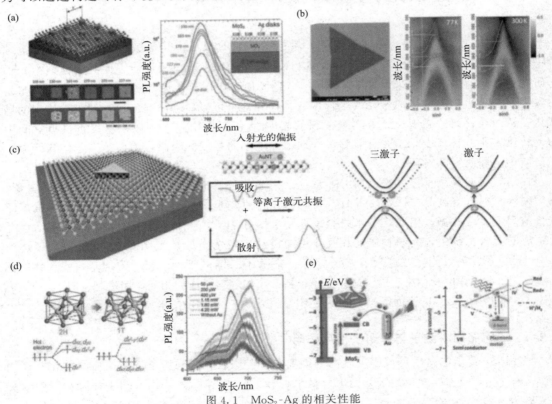

图 4.1 MoS_2-Ag 的相关性能

（a）MoS_2-Ag 纳米片杂化结构的光致发光（PL）增强，左图显示了不同直径的银纳米片阵列所覆盖的 MoS_2 单分子层的示意图、扫描电镜和光致发光光谱，相应的 PL 光谱总结在右图[7]；（b）MoS_2-Ag 纳米片杂化结构的扫描电子显微镜和 70k 和 300k 的角分辨反射光谱[11]；（c）等离子体激元三极管和等离子体激元共振能量从单个金纳米三角形转移到单层 MoS_2[12]；（d）热电子注入后 MoS_2 单分子层中的 2H-1T 相变，光致发光光谱表明，通过控制激发激光器的光功率，热电子掺杂可以调谐[13]；（e）Au 纳米棒和 MoS_2 的能级图，说明了激发后的超热电子转移途径，热电子注入到 MoS_2[14] 的传导带后，改变了 MoS_2 费米能级在纳米线等离子激元和单层 MoS_2 的混合系统中研究了另一种类型的激子等离子体相互作用。Au 或 Ag 纳米线作为等离子体谐振器,可以产生沿纳米线传播的表面等离子体激元(SPP),用于光引导。这提供了一个平台,可以将单层 MoS_2 产生的激子传递到所需的位置,也可以将光传输到 MoS_2 激子的远场激发。Goodfellow 等人[9]在玻璃基板上单个 Ag 纳米线的一端涂上单层 MoS_2。利用扫描共聚焦荧光显微镜和光谱学,证明了在纳米线上传播的 SPP 可以激发 MoS_2 PL,并且 MoS_2 激子也可以耦合到 SPP 中进行远距离传输。具体表现为可以同时实现激发和收集 MoS_2 激子的双重目的。值得注意的是,MoS_2 激子和 SPP 之间的耦合不仅可以发生在纳米线的末端,还可以发生在其他区域,这使得 SPP 能够沿着传播路径与 MoS_2 的激发 PL 直接成像[10]。

Wang 等人[12]进一步证明,在室温下可以实现从单个金纳米三角形到单层 MoS_2 的等离子体激元三极管和等离子体激元共振能量转移。如图 4.1 (c) 所示,单个等离子体金属纳米颗粒和单层 MoS_2 之间的有效共振能量转移是由 2D 材料的较大量子限制和减少的介电屏蔽促进的。这种能量转移过程可以通过暗场散射光谱的倾角来表征,表明单层 MoS_2 的吸收与单个金纳米粒子的散射之间存在耦合。通过控制周围介质的介电常数,可以进一步调节等离子体激元共振能量传递。这种单等离子体纳米颗粒与 2D MoS_2 之间的共振能量传递过程可以激发 2D 材料与金属纳米颗粒混合物的新应用。

4.1.2 等离激元热电子注入

等离激元热电子注入是当今纳米科技领域中备受关注的一个前沿课题,它在光电子学、纳米材料、能源转换等领域展现出巨大的应用潜力。该技术的核心思想是利用等离激元(表面等离子体)与热电子(热激发的电子)相互作用机制,实现对纳米材料性质的调控与优化,从而在光电转换、传感器、信息处理等方面带来重要的突破。其中,等离激元是一种集体激发模式,产生于金属表面和绝缘体之间的电子-光子相互作用,其特点在于电磁场与电子的相互耦合,形成了新的激发态。而热电子则是材料中因温度梯度引起的电子流,具有高能量、高速度等特点。等离激元热电子注入便是将这两者结合,利用等离激元的电磁场增强效应,将高能热电子引导至纳米材料表面,从而实现纳米材料性质的调控和优化。Au 还表现出良好的光吸收性能,可以有效地激发等离激元模式,从而实现光子与电子的耦合。这种耦合有助于产生高能电子,并将它们引导到目标材料中,从而在局部区域引发各种化学或物理反应。

Au 纳米颗粒中的光生热电子在光探测、光伏和光催化等方面有潜在的应用价值。考虑到 Au(5.1eV)的高功函数、MoS_2 单层与 Au 纳米粒子之间的低肖特基势垒(0.8eV)以及 MoS_2 的巨大带隙,MoS_2 被视为是 Au 纳米粒子的理想热电子受体。Kang 等[13]通过将 5nm 的 Au 纳米颗粒与 MoS_2 单层结合,在 488nm 激光照射下,证明了 Au 纳米颗粒中光产生的热电子可以注入 MoS_2 单层膜中,并诱导半导体三棱柱相(2H)到金属八面体相(1T)的相变 [图 4.1 (d)]。热电子掺杂到 MoS_2 中会引起晶格的不稳定,从而削弱 Mo—S 成键,进而引起 Mo 的 4d 轨道被热电子占据。通过改变掺杂浓度和光功率,可以控制激光器的开关状态,从而实现相变的可逆性。该小组研究了热电子注入的动力学过程,指出热电子在几飞秒内产生,电子转移在 200fs 内产生,转移效率估计为 38%。他们还发现热电子注入引起的 n 掺杂可以用来调节 MoS_2 的介电函数和激子结合能。在应用方面,他们证明了从金属银纳米管注入等离子体热电子到 MoS_2 单分子层可以有效地提高析氢反应效率[13]。Shi

等[14] 提出了一个更有见地的模型，认为 MoS$_2$ 导带中的注入热电子返回到 Au 的基态，并在 MoS$_2$ 的导带和 Au 纳米粒子费米能级附近的空穴处产生了一个动态电荷分离态，提高了 MoS$_2$ 的费米能级，减小了析氢反应的过电位［图 4.1（e）］。热电子注入也被认为是在 MoS$_2$ 中产生带电激子（或三态）的有效手段，这导致了 PL 谱中的非线性行为[14]。

4.1.3　高掺杂二硫化钼中的表面等离激元

高掺杂 MoS$_2$ 中的表面等离子体激元是一种引人注目的物理现象，具有重要的理论和实际意义。近年来，研究者们在高掺杂半导体纳米材料中也发现了表面等离子体现象，这些材料包括硅、锗、金属氧化物等。在类富勒烯 MoS$_2$ 纳米粒子中首次观察到了 LSPRs，尽管这些颗粒保持了半导体特性，但由于粒子本身的缺陷，在带隙中获得了新的能态。这些缺陷能级使过量电荷困在粒子表面。在近红外区域观察到附加吸收峰，鉴定为纳米颗粒的米氏散射（Mie scattering）。有趣的是，随着粒子尺寸的增加，散射共振会发生红移。此外，通过将颗粒分散到不同的溶剂中，还实现了折射率传感。这些发现激发了对石墨烯之外的新型等离子体二维材料的探索。

LSPRs 的共振波长 ω_P 高度依赖于载流子浓度，如下面公式所示：

$$\omega_P = \sqrt{\frac{Ne^2}{\varepsilon_0 m_e}} \qquad (4.1)$$

式中，N 是电荷载流子密度；e 是电子电荷；ε_0 是真空电容率；m_e 是有效电子质量。

在 MoS$_2$ 中实现高掺杂水平是获得具有商业应用价值波长的低掺杂激光器的关键。在 MoS$_2$ 中嵌 Li 是将 MoS$_2$ 从 2H 相转化为 1T 相的有效方法，可以提高 MoS$_2$ 的自由载流子浓度到一个较高的水平。Wang 等人[15] 通过电化学嵌 Li 到 MoS$_2$ 中（图 4.2），探索了从紫外到近红外波段的超掺杂 MoS$_2$ 纳米晶的等离子体共振。通过施加不同的嵌入电压，可以使金属 MoS$_2$ 纳米结构中的 LSPRs 的谐振波长发生变化，即嵌入电压从 6V 增加到 10V，谐振波长从 714nm 蓝移到 332nm。从紫外到近红外范围的表面等离子体激元将填补通常在中红外波段的石墨烯等离子体激元的空白。研究高掺杂 MoS$_2$ 中的表面等离子体激元不仅有助于深入理解材料的电子结构和光学性质，还为开发高性能光电子器件提供了新的思路。通过调控高掺杂条件，可以实现对表面等离子体激元的精确控制，从而优化材料的光吸收、散射等特性。因此，这一领域的研究有望在纳米光子学、量子器件等领域推动科学和技术的前沿发展。

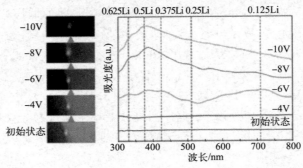

图 4.2　MoS$_2$ 薄膜在 24V、26V、28V、210V 的插入电压下的光致发光图像以及相应的紫外-可见吸收光谱[15]

4.1.4 二硫化钼等离子体结构的制备

对 MoS_2 等离子体相互作用的研究加速了异质结构纳米制造技术的发展。除了传统的电子束光刻、光刻和离子束蚀刻的制造技术外，一些新的技术也已经发展起来。例如，Sigle 等人[16]采用单层 MoS_2 作为金纳米球和金镜之间的间隔层，构造了金属-绝缘体-金属（MIM）结构，以实现 MIM 腔模型的极端限制。由于超薄的 MoS_2 间隔，腔模型对形貌非常敏感，创造了实时跟踪原子尺度变化的机会。Zhou 等[17]采用三角形单层和少量层 MoS_2 作为模板，用于外延生长金纳米三角形和领结状纳米天线。

虽然在 MoS_2 {110} 和 Au {220} 之间存在 8.8% 的晶格失配，但在界面上形成了间距为 1.68nm 的错位阵列，构造了一个无应力的异质结构 [图 4.3（a）]。最终获得了间隙为 3nm 的金领结纳米天线。Lin 等人[18]将单层 MoS_2 转移到等离子体衬底上，通过低功率激光束产生微气泡，捕获并固定单层顶部的粒子 [图 4.3（b）]。这种被称为气泡笔光刻的技术，显示出对多种颗粒材料和颗粒尺寸的多功能性，使 MoS_2-金属和 MoS_2-量子点混合系统的制造成为可能。最近，一种被称为光等离子体光刻的全光光刻技术被开发出来，用于制备低功率、高通量和高分辨率的不同原子薄层[19]。LSPRs 在等离子体衬底上的激发引起了局部的热点，从而导致 MoS_2 层的热升华 [图 4.3（c）]。通过操纵激光束，可以很容易地实现不同的复杂图案。具体来说，该方法适用于包括 MoS_2 在内的各种二维材料。

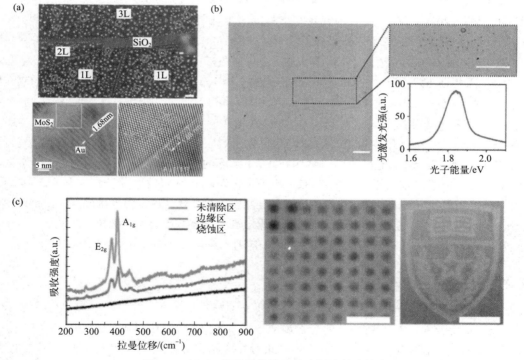

图 4.3 MoS_2 等离子体结构的表征及制造技术

(a) 在 MoS_2 上生长的金纳米三角形的 SEM 和 TEM 图片[17]；(b) 利用气泡打印在 MoS_2 单层上绘制 $1\mu m$ 聚苯乙烯（PS）微球图案和聚苯乙烯微球[18]的光致发光（PL）光谱；(c) 使用光电等离子体光刻的 MoS_2 单层的不同图案[19]

4.2 二硫化钼的光电子学

激子准粒子，如激子（一个电子和一个空穴的束缚态）和三角子（束缚态的一个空穴和两个电子，或两个空穴和一个电子），在二维 MoS_2 中有很大的束缚能，且能在室温下有效吸收光子转换为电运输。

由于具有独特的光学和电学特性，二维 MoS_2 已被证实具有下一代光子和光电应用前景，包括基于光诱导电流的器件（即光电探测器和太阳能电池）和利用光子发射的器件［即光发射器和发光二极管（LED）］。具体来说，利用约 2eV 的带隙（单层）的二维 MoS_2 可以在适当的可见光波长的光照下有效产生电子空穴对。二维 MoS_2 中载流子的光诱导产生和后续传输已被应用于各种光伏器件的开发。此外，具有直接带隙的单层 MoS_2 已经被认为是一种很有前途的超薄光发射器的候选材料。近年来，已有大量的研究通过引入光腔来提高单层 MoS_2 的光激发和光发射性能；基于二维 MoS_2 的电致发光器件也被报道可用于 LED；单层 MoS_2 中的谷极化激子可以进一步使超薄谷电子器件进行信息处理。

4.2.1 二硫化钼的光电探测器

与利用热计量、光热电和弱光电效应的石墨烯光电探测器相比[20-22]，二维 MoS_2 光电探测器主要基于光电效应[23-33]，因此具有更低的暗电流和更高的响应率。在 2010 年，Mak 等人[34]通过激光照射二维 MoS_2 晶体管中心，观察了单层 MoS_2 的光电导现象。光诱导电流是由光激发载流子的产生和传输造成的[35]，通过控制照明位置，可以显著提高单层 MoS_2 光电探测器的性能。例如，Lopez-Sanchez 等人[30]使用半导体-金属接触的单层 MoS_2 晶体管，进一步提高了响应率（波长 561nm，880A/W），如图 4.4（a）所示。

二维 MoS_2 器件中的光电流也可以由结中的内置电场产生[23,24,29]。Lee 等人[23]展示了一种基于单层 MoS_2（作为 n 型半导体）和单层 WSe_2（作为 p 型半导体）的 PN 结器件，如图 4.4（b）所示。由于范德华质结构在 1nm 以下的层间分离量极小，因此可以产生高达约 1V/nm 的内置电场。平面外的结区增加了曝光面积和有效的电荷分离，从而导致器件可能比基于光激发载流子的器件更可控、更有效。此外，通过石墨烯作为电接触点，使器件厚度最小化、电荷收集最大化，显示出了二维材料堆积构筑的范德华异质结的潜力[32]。利用 MoS_2-石墨烯-WSe_2 异质结构证明了原子级薄的 MoS_2 光探测器具有从可见光到近红外的宽带响应[36]。

4.2.2 二硫化钼的太阳能电池

单层 MoS_2 具备 n 型半导体特性，它可以和 p 型半导体形成 PN 结，然后通过光电效应来利用入射光能。常用的 p 型半导体是发展成熟的 p-Si（即 p 型硅）[37-38]。

Tsai 等人[37]利用单层 MoS_2 和 p-Si 之间的 II 型异质结创建了一个超薄的太阳能电池，如图 4.4（c）所示。界面附近的强内置电场有利于光生载流子的分离，使得功率转换效率为 5.23%，填充系数为 57.26。通过用 p 型二维材料取代 p-Si，可以进一步降低太阳能电池的厚度。Furchi 和合作者[39]通过单层 MoS_2 和 WSe_2 的堆叠实现了这种原子级薄的器件，如图 4.4（d）所示。内置的 II 型范德华异质结可实现约 0.2% 的功率转换效率，填充系数约为 0.5。

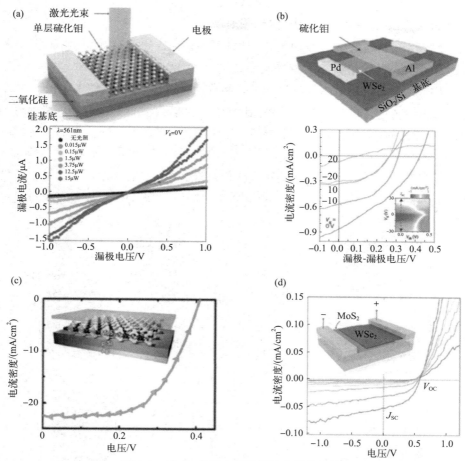

图 4.4　MoS$_2$ 的光电探测器及太阳能电池

(a) 上图：作为光电探测器的单层 MoS$_2$ 晶体管，下图：在不同照明强度下，器件的源漏（I_{ds}-V_{ds}）特性[30]；(b) 上图：基于单层 MoS$_2$（作为 p 型半导体）和 WSe$_2$（作为 n 型半导体）的半导体 PN 结的光电探测器[23]；(c) 基于单层 MoS$_2$-Si 结的光伏器件和 I-V 特性[37]；(d) 基于单分子层 MoS$_2$ 和 WSe$_2$ 连接的光伏器件和 I-V 特性[39]

4.2.3　二硫化钼的发光二极管

得益于直接带隙（1.8eV）和有效的电子空穴复合，单层 MoS$_2$ 显示出了优异的发光性能[24,38,40-41]。特别是单层 MoS$_2$ 的电致发光的实现，为实现超薄 LED 铺平了道路。在早期的演示中，Sundaram 和合作者[40] 开发了一种单层二硫化钼场效应晶体管，显示电致发光（EL），发射波长约 680nm，与单层 MoS$_2$ 的带隙相匹配，如图 4.5（a）所示。但单层 MoS$_2$ 表现出较差的量子产率（0.1%~6%），这表明材料中缺陷状态密度高，产生了作为非辐射复合中心的中间间隙态。通过化学处理进行表面钝化、修复或两者兼有来消除非辐射复合对电子活性缺陷位点的作用，可以提高量子产率。此外，基于由单层 MoS$_2$ 组成的范德华异质结构 LED 最近也得到了实现[24,41]。Withers 等人[41] 报道了一种基于石墨烯、六方氮化硼和单层 MoS$_2$ 堆积的超薄 LED，如图 4.5（b）所示。若将整个器件的厚度考虑在内，已经实现了约 10% 的超高外在量子效率。这种配置可能有利于未来超薄和柔性 LED 的发展。

4.2.4 具有增强发光性能的二硫化钼光腔系统

虽然单层 MoS_2 由于间接带隙到直接带隙的跃迁而表现出比块体 MoS_2 更强的发光性能，但其量子效率仍然在很大程度上受到非辐射衰减率的限制[8]。幸运的是，原子级薄的厚度使得单层 MoS_2 可以灵活地集成到光子晶体[8,42-43]和等离子体纳米结构[7,8,44]的多种光学腔中。Gan 等人[43]已经证明了光子晶体对单层 MoS_2 的自发发射率的增强作用。由于 Purcell 效应，测量的 PL 强度可以显著提高 5 倍以上。如图 4.5（c）所示，高品质因数 Q 光学微腔的自发辐射率的进一步提高，促进了二维 MoS_2 激光器的发展[42]。Salehzadeh 等人[42]将片状二维 MoS_2 嵌入自由支撑的微盘和微球组成的混合光学腔中。光腔系统中的强回音壁模式显著增强了二维 MoS_2 的 PL，制备了室温下的低阈值（约 $5\mu W$）激光器。

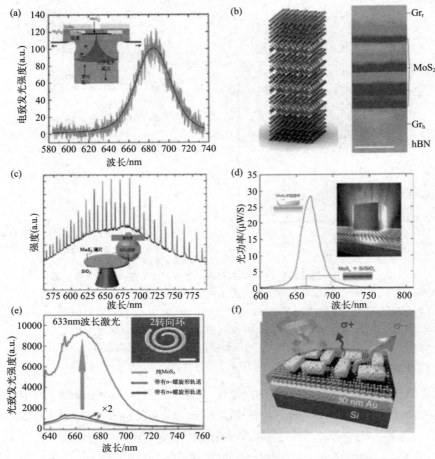

图 4.5　MoS_2 的发光二极管及有增强发光性能的 MoS_2 光腔系统

(a) 器件的 EL 谱和对应的 Voigt 拟合，插图：顶栅 MoS_2 场效应晶体管的设计原理图和用于测量的光学装置[40]；(b) 由单层 MoS_2、石墨烯和 h-BN 组成的用于高性能超薄 LED 的范德华异质结构和扫描透射电子显微镜图像[41]；(c) 嵌入由独立微盘和微球组成的光学腔内的二维 MoS_2 薄片的激光性能和测量结果[42]；(d) 等离子体纳米贴片天线中单层 MoS_2 的发光性能[46]；(e) 利用等离子体手性结构和圆偏振光控制单层 MoS_2 的 PL 光谱[45]；(f) 等离子体超手性场控制单层 MoS_2 的谷极化 PL[46]

除了介质光学腔，等离子体纳米结构也被用于改善二维 MoS_2 的 PL 性能[7-8,44]。如图 4.5（d）所示，Akselrod 等人[44]证明了基于纳米贴片天线的等离子体纳米腔可以使单层 MoS_2 的发光强度提高约 2000 倍。这种巨大的增强是由于强等离子体共振导致纳米腔内电场的强烈增强。特别地，基模和二阶模分别被调整到与发射波长和吸收波长匹配，使入射光子的吸收和自发发射速率都得到了增强。手性纳米结构中与激光偏振相关的等离子体共振也被应用于定制二维 MoS_2 的 PL。如图 4.5（e）所示，等离子体螺旋纳米结构对左旋和右旋圆偏振光的吸收具有很大的不对称性，通过控制入射激光的旋向性，可以按需增强 MoS_2 的 PL[45]。

二维 MoS_2 的另一个显著性质是由于其固有自旋-谷自由度而存在谷极化激子。这一发现表明，单层 MoS_2 的谷极化 PL 在量子信息处理中具有广阔的应用前景[47-48]。Li 等人[46]最近证明，单层 MoS_2 中的谷选择激发和激子的重组可以由等离子体手性超表面控制。如图 4.5（f）所示，将单层 MoS_2 集成到等离子体手性测量面后，PL 的圆偏振度（即发射光子的自旋状态）从 25% 提高到 43%。正如 Wu 等人[49]所证明的那样，圆极化程度的大幅度增强可以归因于超手性场和等离子体手性结构中产生的手性 Purcell 效应。

4.3 结语

二维 MoS_2 的纳米光子学和光电子学近年来发展迅速，得益于其独特的光学和电子特性，如可调的带隙、高束缚能和强自旋轨道耦合，这些二维 MoS_2 特性为制造原子层厚度的等离子体和光电子设备提供了可能。二维 MoS_2 优异的可调性和结构灵活性，使其能够为各种环境下的操作提供解决方案，如可弯曲表面和可变化的温度。然而，在与传统的基于块状半导体材料的光子和光电子器件竞争时，二维 MoS_2 在获得具有均匀性能的大面积器件方面仍面临挑战。此外，由于二维 MoS_2 的原子厚度较薄，其与光的相互作用较差，限制了其在实际应用中与传统器件的竞争力。尽管光学腔的引入可以显著改善二维 MoS_2 的光相互作用，但这种额外的结构可能会牺牲合成器件的厚度和灵活性，失去二维材料的主要优势。为了将二维 MoS_2 材料推向实际的纳米光子应用，需要进一步优化二维 MoS_2 的超薄、高致密、强光学增强腔体。此外，二维 MoS_2 的谷电子学应用由于其独特的可调谷自由度而具有巨大的潜力，需要通过攻克在大体积材料中应用的难题，以获取更多的应用前景。

参考文献

[1] LIN L H, ZHENG Y B. Multiple plasmonic-photonic couplings in the Au nanobeaker arrays: enhanced robustness and wavelength tunability [J]. Optics Letters, 2015, 40(9): 2060-2063.

[2] LIN L H, ZHENG Y B. Optimizing plasmonic nanoantennas via coordinated multiple coupling [J]. Scientific Reports, 2015, 5(1): 14788.

[3] AKSELROD G M, ARGYROPOULOS C, HOANG T B, et al. Probing the mechanisms of large Purcell enhancement in plasmonic nanoantennas [J]. Nature Photonics, 2014, 8(11): 835-840.

[4] ZHOU W, DRIDI M, SUH J Y, et al. Lasing action in strongly coupled plasmonic nanocavity arrays

[J]. Nature Nanotechnology, 2013, 8(7): 506-511.

[5] LIN L H, WANG M S, WEI X L, et al. Photoswitchable Rabi Splitting in Hybrid Plasmon-Waveguide Modes [J]. Nano Letters, 2016, 16(12): 7655-7663.

[6] AKIMOV A V, MUKHERJEE A, YU C L, et al. Generation of single optical plasmons in metallic nanowires coupled to quantum dots [J]. Nature, 2007, 450(7168): 402-406.

[7] BUTUN S, TONGAY S, AYDIN K. Enhanced Light Emission from Large-Area Monolayer MoS_2 Using Plasmonic Nanodisc Arrays [J]. Nano Letters, 2015, 15(4): 2700-2704.

[8] LEE B, PARK J, HAN G H, et al. Fano Resonance and Spectrally Modified Photoluminescence Enhancement in Monolayer MoS_2 Integrated with Plasmonic Nanoantenna Array [J]. Nano Letters, 2015, 15(5): 3646-3653.

[9] GOODFELLOW K M, BEAMS R, CHAKRABORTY C, et al. Integrated nanophotonics based on nanowire plasmons and atomically thin material [J]. Optica, 2014, 1(3): 149-152.

[10] LEE H S, KIM M S, JIN Y, et al. Efficient Exciton-Plasmon Conversion in Ag Nanowire/Monolayer MoS_2 Hybrids: Direct Imaging and Quantitative Estimation of Plasmon Coupling and Propagation [J]. Advanced Optical Materials, 2015, 3(7): 943-947.

[11] LIU W J, LEE B, NAYLOR C H, et al. Strong Exciton-Plasmon Coupling in MoS_2 Coupled with Plasmonic Lattice [J]. Nano Letters, 2016, 16(2): 1262-1269.

[12] WANG M S, LI W, SCARABELLI L, et al. Plasmon-trion and plasmon-exciton resonance energy transfer from a single plasmonic nanoparticle to monolayer MoS_2[J]. Nanoscale, 2017, 9(37): 13947-13955.

[13] KANG Y M, NAJMAEI S, LIU Z, et al. Plasmonic Hot Electron Induced Structural Phase Transition in a MoS_2 Monolayer [J]. Advanced Materials, 2014, 26(37): 6467-6471.

[14] SHI Y, WANG J, WANG C, et al. Hot Electron of Au Nanorods Activates the Electrocatalysis of Hydrogen Evolution on MoS_2 Nanosheets [J]. Journal of the American Chemical Society, 2015, 137(23): 7365-7370.

[15] WANG Y C, OU J Z, CHRIMES A F, et al. Plasmon Resonances of Highly Doped Two-Dimensional MoS_2[J]. Nano Letters, 2015, 15(2): 883-890.

[16] SIGLE D O, MERTENS J, HERRMANN L O, et al. Monitoring Morphological Changes in 2D Monolayer Semiconductors Using Atom-Thick Plasmonic Nanocavities [J]. ACS Nano, 2015, 9(1): 825-830.

[17] ZHOU H Q, YU F, GUO C F, et al. Well-oriented epitaxial gold nanotriangles and bowties on MoS_2 for surface-enhanced Raman scattering [J]. Nanoscale, 2015, 7(20): 9153-9157.

[18] LIN L H, PENG X L, MAO Z M, et al. Bubble-Pen Lithography [J]. Nano Letters, 2016, 16(1): 701-708.

[19] LIN L H, LI J G, LI W, et al. Optothermoplasmonic Nanolithography for On-Demand Patterning of 2D Materials [J]. Advanced Functional Materials, 2018, 28(41): 1803990.

[20] XIA F N, MUELLER T, LIN Y M, et al. Ultrafast Graphene Photodetector[C]//Conference on Lasers and Electro-Optics (CLEO)/Quantum Electronics and Laser Science Conference (QELS), San Jose: Optica Publishing Group, 2010.

[21] XU X D, GABOR N M, ALDEN J S, et al. Photo-Thermoelectric Effect at a Graphene Interface Junction [J]. Nano Letters, 2010, 10(2): 562-566.

[22] YAN J, KIM M H, ELLE J A, et al. Dual-gated bilayer graphene hot-electron bolometer [J]. Nature Nanotechnology, 2012, 7(7): 472-478.

[23] LEE C H, LEE G H, VAN DER ZANDE A M, et al. Atomically thin p-n junctions with van der

Waals heterointerfaces [J]. Nature Nanotechnology, 2014, 9(9): 676-681.

[24] CHENG R, LI D H, ZHOU H L, et al. Electroluminescence and Photocurrent Generation from Atomically Sharp WSe_2/MoS_2 Heterojunction Diodes [J]. Nano Letters, 2014, 14(10): 5590-5597.

[25] HUANG Y M, ZHENG W, QIU Y F, et al. Effects of Organic Molecules with Different Structures and Absorption Bandwidth on Modulating Photoresponse of MoS_2 Photodetector [J]. ACS Applied Materials & Interfaces, 2016, 8(35): 23362-23370.

[26] WANG H N, ZHANG C J, CHAN W M, et al. Ultrafast response of monolayer molybdenum disulfide photodetectors [J]. Nature Communications, 2015, 6(1): 8831.

[27] TSAI D S, LIU K K, LIEN D H, et al. Few-Layer MoS_2 with High Broadband Photogain and Fast Optical Switching for Use in Harsh Environments [J]. ACS Nano, 2013, 7(5): 3905-3911.

[28] LEE H S, MIN S W, CHANG Y G, et al. MoS_2 Nanosheet Phototransistors with Thickness-Modulated Optical Energy Gap [J]. Nano Letters, 2012, 12(7): 3695-3700.

[29] FONTANA M, DEPPE T, BOYD A K, et al. Electron-hole transport and photovoltaic effect in gated MoS_2 Schottky junctions [J]. Scientific Reports, 2013, 3(1): 1634.

[30] LOPEZ-SANCHEZ O, LEMBKE D, KAYCI M, et al. Ultrasensitive photodetectors based on monolayer MoS_2 [J]. Nature Nanotechnology, 2013, 8(7): 497-501.

[31] MAK K F, MCGILL K L, PARK J, et al. The valley Hall effect in MoS_2 transistors [J]. Science, 2014, 344(6191): 1489-1492.

[32] YU W J, LIU Y, ZHOU H L, et al. Highly efficient gate-tunable photocurrent generation in vertical heterostructures of layered materials [J]. Nature Nanotechnology, 2013, 8(12): 952-958.

[33] XUE Y Z, ZHANG Y P, LIU Y, et al. Scalable Production of a Few-Layer MoS_2/WS_2 Vertical Heterojunction Array and Its Application for Photodetectors [J]. ACS Nano, 2016, 10(1): 573-580.

[34] MAK K F, LEE C, HONE J, et al. Atomically Thin MoS_2: A New Direct-Gap Semiconductor [J]. Physical Review Letters, 2010, 105(13): 136805.

[35] FURCHI M M, POLYUSHKIN D K, POSPISCHIL A, et al. Mechanisms of Photoconductivity in Atomically Thin MoS_2 [J]. Nano Letters, 2014, 14(11): 6165-6170.

[36] LONG M S, LIU E F, WANG P, et al. Broadband Photovoltaic Detectors Based on an Atomically Thin Heterostructure [J]. Nano Letters, 2016, 16(4): 2254-2259.

[37] TSAI M L, SU S H, CHANG J K, et al. Monolayer MoS_2 Heterojunction Solar Cells [J]. ACS Nano, 2014, 8(8): 8317-8322.

[38] LOPEZ-SANCHEZ O, ALARCON LLADO E, KOMAN V, et al. Light Generation and Harvesting in a van der Waals Heterostructure [J]. ACS Nano, 2014, 8(3): 3042-3048.

[39] FURCHI M M, POSPISCHIL A, LIBISCH F, et al. Photovoltaic Effect in an Electrically Tunable van der Waals Heterojunction [J]. Nano Letters, 2014, 14(8): 4785-4791.

[40] SUNDARAM R S, ENGEL M, LOMBARDO A, et al. Electroluminescence in Single Layer MoS_2 [J]. Nano Letters, 2013, 13(4): 1416-1421.

[41] WITHERS F, DEL POZO-ZAMUDIO O, MISHCHENKO A, et al. Light-emitting diodes by band-structure engineering in van der Waals heterostructures [J]. Nature Materials, 2015, 14(3): 301-306.

[42] SALEHZADEH O, DJAVID M, TRAN N H, et al. Optically Pumped Two-Dimensional MoS_2 Lasers Operating at Room-Temperature [J]. Nano Letters, 2015, 15(8): 5302-5306.

[43] GAN X T, GAO Y D, MAK K F, et al. Controlling the spontaneous emission rate of monolayer MoS_2 in a photonic crystal nanocavity [J]. Applied Physics Letters, 2013, 103(18): 181119.

[44] AKSELROD G M, MING T, ARGYROPOULOS C, et al. Leveraging Nanocavity Harmonics for Control of Optical Processes in 2D Semiconductors [J]. Nano Letters, 2015, 15(5): 3578-3584.

[45] LI Z W, LI Y, HAN T Y, et al. Tailoring MoS$_2$ Exciton-Plasmon Interaction by Optical Spin-Orbit Coupling [J]. ACS Nano, 2017, 11(2): 1165-1171.

[46] LI Z W, LIU C X, RONG X, et al. Tailoring MoS$_2$ Valley-Polarized Photoluminescence with Super Chiral Near-Field [J]. Advanced Materials, 2018, 30(34): 1801908.

[47] MAK K F, HE K L, SHAN J, et al. Control of valley polarization in monolayer MoS$_2$ by optical helicity [J]. Nature Nanotechnology, 2012, 7(8): 494-498.

[48] ZENG H L, DAI J F, YAO W, et al. Valley polarization in MoS$_2$ monolayers by optical pumping [J]. Nature Nanotechnology, 2012, 7(8): 490-493.

[49] WU Z L, LI J G, ZHANG X T, et al. Room-Temperature Active Modulation of Valley Dynamics in a Monolayer Semiconductor through Chiral Purcell Effects [J]. Advanced Materials, 2019, 31(49): 1904132.

第 5 章
二维材料非易失性阻变存储器与晶体管器件

随着物联网发展,人们对高密度、低成本、非易失性存储器件的需求与日俱增。非易失性阻变存储器具有结构简单、功耗低、速度快、高密度等优点。将二维材料应用于非易失性存储器的活性层可以有效缩小器件尺寸,且可以提高存储器的电学性能。本章从制备和性能出发,演示二维单层原子薄片(TMDS 和 h-NB)在非易失性存储器中的应用,并详细介绍单层 MoS_2 基射频开关,探讨二维材料非易失性阻变存储器和射频开关在未来物联网系统中的广阔应用。

5.1 二维材料非易失性阻变器件简介

全球范围内物联网(IoT)无线通信和连接系统的发展,导致存储器需求的不断增加[1]。人们为开发出高密度、低成本、非易失性的存储器件作出了巨大努力[2]。与动态随机存储器和静态随机存储器等同时消散动态和静态能量的易失性存储器相比,零静态功率的非易失性存储器因为能量效率高而具有吸引力。其中具有代表性的非易失性存储器 Flash,拥有最大的固态非易失性存储器市场[3]。然而,由于短沟道效应和沟道增强泄漏,它面临着扩容限制。研究人员一直在研究一些新兴的存储器,以解决这些新的问题[4]。一种新兴的存储器替代方法是基于相变材料的相变存储器(PCM)。这种材料可以通过热制程在晶相和非晶相之间可逆切换,进而引起电阻率的变化。然而由于热邻近效应,PCM 的应用受到限制。另一个主要的新兴非易失性存储器,阻变性存储器(RRAM),并不依赖于热制程,与 PCM 相比具有更低的功耗[5]。传统的 RRAM 结构包括金属电极及其之间的绝缘体,称为金属-绝缘体-金属(MIM)结构。值得注意的是,RRAM 不仅具有简单的结构,还具有低工作电压、低能耗、高运行速度、高密度、长保留时间以及宽范围状态调制等特点。RRAM 的工作原理是基于高电阻态(HRS)和低电阻态(LRS)之间的非易失性阻变(NVRS)。从 HRS 到 LRS 的切换事件被称为"SET"过程,而从 LRS 到 HRS 的切换则被称为"RESET"过程。通常情况下,新的样品需要一个比 SET 还高的电压来触发阻性开关行为,这个激活步骤被称为"形成"过程。阻性开关一般可以分为两种模式:单极性和双极性。对于单极性的阻性开关,SET/RESET 可以在同一偏置极性下发生,而双极性则意味着 SET/RESET 需要相反的偏置极性。

为了在扩展内存的同时缩减单元体积,未来的高密度存储器将由几个原子或分子簇的单元组成。因此,二维(2D)材料是克服 NVRS 中垂直缩放障碍的大有希望的候选材料[6-7]。最近,人们在各种多层二维材料中观察到了 NVRS 现象,包括氧化石墨烯、部分降解退化的黑磷、功能化的 MoS_2 及其复合材料、基于过渡金属硫族化合物(TMDs)的混合体以及多层六方氮化硼（h-BN）[7-12]。由于传统氧化物基垂直 MIM 结构中存在纳米级器件泄漏电流过大的问题，人们曾认为 NVRS 在单层原子片材料中是无法观测到的[7,13]。而 Sangwan[14] 等人发现单层 MoS_2 中的晶界可以产生基于平面结构的电阻开关，是因为在某些晶界有缺陷迁移。但是，没有三维（3D）堆叠能力的平面结构存在集成密度低的局限。

在本章中，我们用 MIM 垂直结构演示了二维单层原子薄片（TMDs 和 h-BN）在非易失性存储器中的应用。这些器件可以被标记为"atomristor"，是指基于原子级薄纳米材料的忆阻器。在二维存储器件中，atomristor 因为有极薄的厚度、开关电压低、无电形成特性、通断电流比大、开关速度快等特点和优势脱颖而出。在最后一节中，将介绍基于 atomristor 的另一个主要应用——单层 MoS_2 基射频开关。本章所讨论的结果是根据该领域的几个代表性出版物整理并经授权转载的[15-18]。

5.2 二维材料的制备和存储器件的制造

5.2.1 单层二维材料的制备与表征

单层 MoS_2 可由多种方法制备，如化学气相沉积（CVD）[19]、金属-有机化学气相沉积（MOCVD）[20] 以及在 SiO_2/Si 基板或金箔上剥离[21]。在镍箔和金箔衬底上合成了通过 CVD 生长的单层 h-BN。如图 5.1 和 5.2 所示，对 TMDs 和 h-BN 进行了一些材料表征，来验证材料的质量、厚度和均匀性。

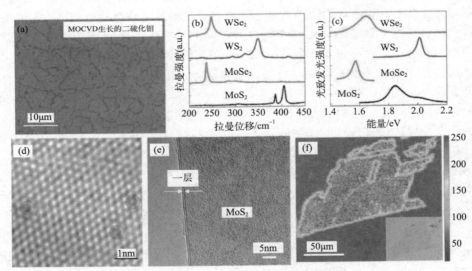

图 5.1 TMDs 的材料表征

(a) 通过 MOCVD 生长的单层 MoS_2 的 SEM 图，表明良好的均匀性；(b) 通过 MOCVD 生长的单层 MoS_2、$MoSe_2$、WS_2 和 WSe_2 的 Raman 光谱；(c) 通过 MOCVD 生长的单层 MoS_2、$MoSe_2$、WS_2 和 WSe_2 的 PL 光谱；(d) Au（100）上生长的单层 MoS_2 的原子分辨扫描隧道显微镜图像，S 空位缺陷（约 $10^{12}/cm^2$）由虚线圈表示；(e) 折叠边缘上生长在金箔的 MoS_2 的高分辨率 TEM 图像，显示了 MoS_2 薄膜的单层特征[22]；(f) 剥离后的单层 MoS_2 片的 PL 强度图谱，插入：同一薄片的光学图像[23]

5.2.2 存储器件的制造

图 5.3 显示了交叉开关、无光刻和无转移以及基于机械剥离的单层 MoS_2 的忆阻器的工艺流程和光学图像。其他材料基的忆阻器可以通过类似的工艺和堆叠来制备。为了避免由金属氧化物造成的影响,(如果没有制定的话)惰性金属金被用作电极,从而确保二维材料在阻变行为中发挥积极作用。

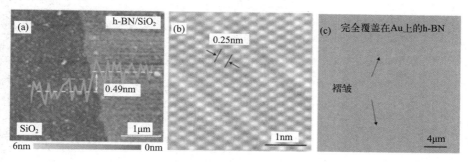

图 5.2 h-BN 的材料表征[24]

(a) 转移样品的 AFM 图像,插入:高度剖面分析得到相对于基底的平均高度约为 0.49nm,表明为单层 h-BN;(b) 生长态样品的原子分辨扫描隧道显微镜图像,显示了晶格常数约为 0.25nm 的 h-BN 具有代表性的蜂窝结构,再次表明金箔上形成了高质量的 h-BN 层;(c) 金箔上生长样品的 SEM 图,表明单层 CVD 生长的 h-BN 层完全覆盖,褶皱来源于金箔与 h-BN 薄膜的热膨胀系数差

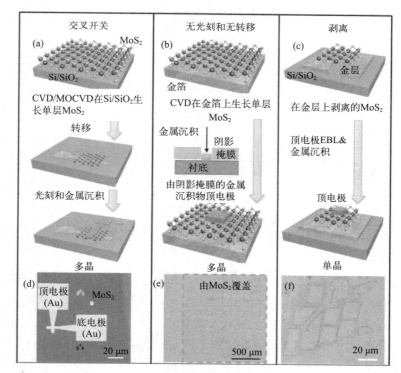

图 5.3 交叉开关、无光刻、无转移和剥离样品的工艺流程和光学图像[22-23]

（1）交叉棒

在 SiO_2/Si（285nm）衬底上，先采用电子束光刻（EBL）图形化和 2nm Cr（作为附着层）/60nm Au 金属叠层沉积制备底电极（BE）。然后采用聚二甲基硅氧烷（PDMS）印花转贴法将单层 TMDs 转移到目标基底上（图 5.4）。在 PDMS 转移过程中，采用单层 TMDs 与 PDMS 共性接触；然后将基底-TMDs-PDMS 体系浸泡在去离子水中。由于原始基底（SiO_2）是亲水性的，水很容易扩散进入 TMDs-基底界面，有助于将两层分离。然后将 PDMS-TMDs 薄膜与靶材制造的基底接触。随后剥离 PDMS，在目标基底上留下单层 TMDs 薄膜。而 CVD h-BN 则采用聚甲基丙烯酸甲酯（PMMA）辅助湿法转移的方法从镍箔基底转移到 BE 上。在 h-BN/镍上旋涂一层薄的 PMMA，然后在 0.5mol/L 过硫酸铵溶液中刻蚀掉镍。将 PMMA/h-BN 在去离子水中漂洗，除去目标基体 BE 放置前的腐蚀副产物。然后用丙酮浸泡去除 PMMA。采用与 BE 相同的制备工艺，对顶电极（TE）进行图形化和沉积。

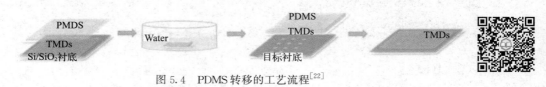

图 5.4 PDMS 转移的工艺流程[22]

（2）无光刻、无转移法

在金箔上直接生长单层 MoS_2 和 h-BN。然后，顶电极 TE 通过阴影掩膜沉积，没有任何光刻。重要的是，无光刻和无转移器件代表了一种近乎理想的清洁器件，有助于证实忆阻效应是一种内在属性。

（3）剥离

在 SiO_2/Si 衬底上，单层 MoS_2 被机械剥离到沉积的金薄膜上。TE 采用 EBL 方法进行图案化。

5.3 二维非易失性阻变储存器

5.3.1 不同器件条件的非易失性阻变存储器

（1）交叉棒器件

对由金 BE 和 TE 组成的交叉棒器件进行直流电测量，发现单层 MX_2 和 h-BN 有源层中存在非易失性阻变开关（图 5.5）。例如，典型的 TMDs MoS_2，在施加大约 1V 电压之前，具有与 HRS 相对应的低电流，它将原子层开关设置为低阻态（LRS），直至施加负电压来实现 RESET [图 5.5（a）]。SET 过程中施加限制电流以防止不可逆击穿，而 RESET 过程不施加限制电流。有趣的是，单层非易失性开关不需要电铸步骤，这是过渡金属硫族化合物（TMDs）的先决条件，它初始化了软介质击穿，形成导电丝，用于后续的 NVRS 操作[5,25]。虽然已有研究表明，厚度缩放进入纳米区可以避免电铸，但陷阱辅助隧穿产生的漏电流过大是一个限制应用的问题[5,26]。这

一类器件可以实现 10^4 以上的开关比，突出了晶态单层相对于超薄非晶氧化物的决定性优势。某些相同 MIM 结构的单层 MoS_2 器件具有单极性开关特性，在 SET 和 RESET 编程中都使用相同极性的电压［图 5.5（b）］。

受 MoS_2 中 NVRS 观测的启发，研究了单层 MX_2（$MoSe_2$、WS_2 和 WSe_2）的四重态，如图 5.5（c）~（h）所示，均表现出类似于双极性开关和单极性开关的诱人特性［图 5.5（i）和图 5.5（j）］。NVRS 在代表性原子片中具有普遍性，这为在原子尺度上研究缺陷、电荷和界面现象以及为不同应用而设计的相关材料开辟了新的科学研究途径。需要注意的是，单极性器件也可以在相反的偏置下工作，这在某些情况下被称为非极性开关模式。由于 MoS_2 具有较大的材料成熟度，我们将在下面的实验和讨论中主要用 MoS_2 作为有源层。

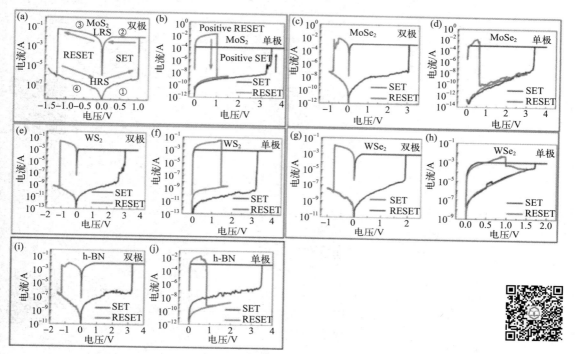

图 5.5　单层 TMDs 和 h-BN atomristor 的典型 I-V 曲线

(a) 侧面积为 $2\times 2\mu m^2$ 的单层 MoS_2 交叉棒器件双极阻变行为的代表 I-V 曲线，步骤一：电压从 0V 增加到 1.2V，在约 1V 时，电流突然增加到限制电流，表示从高阻态（HRS）到低阻态（LRS）的转变（SET），步骤二：电压从 1.2V 下降到 0V，器件保持在 LRS，步骤三：电压从 0V 增加到 -1.5V，在 -1.25V 时，电流突然减小，表明从 LRS 到 HRS 发生了转变（RESET），步骤四：电压从 -1.5V 下降到 0V，器件保持在 HRS 中，直到下一个周期；(b) 侧面积为 $2\times 2\mu m^2$ 的单层 MoS_2 交叉棒器件单极电阻开关行为的 I-V 曲线。对于单极性操作，SET 和 RESET 跃迁都是在正偏压下实现的；单层 (c 和 d) $MoSe_2$、(e 和 f) WS_2、(g 和 h) WSe_2[22] 和 (i 和 j) h-BN[24] 交叉棒 MIM 器件双极性和单极性阻变开关行为的典型 I-V 曲线，证实了非金属原子片中普遍存在的非易失性现象，交叉棒器件面积为 $0.4\times 0.4\mu m^2$ 的 $MoSe_2$、$2\times 2\mu m^2$ 的 WS_2、$2\times 2\mu m^2$ 的 WSe_2 和 $1\times 1\mu m^2$ 的 h-BN

（2）免光刻和免转移器件（无聚合物污染）

为了排除微加工导致聚合物污染的不良影响，制作了非常洁净的器件——免光刻和免转移的器件，这些器件也产生了 NVRS 效应（图 5.6），也说明其是材料的一种本征特性。免光刻和免转移器件是基于直接生长在金箔上的单层 MoS_2 和生长在金箔与镍箔的 h-BN[27-28]。随后，通过激光阴影掩膜利用电子束蒸镀沉积金 TE。因此，不使用转移工艺或光刻工艺，排除了转移和光刻产生残留物的可能。

（3）单晶器件（无晶界）

此前报道中，多晶单层 MoS$_2$ 或多层 h-BN 中的线边界缺陷或晶界缺陷在阻变开关过程中起着关键的内在作用[14,29]。然而，这并不是在单晶（无晶界）CVD 生长的 MoS$_2$ 薄片 [图 5.7 (a)] 和剥离的 MoS$_2$ 薄片 [图 5.7 (b)] 上实现 MIM 器件的唯一因素，这突出了局部效应的潜在作用。

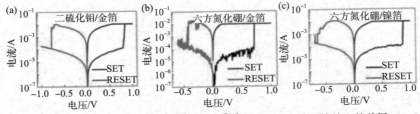

图 5.6 基于金箔上生长的 MoS$_2$ 单层[22]、生长在金箔和镍箔上的单层 h-BN[24] 的免光刻和免转移 MIM 器件阻变行为的代表性 I-V 曲线
(a) 生长在金箔上的单层 MoS$_2$；生长在金箔 (b) 与镍箔 (c) 上的单层 h-BN

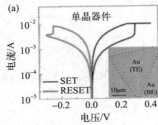
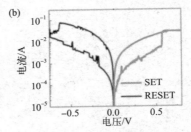

图 5.7 CVD 生长的[22] 和剥离单晶 MoS$_2$ 片[23] 阻性开关行为的典型 I-V 曲线
(a) CVD 生长的 MoS$_2$ 薄片，CVD 生长的无边界薄片的光学图像显示在插图中，其中虚线是单晶 MoS$_2$ 三角形的轮廓；(b) 剥离单晶的 MoS$_2$ 薄片

（4）采用不同的金属作为电极

开关行为不仅取决于有源层，还与金属电极及其界面性质有关。在大多数实验中，金被选为惰性电极，以排除界面金属氧化物形成任何可能产生的开关效应。然而，这种现象并不局限于惰性电极，具有电化学活性（Ag）电极的单层 MoS$_2$ 忆阻器 [图 5.8 (a)][8,25]，以镍箔作为整体 BE 的单层 h-BN 忆阻器 [图 5.6 (c)] 也产生了 NVRS 效应。此外，单层石墨烯也是一种合适的电极选择 [图 5.8 (b)]。有趣的是，这些结果为从惰性金属到活性金属再到二维半金属的电机工程（功函数和界面氧化还原）开辟了设计空间，其中二维半金属展现出了用于超柔性和致密的非易失性计算结构的原子级薄亚纳米开关的潜力。

5.3.2 存储性能

（1）可靠性

可靠性，如循环次数和保持时间，在应用方面，如电阻存储器和射频开关上至关重要。目前,约 120 次的手动直流循环[图 5.9(a)]能力还不足以满足固态存储器的严格要求,这反映了与 TMO 记忆电阻器相比的原子记忆电阻器的初始状态,TMO 记忆电阻器在早期研究中具有类似的耐久性(10^3 次循环),但现在已经超过了 10^6 次循环[5]。通过界面工程或掺杂的氧化作用可以提高耐久性,类似于观察到的非晶态碳记忆器件[30]。对某些涉及短期和中期可塑性的神经形态应用而言,保持非易失性状态长达一周[图 5.9(b)]已经足够了。

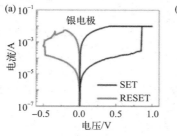
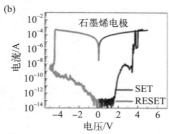

图 5.8 以银为顶电极和底电极的 MoS_2 免光刻器件和以石墨烯为顶电极、金为底电极的交叉棒器件的 I-V 曲线[22]
(a) 以银为顶电极和底电极的 MoS_2 免光刻器件;(b) 以石墨烯为顶电极、金为底电极的交叉棒器件(面积为 $1×1\mu m^2$)

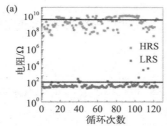
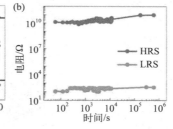

图 5.9 采用 120 个手动直流开关循环的 MoS_2 横杆 MIM 器件直流循环(a)以及在室温下保持一周内稳定的 MoS_2 横杆开关的时间依赖性测量(b)
HRS 和 LRS 的电阻是通过在 0.1V 的小偏压下测量电流来确定的,不能触发开关[22]

(2)脉冲式工作

与直流循环相比,脉冲循环在工业上应用更为广泛。脉冲测试可以帮助电压以时间控制的方式施加(通常在微秒和纳秒级),以防止被测设备过热或过应力。通过对单层 MoS_2 的脉冲 SET 操作快速切换速度(<15ns),如图 5.10 所示。在施加 15ns 脉冲前后,读出的 I-V 曲线清晰地显示了从 OFF 态到 ON 态的转变。

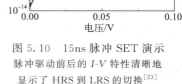

图 5.10 15ns 脉冲 SET 演示
脉冲驱动前后的 I-V 特性清晰地显示了 HRS 到 LRS 的切换[23]

(3)灵活性

当前的一个主要挑战是选择合适的高性能柔性存储器的交换层材料,为物联网提供一个灵活的平台。聚酰亚胺(PI)柔性衬底上的 MoS_2 忆阻器显示,HRS 和 LRS 在 1000 次弯曲循环后仍能保持重复性的开关曲线(图 5.11)。二维材料在软基板上的高断裂应变和易集成性,可以提供能够承受机械循环的柔性非易失性数字信号,有利于柔性物联网系统的应用。

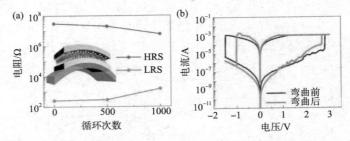

图 5.11　MoS$_2$ 横杆装置 1% 应变下 HRS 和 LRS 的稳定电阻(a)及 1000 次循环前后典型开关 I-V 曲线(b)

(插图:柔性装置示意图)[22]

5.4　开关机理

5.4.1　影响阻变的因素

为了深入了解其内在机理,研究了 5 个自由度的电学测量,即温度、面积缩放、钳制电流、电压扫描速率和层厚。

(1)温度依赖性

分析了不同温度下的 I-V 特性,以解释 LRS 和 HRS 下的电子输运机制。在 LRS [图 5.12(a)和图 5.12(d)]下,都可以推断出 MoS$_2$ 和 h-BN 的金属欧姆导电性,原因是电流随着温度的升高而减小,以及归一化电导 $G_n = \left(\dfrac{dI}{dV}\right) / \left(\dfrac{I}{V}\right)$ 是近似统一的,一个线性传输的标志,$J \propto KV \exp\left(-\dfrac{4\pi d\sqrt{2m^*\varphi}}{h}\right)$,其中,$J$ 为电流密度,m^* 为有效质量,φ 为隧道势垒高度,h 为普朗克常数,K 与横向面积 A 成正比,与势垒参数 (m,φ,d) 有关,d 为二维屏障厚度。在 HRS 处 [图 5.12(b)],观察到非线性 I-V 特性,随着温度的升高,电流增大。考虑到不同的输运模型,采用 Schottky 发射模型对 MoS$_2$ 的 HRS 数据进行拟合,得到了较好的拟合结果 [图 5.12(c)]

$$J \propto A^* T^2 \exp\left[-q\left(\phi_B - \sqrt{\dfrac{qE}{4\pi\varepsilon_r\varepsilon_0}}\right)/kT\right]$$

其中,A^* 为有效 Richardson 常数,$A^* = 120 m^*/m_0$,m_0 为自由电子质量,T 为绝对温度,q 为电子电荷,ϕ_B 为肖特基势垒高度,E 为跨介质电场,k 为玻尔兹曼常数,ε_0 为真空介电常数,ε_r 为光学介电常数。采用有效厚度约为 1nm,m^*/m_0 为约 1。在 300K 时,提取的势垒高度约为 0.47eV,折射率 $n = \sqrt{\varepsilon_r}$ 为 6.84。而基于 h-BN 器件的 HRS 数据则以 PooleFrenkel 发射模型 $J \propto E \exp\left[-q\left(\phi_T - \sqrt{\dfrac{qE}{\pi\varepsilon_r\varepsilon_0}}\right)/kT\right]$ 拟合最好,其中,J 为电流密

度，T 为绝对温度，q 为电子电荷，$q\phi_T$ 为陷阱能级，E 为横穿 h-BN 层的电场，k 为玻尔兹曼常数，ε_0 为真空介电常数，ε_r 为光学介电常数。

（2）器件面积依赖性

区域尺度研究清楚地显示出与 LRS 相对平坦的明显轮廓相比，HRS 具有更为复杂的关系（图 5.13）。LRS 剖面与单个（或少数几个）局域导电链路（s）[5,25,31] 理论一致。在 $100\mu m^2$ 以下，由于均匀传导，HRS 电阻与面积成反比。对于较大的尺寸，电阻变得不依赖于区域，并归因于局部晶界的存在。我们注意到典型 CVD MoS_2 单层膜的平均畴尺寸为 $10^2 \sim 10^3 \mu m^2$。

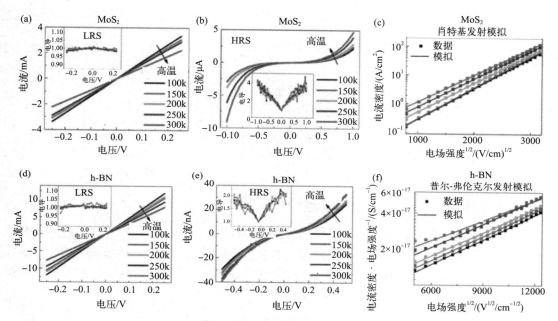

图 5.12 MoS_2 和 h-BN 非挥发性开关器件的温度依赖性[22]

(a) 和 (d) 基于 MoS_2 和 h-BN 十字杆器件的 LRS 器件在不同温度下的读取 I-V 特性表明其具有金属特性，插图显示了归一化电导 G_n；(b) 和 (e) 不同温度下基于 MoS_2 和 h-BN 横棒器件的 HRS 处的读取 I-V 特性。电流随着温度的升高而增大，插图显示了归一化电导 G_n；(c) 二硫化钼 HRS 的肖特基发射模型拟合数据；(f) 使用 PooleFrenkel 模型拟合 h-BN HRS 数据[24]

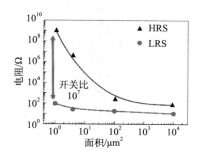

图 5.13 Au/1L-MoS_2/Au 结构的低阻态和高阻态的面积依赖性

每一状态的电阻在 0.1V 的低压下测定，线条曲线为可视导线[22]

(3) 合规电流依赖性

电流和电阻对柔顺电流的依赖关系（图 5.14）揭示了一个线性尺度，可以归结为单丝横截面积的增加或多丝的形成。从应用角度看，可编程电阻状态适用于每小区可存储 1 位以上的多级非易失存储器。此外，本征低阻值接近 5Ω [图 5.14（b）]，为低功耗非易失性电阻射频开关开辟了新的应用，我们将在第 5.5 节中进行讨论。

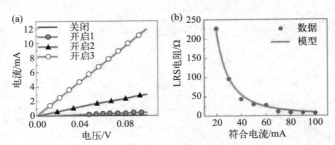

图 5.14 电流和电阻对柔顺电流的依赖关系[22]

(a) MoS_2 atomristor SET 过程后 READ 电流对顺应电流的依赖性，分别通过 20mA（ON 状态Ⅰ）、40mA（ON 状态Ⅱ）和 80mA（ON 状态Ⅲ）的顺应电流，在单个器件中获得了 4 种不同的电阻状态（三个 ON 状态和一个 OFF 状态）；(b) LRS 电阻与符合电流之间的关系，表明在射频开关应用中可实现一个亚 10Ω 电阻，拟合曲线采用反二次曲线模型，$y \propto x^{-2}$

(4) 电压扫描速度和 MoS_2 层数依赖性

置位/复位（Set/Reset）电压对扫速的依赖关系 [图 5.15（a）] 表明，较慢的速度为离子扩散提供了更多的时间，导致电压降低，这是低压运行的重要考虑因素。多达 4 层的层相关研究表明，开关现象持续存在 [图 5.15（b）]，区别在于 LRS 电阻随层数增加而增加 [图 5.15（c）]。

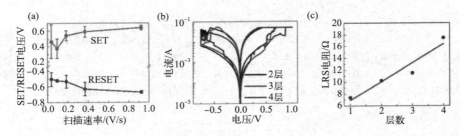

图 5.15 电压扫描速度和 MoS_2 层数依赖性[22]

(a) SET 和 RESET 电压对扫速的依赖性，这种无印装置的面积为 $15 \times 15 \mu m^2$；(b) MoS_2 无印 MIM 开关的层相关 I-V 特性，每个开关的面积为 $15 \times 15 \mu m^2$；(c) 少层 MoS_2 无印化器件的 LRS 电阻与层数的关系，直线作为趋势的视觉引导，对于层相关研究，单层的制备方法是 MOCVD 和 PDMS 转移，而少层器件是 CVD 生长和湿法转移

5.4.2 从头模拟的可能开关机理

基于温度依赖的传导实验，拟合结果表明 HRS[32-33] 处的电子输运涉及陷阱态和肖特

基势垒。在面积相关的研究中，MoS$_2$ 器件的电阻开关可以用所提出的模型来解释，即在 SET 过程中，电子通过长丝状一维（1D）导电通路传输，而在 RESET 过程中，导电通路被打破，在器件界面形成肖特基势垒。考虑到单层 MoS$_2$ 和 h-BN 的结构，MoS$_2$ 中的本征硫空位和 h-BN 中的硼空位在能量上是有利的，可以作为电子的局域俘获中心。而在 LRS 中，空位可以被金属离子取代，从而通过金属离子形成的链接形成更导电的欧姆传输。

这一假设进一步得到从头计算模拟结果的支持。应用 QuantumWise 提供的模拟软件包 Atomistix ToolKit（ATK）进行从头计算模拟，包括构建优化系统和电子分析。电子性质采用密度泛函理论进行评估。从缺陷研究来看，二维材料中普遍存在本征空位，如 MoS$_2$ 和 h-BN 片层，对电子传导有重要影响[10,34-35]。模拟构型由单层 MoS$_2$ 片层组成，片层上有硫空位并放置带正电的金离子，如图 5.16（a）所示。优化工艺后，硫空位处带正电的金离子被还原，然后在 MoS$_2$ 层上发生化学吸附，如图 5.16（b）所示为最终状态。对 h-BN［图 5.16（c）和（d）］的模拟结果也表现出类似的趋势，即带正电的金离子可以占据硼空位。此外，还研究了带负电荷的金离子与含硫空位（或硼空位）片层的模型。但在优化过程中没有观察到离子的移动，说明正离子在能量上更有利于取代。

为了进一步验证局域导电路径的存在，研究了不同比例的金离子取代硫和硼空位（图 5.16（a）和（c））的小尺寸 MoS$_2$ 和 h-BN 体系。基于态密度计算（图 5.16（b）和（d）），单层 MoS$_2$ 和 h-BN 的带隙随取代率的增加而减小。在高百分比下，费米能级嵌入诱导态内，表明向具有金属特性的 LRS 转变。金属离子占据空位表明 MIM 夹层中存在局部导电桥状机制。可以推断，在 HRS 中，电子通过具有本征空位的二维原子片层进行输运，空位作为俘获中心。在 SET 过程中，位于正偏压电极上的金原子失去电子，变成带正电荷的金离子（Au⟶Au$^+$+e$^-$）。然后，离子被空位吸引，随后被还原（Au$^+$+e$^-$⟶Au），形成垂直方向的导电路径，建立 LRS。温度依赖和面积依赖特性进一步证实了单原子层电阻开关的导电桥状行为。

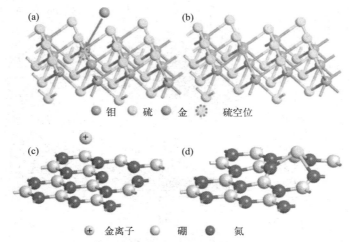

图 5.16 单层 MoS$_2$ 中 Au$^+$ 和硫空位优化过程的初始状态、最终终态的从头计算模拟结果（a）和（b）[22] 及单层 h-BN 中 Au$^+$ 和硼空位优化过程的初始状态、最终状态（c）和（d）[24]

结果表明，Au$^+$ 倾向于向硫或硼空位移动，可能导致导电桥形成和 SET 过程，而同样基于中性 Au 原子和 Au$^-$ 的模拟对空位的占据不利

5.5 二维材料晶体管器件

5.5.1 晶体管器件简介

场效应晶体管（FET）可用作电子开关或放大器，是现代集成电路的基本且重要的元件。场效应晶体管可分为金属氧化物半导体场效应晶体管（MOSFET）、结型场效应晶体管（JFET）和金属半导体场效应晶体管（MESFET）。MOSFET 是应用最广泛的场效应晶体管结构，由半导体衬底、栅电极、栅极电介质层、源极和漏极组成。源极和漏极之间沟道的电导可由栅电极调制，栅电极与源极和漏极之间通过薄栅极电介质层进行电气隔离，以抑制栅极漏电流。在摩尔定律的推动下，尺寸缩放和集成度提升已成为过去几十年来提升集成电路性能的有效策略。目前，半导体行业的技术节点已接近 5 纳米，摩尔定律的延续面临着一些严峻的技术挑战，如短沟道效应、能耗、散热和栅极介质泄漏等[36-37]。传统的硅基 MOSFET 和制造技术正逐渐面临物理极限的制约[38-40]。除了传统的平面场效应晶体管外，人们还探索并应用了鳍式场效应晶体管（FinFET）、全耗尽硅绝缘体场效应晶体管和全栅极场效应晶体管等新型结构。在场效应晶体管领域探索新型材料、器件结构、制造技术和物理机制已迫在眉睫[41-42]。

5.5.2 二维材料晶体管器件

由于大块硅材料的物理极限，摩尔定律正变得难以为继，短沟道效应和高散热现象不可避免地出现，进一步缩小硅场效应晶体管（FET）的尺寸面临着重大挑战[43]。在此背景下，二维材料，如石墨烯、氮化硼[44]和过渡金属硫族化合物（TMDs）[45]，因其新颖的物理性质和优异的器件性能，如反常霍尔效应[46]、室温量子霍尔效应[47]、超高载流子迁移率、优异的热导率和透光率[48]等，引起了广泛关注。二维材料取代硅沟道可进一步缩小场效应晶体管尺寸（图 5.17）[49]。

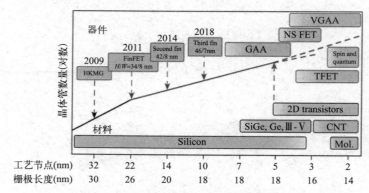

图 5.17　晶体管的扩展趋势与技术节点和物理栅极长度的关系[50]
（如虚线所示，二维晶体管有可能使晶体管继续扩展到 5nm 以下或 3nm 以下节点）

作为二维材料的独特成员，半导体 TMDC 在最先进的场效应晶体管中展现出巨大的潜力。层状结构可将沟道减薄至单层，并表现出卓越的静电控制能力，从而有效降低工作电压/电流和能耗。无悬空键的光滑表面可减少散射引起的载流子迁移率下降。丰富的能带结构使新型逻辑和存储器件的设计成为可能[51]。例如，利用剥离的少层和单层 MoS_2 纳米片作为沟道，分别获得了超高电子迁移率［约 $34000cm^2/(V·s)$］和优异的开/关比（约 10^8）（图 5.18）。利用少层 MoS_2 作为场效应晶体管沟道材料的优势如下：①与石墨烯相比，少层 MoS_2 具有更大的带隙（室温下，单层 MoS_2 的直接带隙为 1.9eV；块状 MoS_2 的间接带隙为 1.3eV），这可以使场效应晶体管具有更大的开/关比（超过 10^8）；②与硅相比，MoS_2 具有更大的电子有效质量和带隙，更低的面内介电常数，因此在 5 纳米以下尺度不易受短沟道效应的影响[13]；③少层 MoS_2 垂直堆叠，通过微弱的范德华力相互作用结合在一起，可实现原子尺度上的均匀厚度控制，与各种基底集成时不会出现晶格失配[21,27,52]。另外，通过构建 1T-2H MoS_2 横向异质结构，单层 MoS_2 晶体管实现了超低接触电阻（约 $0.2kΩ·μm$）[53]。通过使用物理组装的硅纳米线作为掩模，制备了具有少层 MoS_2 沟道的超短沟道器件，并在室温下显示出优异的传导电流密度（约 $0.83mA/μm$）[54]。上述结果表明，二维半导体 TMDs 为构建高性能电子器件提供了广阔的前景。

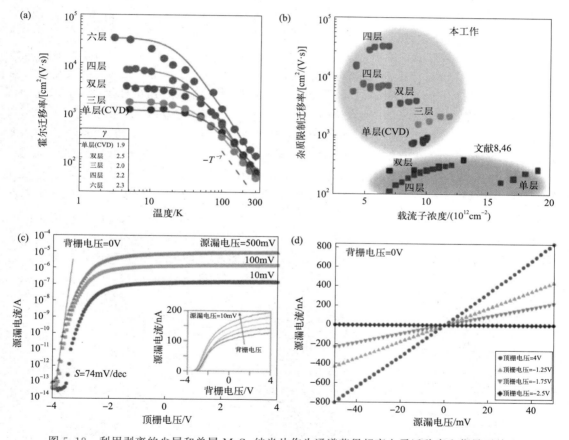

图 5.18 利用剥离的少层和单层 MoS_2 纳米片作为通道获得超高电子迁移率和优异开关比

(a) h-BN 封装的 MoS_2 器件（MoS_2 层数不同）的霍尔迁移率与温度的函数关系；(b) 杂质限制迁移率与 MoS_2 载流子密度的函数关系[55]；(c) 在偏置电压为 10～500mV 时记录的 I_{ds}-V_g 曲线，V_{ds}=10mV 时，开关比大于 10^6，对于 V_{ds}=500mV，在测量范围内开关比大于 10^8；(d) 不同 V_g 值下记录的 I_{ds}-V_{ds} 曲线[56]

然而，二维半导体 TMDs 的器件性能仍不尽如人意，主要面临以下瓶颈。第一，二维 TMDs 中的固有缺陷（如空位、晶界和杂质等）增加了载流子散射位点，降低了器件性能[57]。第二，虽然可以通过掺杂策略调控二维 TMDs 的能带结构引入新的物理现象，但过度掺杂会带来深杂质水平并降低器件性能[58]。第三，金属电极的功函数与二维半导体 TMDs 的电子亲和能之间的差异会导致较高的肖特基势垒高度和接触电阻[59]。因此，控制合成缺陷少的高质量样品、开发巧妙的掺杂策略以及优化设计电极和沟道之间的界面接触对于提高二维半导体 TMDs 的器件性能至关重要。

此外 TMDs 晶体管的电学性能受到诸多界面质量和状态的影响，比较典型的有半导体-电极界面、半导体电介质界面、电介质-电极界面等。通过选取沟道材料适合的电极、介电质种类可以改善载流子的输运状态，从而提高器件迁移率、开关比、开态电流、亚阈值摆幅等性能参数。

5.5.3 半导体-电极界面调控

由于共价键金属-半导体结固有的金属诱导间隙态（MIGS）的存在，金属-半导体的界面存在能量势垒，这从根本上导致了高接触电阻和较差的电流输送能力，其大大限制了二维 TMDs 半导体晶体管性能的提升，近些年来利用半金属直接接触可以大大消除原有能带势垒，形成高效的半导体-半金属-金属电极的输运通路。例如通过利用半金属铋作为电极，可以与半导体单层过渡金属二掺杂物（TMDs）之间形成欧姆接触，在这种接触中，MIGS 被充分抑制，TMDs 中的退化态在与铋接触时自发形成。通过这种方法，在单层 MoS_2 上实现了零肖特基势垒高度、123 $\Omega \cdot \mu m$ 的接触电阻和 1135 $\mu A/\mu m$ 的开态电流密度[60]。半金属锑（01$\bar{1}$2）的强范德华相互作用使能带杂化，从而使单层二硫化钼的电接触接近量子极限。这种杂化接触的电阻相比于铋接触更低，仅为 42 $\Omega \cdot \mu m$，同时在 125℃ 的高温下具有极佳的稳定性。在这种半金属锑接触改进下，短沟道 MoS_2 晶体管在 1V 漏极偏压下显示出电流饱和，导通电流为 1230 $\mu A/\mu m$，开关比超过 10^8，固有延迟为 74fs。这些性能均优于同等的硅互补金属氧化物半导体技术，并达到了 2028 半导体器件路线图目标（图 5.19）。出色的电气性能、稳定性和可变性使锑（01$\bar{1}$2）接触成为硅以外的过渡金属-二卤化基电子器件的一种前景广阔的接触技术[61]。

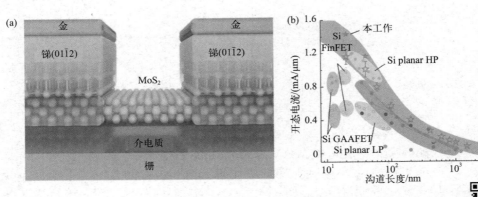

图 5.19 半金属锑接触的单层 MoS_2 晶体管器件（a）及单层 MoS_2 晶体管开态电流/沟道长度的性能对比（b）[61]

完美的金属-半导体界面的架构也可以避免肖特基势垒的能量势垒的产生。通过将预制的具有原子平整表面的金属电极和物理层压到无悬浮键的二维（2D）半导体上，从而产生了一个基本上没有化学紊乱和费米能级钉扎的界面（图5.20）。这个过程区别于传统蒸镀电极手段，没有直接的化学键合，通过范德华界面直接进行电子隧穿输运。肖特基势垒高度接近肖特基-莫特极限，由金属的功函数决定，因此具有很高的可调性。通过转移功函数与硫化钼的导带或价带边缘相匹配的金属（银或铂），在室温下实现了MoS_2晶体管电子迁移率为$260cm^2/(V·s)$，空穴迁移率为$175cm^2/(V·s)$[62]。该手段从实验上验证了理想金属半导体结的基本极限，还定义了一种高效、无损伤的金属集成策略，可用于高性能电子和光电领域。

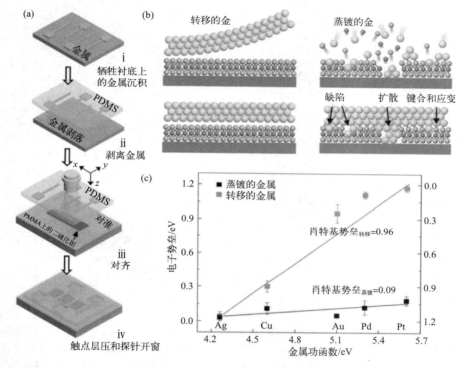

图5.20 金属-半导体结的范德华集成示意图（a）、在MoS_2上转移金电极的横截面（b）以及通过实验确定的不同转移金属和蒸发金属的肖特基势垒高度（c）[62]

5.5.4 半导体-介电质界面调控

介电层与TMDs界面质量也是决定晶体管质量非常重要的一个因素，由于缺乏高介电常数$κ$、原子平整且表面无悬浮键的电介质等因素，二维电子学的发展受阻。通过开发新的高$κ$电介质材料，可以有效抑制二维沟道材料中的缺陷密度，从而削弱载流子输运过程中的电离杂质、光学声子、原子缺陷散射，提高器件迁移率与亚阈值摆幅等性能。利用范德华力可以将单晶钛酸锶（$SrTiO_3$），一种高$κ$包晶氧化物与二维半导体集成在一起。钛酸锶薄膜生长在牺牲层上，掀开后再转移到二硫化钼和二硒化钨上，分别制成n型和p型晶体管（图5.21）。MoS_2晶体管在1V电源电压下的导通/关断电流比为10^8，最小亚阈值摆幅为

66mV/dec[63]。利用 CVT 方法可以合成高 κ 范德华层状 Bi_2SeO_5 电介质单晶体。这种单晶体的长度为 1cm，裂解能较低，有利于剥离大的电介质层，例如尺寸为 $250\times200\mu m^2$、厚度为单层的电介质层。层状电介质显示出大约 16.5 的高介电常数、大于 10MV/cm 的高击穿场强（E_{bd}）、无悬浮键和原子级光滑表面，这使得二维 Bi_2SeO_5 材料能够有效控制载流子密度，提高载流子迁移率。

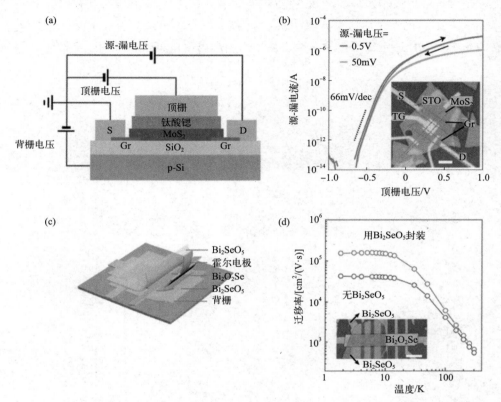

图 5.21 双栅 MoS_2 晶体管与背栅 Bi_2O_2Se 霍尔条的结构和性能[63]
(a) $SrTiO_3$ 介电层的双栅 MoS_2 晶体管和电学测量；(b) 背栅接地时器件的双扫 I_{ds}-V_g 特性；(c) 采用 Bi_2SeO_5 纳米片封装的背栅 Bi_2O_2Se 霍尔条器件；(d) Bi_2SeO_5 封装的二维 Bi_2O_2Se 随温度变化的霍尔迁移率

MoS_2 的原子级厚度使其对原子层沉积的氧化铪（HfO_x）等非晶栅极氧化物中常见的缺陷非常敏感，因此缩小栅极电介质的尺寸并保持高质量的界面对这类材料来说具有挑战性。通过臭氧处理二硫化铪（HfS_2）/MoS_2 叠层，可以在 HfO_x 和 MoS_2 之间形成 5.3Å 范德华间隙。臭氧处理可将 HfS_2 薄片转化为 HfO_x 介电体，而界面上过量的氧气积累会扩大范德华间隙。实验结果和密度泛函理论计算表明，增大的间隙解除了 HfO_x 介质和 MoS_2 沟道之间的相互作用，从而保留了 MoS_2 半导体的固有特性。由此产生的 MoS_2 范德华间隙栅控晶体管具有可忽略的 10mV 滞后和 63.1mV/dec 的亚阈值摆幅和接近 60.0mV/dec 的物理玻尔兹曼极限[图 5.22（a）～（b）][64]。此外，干式介质集成策略能在二维半导体上转移晶圆级高 κ 介质。通过利用超薄缓冲层，可以预先沉积出亚 3nm 薄的 Al_2O_3 或 HfO_2 电介质，然后在 MoS_2 单层上进行机械干法转移。转移后的超薄电介质薄膜能保持晶圆级的平整度和均匀性，没有任何裂缝，电容高达 $2.8\mu F/cm^2$，等效氧化物厚度低至 $1.2nm$，漏电流为约 $10^{-7}A/cm^2$ ［图 5.22（c）～（d）］[65]。

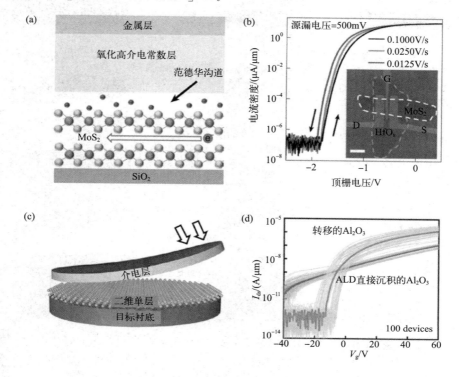

图 5.22 MoS$_2$ VGG 晶体管的性能[66]

（a）MoS$_2$ VGG 晶体管栅极界面状态的横截面图；（b）VGG 晶体管在不同栅极电压扫描速度下的转移曲线[64]；（c）晶圆级介质层压工艺；（d）100 个背栅 MoS$_2$ 晶体管的 I_{ds}-V_g 传输特性［其中既有转移的 Al$_2$O$_3$，也有直接 ALD 沉积的 Al$_2$O$_3$］

5.5.5 源漏栅一体化转移

使用传统光刻或沉积工艺制造二维晶体管时，往往会对原子级晶格造成不必要的破坏和污染，从而部分降低器件性能，并导致器件之间的巨大差异。通过石墨烯辅助转移的一体化插接式方法，可同时实现高 κ 电介质和电极接触的范德华集成，从而实现具有原子级洁净和电子锐利电介质与接触界面的顶栅晶体管（图 5.23）。通过在二维半导体上应用插拔式顶栅晶体管堆栈，可以获得 60mV/dec 理想的亚阈值摆幅[66]。进一步发展的通过设计一种石英/聚二甲基硅氧烷半刚性印章，并将标准光刻掩膜对准器用于范德华集成工艺，该策略确保了在拾取/释放过程中具有均匀的机械力和无气泡、无皱褶的界面，这对于大面积稳健范德华集成至关重要。可扩展范德华集成工艺可在晶圆规模上实现单层 MoS$_2$ 高质量接触的无损集成，从而实现高性能二维晶体管的制备。与采用传统光刻技术制造的器件相比，范德华接触器件具有原子级洁净界面、更小的阈值变化、更高的导通电流、更小的关断电流、更大的导通/关断比以及更小的亚阈值摆幅。这种方法还可用于制造各种逻辑门和电路，包括反相器、逻辑 OR 门、NAND 门、AND 门和半梯形电路[66]。

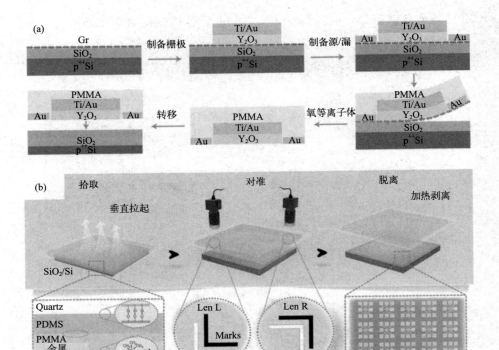

图 5.23 通过高 κ 栅极和触点的一步范德华集成制造顶栅晶体管的插拔式工艺（a）及采用接触式掩模校准器的大面积范德华集成方法（b）[67]

5.6 结语

总之，基于单层 TMDs（MoS_2、$MoSe_2$、WS_2 和 WSe_2）和 h-BN 的垂直 MIM 器件结构已经证实了 NVRS 具有低的切换电压、高的 ON/OFF 比值以及无定形特征。这一现象暗示了非金属二维原子单层中普遍的 NVRS 效应。其可靠性、灵活性以及超高脉冲切换已得到验证，为未来在物联网（IoT）系统中应用柔性、超伸缩、高性能且节能的存储织物和开关提供了进一步支持。

参考文献

[1] GHONEIM M T, HUSSAIN M M. Review on Physically Flexible Nonvolatile Memory for Internet of Everything Electronics [J]. Electronics，2015，4(3)：424-479.

[2] HWANG C S. Prospective of Semiconductor Memory Devices：from Memory System to Materials [J]. Advanced Electronic Materials，2015，1(6)：1400056.

[3] BURR G W，KURDI B N，SCOTT J C，et al. Overview of candidate device technologies for storage-class memory [J]. IBM Journal of Research and Development，2008，52(4-5)：449-464.

[4] CHEN A. A review of emerging non-volatile memory (NVM) technologies and applications [J]. Solid-State Electronics, 2016, 125: 25-38.

[5] WONG H S P, LEE H Y, YU S M, et al. Metal-Oxide RRAM [J]. Proceedings of the IEEE, 2012, 100(6): 1951-1970.

[6] BHIMANAPATI G R, LIN Z, MEUNIER V, et al. Recent Advances in Two-Dimensional Materials beyond Graphene [J]. ACS Nano, 2015, 9(12): 11509-11539.

[7] TAN C L, LIU Z D, HUANG W, et al. Non-volatile resistive memory devices based on solution-processed ultrathin two-dimensional nanomaterials [J]. Chemical Society Reviews, 2015, 44(9): 2615-2628.

[8] BESSONOV A A, KIRIKOVA M N, PETUKHOV D I, et al. Layered memristive and memcapacitive switches for printable electronics [J]. Nature Materials, 2015, 14(2): 199-204.

[9] HAO C X, WEN F S, XIANG J Y, et al. Liquid-Exfoliated Black Phosphorous Nanosheet Thin Films for Flexible Resistive Random Access Memory Applications [J]. Advanced Functional Materials, 2016, 26(12): 2016-2024.

[10] PAN C B, JI Y F, XIAO N, et al. Coexistence of Grain-Boundaries-Assisted Bipolar and Threshold Resistive Switching in Multilayer Hexagonal Boron Nitride [J]. Advanced Functional Materials, 2017, 27(10): 1604811.

[11] QIAN K, TAY R Y, NGUYEN V C, et al. Hexagonal Boron Nitride Thin Film for Flexible Resistive Memory Applications [J]. Advanced Functional Materials, 2016, 26(13): 2176-2184.

[12] SON D, CHAE S I, KIM M, et al. Colloidal Synthesis of Uniform-Sized Molybdenum Disulfide Nanosheets for Wafer-Scale Flexible Nonvolatile Memory [J]. Advanced Materials, 2016, 28(42): 9326-9332.

[13] TAN C L, ZHANG H. Two-dimensional transition metal dichalcogenide nanosheet-based composites [J]. Chemical Society Reviews, 2015, 44(9): 2713-2731.

[14] SANGWAN V K, JARIWALA D, KIM I S, et al. Gate-tunable memristive phenomena mediated by grain boundaries in single-layer MoS_2 [J]. Nature Nanotechnology, 2015, 10(5): 403-406.

[15] GE R J, WU X H, KIM M, et al. Atomristors: Memory Effect in Atomically-thin Sheets and Record RF Switches [Z]. Ieee International Electron Devices Meeting (IEDM), 2018.

[16] GE R J, WU X H, KIM M, et al. Atomristor: Nonvolatile Resistance Switching in Atomic Sheets of Transition Metal Dichalcogenides [J]. Nano Letters, 2018, 18(1): 434-441.

[17] KIM M, GE R J, WU X H, et al. Zero-static power radio-frequency switches based on MoS_2 atomristors [J]. Nature Communications, 2018, 9: 2524.

[18] WU X H, GE R J, CHEN P A, et al. Thinnest Nonvolatile Memory Based on Monolayer h-BN [J]. Advanced Materials, 2019, 31(15): 1806790.

[19] CHANG H Y, YOGEESH M N, GHOSH R, et al. Large-Area Monolayer MoS_2 for Flexible Low-Power RF Nanoelectronics in the GHz Regime [J]. Advanced Materials, 2016, 28(9): 1818-1823.

[20] KANG K, XIE S E, HUANG L J, et al. High-mobility three-atom-thick semiconducting films with wafer-scale homogeneity [J]. Nature, 2015, 520(7549): 656-660.

[21] SHI J P, MA D L, HAN G F, et al. Controllable Growth and Transfer of Mono layer MoS_2 on Au Foils and Its Potential Application in Hydrogen Evolution Reaction [J]. ACS NANO, 2014, 8(10): 10196-10204.

[22] GE R, WU X, KIM M, et al. Atomristor: Nonvolatile Resistance Switching in Atomic Sheets of Transition Metal Dichalcogenides [J]. Nano Letters, 2018, 18(1): 434-441.

[23] GE R, WU X, KIM M, et al. Atomristors: Memory Effect in Atomically-thin Sheets and Record RF

Switches [J]. Ieee International Electron Devices Meeting (Iedm), 2018: 22-26.

[24] WU X, GE R, CHEN P A, et al. Thinnest Nonvolatile Memory Based on Monolayer h-BN [J]. Adv Mater, 2019, 31(15): 1806790.

[25] WOUTERS D J, WASER R, WUTTIG M. Phase-Change and Redox-Based Resistive Switching Memories [J]. Proceedings of the IEEE, 2015, 103(8): 1274-1288.

[26] ZHAO L, JIANG Z, CHEN H Y, et al. Ultrathin (~2nm) HfO_x as the Fundamental Resistive Switching Element: Thickness Scaling Limit, Stack Engineering and 3D Integration [Z]. Ieee International Electron Devices Meeting (IEDM), 2014.

[27] ISMACH A, CHOU H, FERRER D A, et al. Toward the Controlled Synthesis of Hexagonal Boron Nitride Films [J]. ACS NANO, 2012, 6(7): 6378-6385.

[28] ZHANG Z P, JI X J, SHI J P, et al. Direct Chemical Vapor Deposition Growth and Band-Gap Characterization of MoS_2 h-BN van der Waals Heterostructures on Au Foils [J]. ACS Nano, 2017, 11(4): 4328-4336.

[29] PUGLISI F M, LARCHER L, PAN C, et al. 2D h-BN based RRAM devices [Z]. Ieee International Electron Devices Meeting (IEDM), 2016.

[30] SANTINI C A, SEBASTIAN A, MARCHIORI C, et al. Oxygenated amorphous carbon for resistive memory applications [J]. Nature Communications, 2015, 6: 8600.

[31] ONOFRIO N, GUZMAN D, STRACHAN A. Atomic origin of ultrafast resistance switching in nanoscale electrometallization cells [J]. Nature Materials, 2015, 14(4): 440-446.

[32] KWON J, LEE J Y, YU Y J, et al. Thickness-dependent Schottky barrier height of MoS_2 field-effect transistors [J]. Nanoscale, 2017, 9(18): 6151-6157.

[33] ZHONG H X, QUHE R G, WANG Y Y, et al. Interfacial Properties of Monolayer and Bilayer MoS_2 Contacts with Metals: Beyond the Energy Band Calculations [J]. Scientific Reports, 2016, 6: 21786.

[34] HUANG B, LEE H. Defect and impurity properties of hexagonal boron nitride: A first-principles calculation [J]. Physical Review B, 2012, 86(24): 245406.

[35] ZOBELLI A, EWELS C P, GLOTER A, et al. Vacancy migration in hexagonal boron nitride [J]. Physical Review B, 2007, 75(9): 094104.

[36] FRANKLIN A D. Nanomaterials in transistors: From high-performance to thin-film applications [J]. Science, 2015, 349(6249): aab2750.

[37] IEONG M, DORIS B, KEDZIERSKI J, et al. Silicon device scaling to the sub-10-nm regime [J]. Science (New York, NY), 2004, 306(5704): 2057-2060.

[38] CHANG L L, CHOI Y K, HA D W, et al. Extremely scaled silicon nano-CMOS devices [J]. Proceedings of the IEEE, 2003, 91(11): 1860-1873.

[39] LUNDSTROM M. Moore's law forever[J]. Science, 2003, 299(5604): 210-211.

[40] QIU C G, ZHANG Z Y, XIAO M M, et al. Scaling carbon nanotube complementary transistors to 5-nm gate lengths [J]. Science, 2017, 355(6322): 271-276.

[41] CAO Q, TERSOFF J, FARMER D B, et al. Carbon nanotube transistors scaled to a 40-nanometer footprint [J]. Science, 2017, 356(6345): 1369-1372.

[42] QIU C G, LIU F, XU L, et al. Dirac-source field-effect transistors as energy-efficient, high-performance electronic switches [J]. Science, 2018, 361(6400): 387-391.

[43] LIU C S, CHEN H W, WANG S Y, et al. Two-dimensional materials for next-generation computing technologies [J]. Nature Nanotechnology, 2020, 15(7): 545-557.

[44] GONG Y N, XU Z Q, LI D L, et al. Two-Dimensional Hexagonal Boron Nitride for Building Next-Generation Energy-Efficient Devices [J]. ACS Energy Letters, 2021, 6(3): 985-996.

[45] SHI J P, HONG M, ZHANG Z P, et al. Physical properties and potential applications of two-dimensional metallic transition metal dichalcogenides [J]. Coordination Chemistry Reviews, 2018, 376(2): 1-19.

[46] ZHANG Y B, TAN Y W, STORMER H L, et al. Experimental observation of the quantum Hall effect and Berry's phase in graphene [J]. Nature, 2005, 438(7065): 201-204.

[47] NOVOSELOV K S, JIANG Z, ZHANG Y, et al. Room-temperature quantum hall effect in graphene [J]. Science, 2007, 315(5817): 1379.

[48] NAIR R R, BLAKE P, GRIGORENKO A N, et al. Fine structure constant defines visual transparency of graphene [J]. Science, 2008, 320(5881): 1308.

[49] JU L, BIE M, ZHANG X W, et al. Two-dimensional Janus van der Waals heterojunctions: A review of recent research progresses [J]. Frontiers of Physics, 2021, 16(1): 13201.

[50] LIU Y, DUAN X, SHIN H J, et al. Promises and prospects of two-dimensional transistors [J]. Nature, 2021, 591(7848): 43-53.

[51] ZENG Q S, WANG H, FU W, et al. Band Engineering for Novel Two-Dimensional Atomic Layers [J]. Small, 2015, 11(16): 1868-1884.

[52] ISMACH A, CHOU H, MENDE P, et al. Carbon-assisted chemical vapor deposition of hexagonal boron nitride [J]. 2D Materials, 2017, 4(2): 025117.

[53] KAPPERA R, VOIRY D, YALCIN S E, et al. Phase-engineered low-resistance contacts for ultrathin MoS_2 transistors [J]. Nature Materials, 2014, 13(12): 1128-1134.

[54] LIU Y, GUO J, WU Y C, et al. Pushing the Performance Limit of Sub-100nm Molybdenum Disulfide Transistors [J]. Nano Letters, 2016, 16(10): 6337-6342.

[55] CUI X, LEE G H, KIM Y D, et al. Multi-terminal transport measurements of MoS_2 using a van der Waals heterostructure device platform [J]. Nature Nanotechnology, 2015, 10(6): 534-540.

[56] RADISAVLJEVIC B, RADENOVIC A, BRIVIO J, et al. Single-layer MoS_2 transistors [J]. Nature Nanotechnology, 2011, 6(3): 147-150.

[57] HU Z, WU Z T, HAN C, et al. Two-dimensional transition metal dichalcogenides: interface and defect engineering [J]. Chemical Society Reviews, 2018, 47(9): 3100-3128.

[58] WANG S S, ROBERTSON A, WARNER J H. Atomic structure of defects and dopants in 2D layered transition metal dichalcogenides [J]. Chemical Society Reviews, 2018, 47(17): 6764-6794.

[59] CHEN S Y, WANG S, WANG C, et al. Latest advance on seamless metal-semiconductor contact with ultralow barrier in 2D-material-based devices [J]. Nano Today, 2022, 42(37): 101372.

[60] SHEN P C, SU C, LIN Y X, et al. Ultralow contact resistance between semimetal and monolayer semiconductors [J]. Nature, 2021, 593(7858): 211-217.

[61] LI W, GONG X S, YU Z H, et al. Approaching the quantum limit in two-dimensional semiconductor contacts [J]. Nature, 2023, 613(7943): 274-279.

[62] LIU Y, GUO J, ZHU E B, et al. Approaching the Schottky-Mott limit in van der Waals metal-semiconductor junctions [J]. Nature, 2018, 557(7707): 696-700.

[63] YANG A J, HAN K, HUANG K, et al. Van der Waals integration of high-κ perovskite oxides and two-dimensional semiconductors [J]. Nature Electronics, 2022, 5(4): 233-240.

[64] LUO P F, LIU C, LIN J, et al. Molybdenum disulfide transistors with enlarged van der Waals gaps at their dielectric interface via oxygen accumulation [J]. Nature Electronics, 2022, 5(12): 849-858.

[65] LU Z Y, CHEN Y, DANG W Q, et al. Wafer-scale high-κ dielectrics for two-dimensional circuits via van der Waals integration [J]. Nature Communications, 2023, 14(1): 2340.

[66] WANG L Y, WANG P Q, HUANG J, et al. A general one-step plug-and-probe approach to top-gated

transistors for rapidly probing delicate electronic materials [J]. Nature Nanotechnology, 2022, 17 (11): 1206-1213.

[67] YANG X, LI J, SONG R, et al. Highly reproducible van der Waals integration of two-dimensional electronics on the wafer scale [J]. Nature Nanotechnology, 2023, 18(5): 471-478.

第 6 章
二维 X 烯材料的热电性能

目前，随着电子信息与现代化产业的发展，对微小空间以及局域高热流密度主动热控等技术的需求日益扩大，二维热电材料越来越受到重视。X 烯作为一种窄带隙半导体二维材料，特殊的屈曲结构有利于实现带隙调控，提高载流子迁移率和热电性能。本章节将重点介绍ⅣA 族和ⅤA 族 X 烯的结构、合成及其热电性能。

6.1 引言

热电（thermoelectric，TE）现象于 19 世纪被发现，主要包括三种基本效应：塞贝克效应（Seebeck effect）、帕尔贴效应（Peltier effect）及汤姆孙效应（Thomson effect）。

利用塞贝克效应可以将废热转换为电。如图 6.1（a）所示，载流子在温度梯度的驱动下，从热端向冷端扩散，然后在冷端聚集，进而在材料内部形成内建电场，内建电场可以阻碍载流子从热端向冷端继续扩散，当达到平衡状态时，材料两端形成稳定的电势差。当温差较小时，两端的电动势和温度差成正比，它们的比例系数 $\left(\dfrac{\Delta V}{\Delta T}\right)$ 被称为塞贝克系数 S，国际单位为 V/K。通过 S 的正负号可以判断材料的导电类型是 n 型（负）还是 p 型（正）。

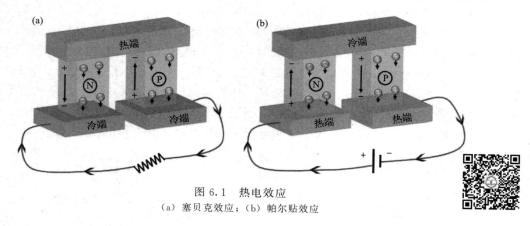

图 6.1 热电效应
(a) 塞贝克效应；(b) 帕尔贴效应

帕尔贴效应是塞贝克效应的逆效应，利用帕尔贴效应可以实现控温制冷。如图 6.1（b）所示，当电流流过互相连接的两个不同材料时，一个接口处会吸收热量，另一个接口处会释放热量。单位时间内接口处吸收/释放的热量与电流的比值 $\left(\dfrac{\mathrm{d}Q}{\mathrm{d}t}\times\dfrac{1}{I}\right)$ 被称为帕尔贴系数 π，国际单位为 V。汤姆孙效应是指在均匀的导体中同时施加电流和温度梯度时，材料整体会吸收热量或者释放热量，且吸热或者放热速率与电流强度和温度梯度成正比。

热电转换效率（η）和热电制冷效率（coefficient of performance，COP）主要由品质因数（z）、热端（T_h）和冷端（T_c）温度决定[1]：

$$\eta = \frac{T_h - T_c}{T_h} \frac{\sqrt{1+zT_{avg}} - 1}{\sqrt{1+zT_{avg}} + \frac{T_c}{T_h}} \tag{6.1}$$

$$COP = \frac{T_c}{T_h - T_c} \frac{\sqrt{1+zT_{avg}} - \frac{T_h}{T_c}}{\sqrt{1+zT_{avg}} + 1} \tag{6.2}$$

$$zT = \frac{\sigma S^2}{\kappa} T \tag{6.3}$$

$$\Delta V = -S \Delta T \tag{6.4}$$

式中，σ 为电导率；ΔV 为电压差；ΔT 为温度差；S 为塞贝克系数，κ 为热导率。迄今为止，SnSe、Cu_2Se 和 GeTe 等块体热电材料的 zT 值已经达到 2 甚至接近 3，即理论转换效率>10%[2-4]。随着电子信息等现代产业的发展，对微小空间以及局域高热流密度主动热控等技术的需求日益扩大，微型化热电器件以及二维（2D）热电材料越来越受到重视。二维热电材料不仅符合微型化热电器件对于材料尺寸的要求，还具备获得高热电性能（zT）的潜力，比如：阶梯状分布的态密度容易造成费米能级附近态密度的极大差异，进而增加载流子的熵值，即在不牺牲电导率（σ）的条件下，能够实现塞贝克系数（S）的增加；此外，根据声子界面散射理论，低维材料有助于热导率（κ）的降低[5]。

自 2004 年石墨烯的成功制备至今，已经有 900 多种 2D 材料被成功合成[6]。根据带隙，它们可分为：零带隙半金属，如石墨烯；窄带隙半导体，如 X 烯（图 6.2）；中等带隙半导体，如过渡金属硫族化合物（TMDs）；宽带隙半导体，如六方氮化硼（h-BN）、氮化镓（GaN）等。其中，X 烯由单元素 X 组成，原子排列与石墨烯类似，呈单层或者寡层结构，但具有不同的屈曲度（buckling）。本章节将重点关注包括石墨烯在内的 ⅣA 和 ⅤA 族 X 烯及其化合物的热电性能，如硅烯、锗烯、锡烯、磷烯、砷烯、锑烯和铋烯等。通过在 X 烯特定位置的掺杂和修饰，不仅可以调控带隙，还能实现绝缘层和导电层的交替堆叠，使得载流子限制在导电层，从而达到高的迁移率；此外，ⅣA 和 ⅤA 族 X 烯中的屈曲可导致电子和声子传输的各向异性，从而有助于解耦电导率和热导率，提高热电性能[7-9]。

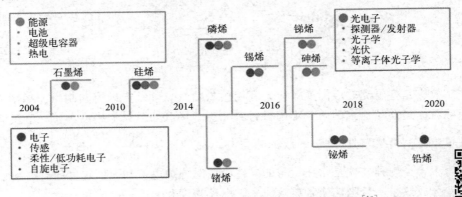

图 6.2　ⅣA 和 ⅤA 族 X 烯的发展以及应用领域概览[10]

6.2 ⅣA和ⅤA族X烯的结构及合成

热电性能主要由热导率、电导率和塞贝克系数共同决定。这些参数相互关联，并受晶体结构、能带结构和合成方法的影响。在晶体结构方面，X烯中的原子（X）以类石墨烯的晶格排列，但具有不同程度的屈曲，易导致热电性能的各向异性；在能带结构方面，大多数X烯具有可调的带隙，有利于调控电导率和塞贝克系数；在合成工艺方面，不同合成方法、工艺参数造成的晶粒尺寸、缺陷浓度、均匀性等的变化会影响晶体和能带结构，进而对热电性能产生影响。

6.2.1 晶体结构

石墨烯呈蜂窝结构，由单层 sp^2 杂化碳原子组成，其中 C—C 原子键长为1.4Å，层间距为3.4Å。硅烯中 Si—Si 键长约为2.247Å [图6.3（a）]，具有 sp^2-sp^3 杂化相混合的屈曲结构。与硅烯类似，其他ⅣA族的二维材料（如锗烯和锡烯）中较长的原子间键阻止它们形成 π 键，从而具有混合 sp^2-sp^3 杂化的特性与屈曲结构。理论预测具有 D_{3d} 群对称性的屈曲结构比具有 D_{6h} 群对称性的扁平结构更加稳定。在ⅣA族中，屈曲程度从0Å（石墨烯）到0.85Å（锡烯）线性增加，原子间键逐渐变弱，原子质量增加。因此，除石墨烯外，ⅣA族的二维材料具有键能的非谐性、较小的群速度和较短的声子平均自由程（MFP），从而易获得低热导率。从表6.1中可以看出，ⅤA族的屈曲程度大于ⅣA族，屈曲程度高不仅可以降低热导率，还能促进电子离域，并为调控电子传输提供额外的自由度。磷烯是ⅤA族中研究最多的二维材料，蓝磷烯具有与硅烯相似的屈曲结构，当这种屈曲结构转变为褶皱结构（puckered）时，就成为了黑磷烯（BP）[图6.3（b）]。BP由两个原子层组成，屈曲度约为2.3Å，厚度约为7Å。BP由扶手椅（armchair，AC）和Z字形（zigzag，ZZ）两个面内方向构成，晶格参数分别为：a_1=3.4Å 和 a_2=4.6Å。这一晶体结构导致 BP 面内各向

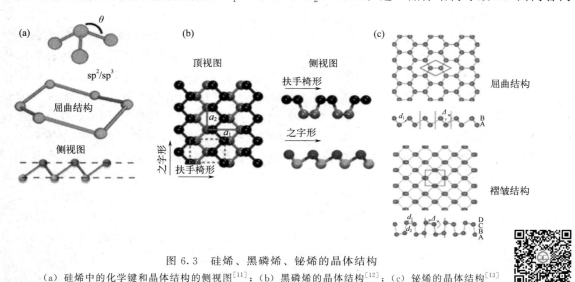

图6.3 硅烯、黑磷烯、铋烯的晶体结构
（a）硅烯中的化学键和晶体结构的侧视图[11]；（b）黑磷烯的晶体结构[12]；（c）铋烯的晶体结构[13]

异性。从砷烯到铋烯，各向异性程度依次递减。对于单层铋烯，从褶皱到屈曲结构的转变预计在7ML左右（3ML大约为1nm），相比于褶皱结构，屈曲的蜂窝结构更加稳定，其晶格常数为$a=b=4.38$Å，比块体铋的晶格常数减少了6%[图6.3（c）]。

表6.1 ⅣA族和ⅤA族二维材料的屈曲度和带隙（自旋轨道耦合处理）[12-24]

族	X烯	屈曲度/Å	SOC处理下的带隙/eV
ⅣA	C	0	$<5\times10^{-5}$
	Si	0.44	$(1.5\sim2.0)\times10^{-3}$
	Ge	0.69	$(2.4\sim3.0)\times10^{-2}$
	Sn	0.85	0.1
ⅤA	P	2.3	2
	As	2.93~3.13	0.77、0.83、1.66
	Sb	1.65~1.67	1.04、1.55
	Bi	1.71~1.74	0.32

6.2.2 能带结构

当材料的尺寸与电子波函数的德布罗意波长具有相同的数量级时，量子限域效应出现，能带的离散度和带隙将随着尺寸的减小而增加。在2D材料中，将形成高度各向异性的有效质量和呈阶梯状或尖峰状的态密度（DOS）。同时，在离散的能带结构中易出现新的能级，从而对不同能量载流子的输运形成能量过滤效应。因此，2D材料的电子传输特性与块体材料有很大差异。

在石墨烯中，轨道s、p_x和p_y组合构成了面内σ键（sp^2），p_z轨道电子构成π键，π键杂化形成线性的$E-k$色散关系，这使得本征石墨烯具有零带隙的电子结构特征，同时，中子在石墨烯中的行为类似于零静止质量的狄拉克费米子，具有极高的费米速度。石墨烯的带隙可以通过自旋轨道耦合（SOC）和施加电场来调节，其值小于5×10^{-5}eV（表6.1）。在第Ⅳ主族中，从硅烯到锡烯，随着屈曲度的增加，离域电子相互排斥增加，易形成sp^2-sp^3杂化，同时，SOC增加，不仅打开了带隙（表6.1），而且使得拓扑特性在锗烯和锡烯中更加明显。在第Ⅴ主族中，单层蓝磷拥有1.10eV的间接带隙，比理论预测的2eV要窄，而黑磷（BP）为直接带隙半导体，通过扫描隧道显微镜（STM）测得的本征带隙为2eV，但其光学带隙为0.8~0.9eV。虽然磷原子比碳原子和硅原子重，但是SOC并没有对BP的电子能带结构产生影响。砷烯和锑烯具有宽的间接带隙，但铋烯是一种窄带隙的直接带隙半导体。有趣的是，理论计算表明，SOC减小了铋烯的带隙，并能将其能带结构从直接带隙转变为间接带隙。

能带结构直接影响材料的电子传输特性，场效应晶体管（FET）是测量二维材料电子特性的有效平台。表6.2列出了X烯的场效应迁移率和残余载流子浓度，为了比较，表中同时列出了几种TMD材料（MoS_2、WS_2）的性能。X烯显示出比TMD更高的迁移率，这不仅有利于热电器件的转换效率，在高速晶体管领域也有广阔的应用前景。

表 6.2　二维材料中基于 FET 的场效应迁移率和剩余载流子浓度的比较

2D 材料	场效应迁移率/[$cm^2/(V \cdot s)$]	剩余载流子密度/(cm^{-2})
石墨烯[25]	18000	$10^{11\sim12}$
硅烯[26-27]	100～200	$10^{9\sim12}$
锗烯[28-30]	70	$10^{10\sim11}$
锡烯[31]①,[32]	2000～3000	10^{12}
磷烯[33]	1000	$10^{10\sim12}$
砷烯[34]①	630～635	—
锑烯[34]①	1700～1737	—
铋烯[35-36]	220	10^{14}
二硫化钼[37-38]	200	10^{13}
二硫化钨[39-40]②	60	10^{11}

① 来自第一性原理计算模拟结果；
② 氯原子掺杂的二硫化钨。

6.2.3 合成方法

二维材料的制备工艺可分为两类：自上而下和自下而上。典型的自上而下的方法包括机械剥离、液相剥离等。机械剥离是获得本征二维材料最广泛的制备技术。最初，机械剥离仅用于制备石墨烯、黑磷和过渡金属二硫化物等材料，因为它们属于层状材料，且层间原子键能明显弱于层内，所以容易被打破从而获得单层或寡层的二维材料。传统的机械剥离法，如胶带法，产量较低。随后，人们发现，在石墨中加入芳基重氮盐，利用球磨法不仅可以提高机械剥离的产量，而且能够得到表面功能化的石墨烯[41]。另一种使用较广泛的自上而下的制备技术是液相剥离。这种工艺主要通过特定溶剂和超声波处理来破坏材料的层间化学键，砷、锑等大原子序数的材料都是通过液相剥离来获得二维纳米片的。自上而下的工艺成本低、易操作，但是难以精确控制晶粒的尺寸和材料的厚度，而自下而上的外延生长可以弥补这一缺点。

外延生长是指在单晶衬底（基片）上生长一层有一定要求的、与衬底晶向相同的单晶层，犹如原来的晶体向外延伸了一段，主要可通过分子束外延（MBE）、化学气相沉积（CVD）、脉冲激光沉积（PLD）等方法实现。大多数单质二维材料，包括 X 烯已通过 MBE 成功合成。自 2009 年首次在 Cu 箔上合成单层石墨烯以来，CVD 法制备的石墨烯的尺寸和质量不断提高，相继得到了厘米级、无褶皱的大面积单层石墨烯。CVD 合成工艺还可用于二维化合物的生长，如有研究人员通过调节气流量，使用 CVD 法制备了 Bi_2Se_3 二维纳米片[42]。为了在 CVD 过程中精确控制二维材料的形状和质量，科研工作者提出了传统形核理论和二维扩散限制聚集（2D-DLA）模型等理论。虽然 PLD 常用于 TMDs 的合成，但也通过该方法获得了石墨烯、BP 和厘米级的二维层状高迁移率铋薄膜。除了外延生长外，化学加工正迅速成为实现二维纳米片大规模低成本生产的一种途径。例如，通过 $Li_{13}Si_4$ 合金的本征脱锂过程，开发了一种可扩展的超低摩擦硅纳米片合成方法[43]。

如何改进现有的 X 烯合成方法，以获得尺寸、形貌和成分可控的材料，仍是目前的研究热点。同时，降低合成成本，包括简化实验室设备、减少工艺步骤等，对于二维材料的研究也至关重要。

6.3 ⅣA 及 ⅤA 族 X 烯材料的热电性能

本节将回顾ⅣA 和ⅤA 族 X 烯材料的热电性能，并对这两种二维材料的热电性能进行比较。

6.3.1 X 烯的热电性能

石墨烯的线性能量色散关系和零带隙的特征本应导致其具有较低的塞贝克系数 S，但理论和实验结果均表明，石墨烯的 $|S|$ 高于 Mott 关系的理论预测，$10\sim180\mu V/K$[44]。由于无质量载流子，石墨烯可以获得弹道式输运特性，例如，石墨烯片在 300K 下的电导率高达 $10^8 S/m$，迁移率高达 $200000 cm^2/(V\cdot s)$[44]，但基底会使迁移率下降一个数量级。最终，石墨烯的功率因子（PF）可达到 $7mW/(m\cdot K^2)$[5]，这与块状 Bi_2Te_3 在室温下的性能相当。采用准工业薄膜制备法和 $FeCl_3$ 掺杂得到的自支撑石墨烯，长度大于 2.0m，电导率高达 $1.4\times10^5 S/m$，且功率因子接近 $1mW/(m\cdot K^2)$[45]。石墨烯的热电性能可以从超晶格周期的数量、合成方法、缺陷数量、衬底、通道宽度、堆叠以及栅电压等方面进行调控。然而，由于悬挂单层石墨烯具有极高的热导率 $[3000\sim5000 W/(m\cdot K)]$，石墨烯的 zT 值较低，为 $10^{-4}\sim10^{-3}$，尽管石墨烯目前还不是热电应用领域中有竞争力的候选材料，但其较高的功率因子和高热导率，可成为芯片冷却和其他热控应用的理想选择。

由于蓝磷的不稳定性，目前还缺乏对其热电性能的可靠实验研究。分别根据半经典玻尔兹曼输运理论和第一性原理计算预测蓝磷的 zT 值为 2.5 和 0.016[46-47]，这种差异源于在计算中，热导率差别高达三个数量级。为了提高蓝磷的热电性能，除了掺杂 Ti 和形成空位缺陷外，还有一种调控手段是利用磷烯的同素异构体构建异质结构，这也同时要求开发蓝磷烯的原位封装测量方法[48-50]。对于黑磷（BP），由于其本征点缺陷，BP 展现出 p 型半导体特性，且表现出明显的各向异性。室温下，块状黑磷的 S 值为 $335\pm10\mu V/K$，而多层黑磷的 S 值，根据掺杂程度的不同，在 $5\sim100\mu V/K$ 范围内变化。S 值的各向异性存在于 AC 和 ZZ 两个方向，这是由于，沿 ZZ 方向（约 $8.3m_0$）的载流子明显比沿 AC 方向（约 $0.3m_0$）的载流子有效质量要大，并可由阱态间的空穴跃迁来控制[51-52]。有效质量的各向异性同时导致了沿 AC 和 ZZ 方向的实测迁移率分别为 10^4 和 $10^3 cm^2/(V\cdot s)$。虽然磷烯的电导率理论值为 $3.52\times10^5 S/m$，但实测值却只有 $10^{-3} S/m$，这是由其低载流子浓度导致的。用微拉曼光谱法测定了多层黑磷的面内热导率，沿 AC 和 ZZ 方向分别为 $20W/(m\cdot K)$ 和 $40W/(m\cdot K)$。理论模型表明，所观测到的各向异性主要与声子色散的各向异性有关，即群速度的差异导致了不同的平均自由程，然而，本征声子散射率却是各向同性的。值得注意的是，BP 的各向异性与一般的层状材料不同，例如，在 SnSe 单晶中，最高的电导率和最高的热导率同时沿 a 轴出现；而在 BP 中，电导率与热导率的最优方向则是正交的，这有利于电子和声子输运的解耦调控。由上述测量值计算出的 zT 值较低，室温下约 0.0036（AC 方向）和 0.0006（ZZ 方向）。理论计算表明，热各向异性比电各向异性强时，可以获得更优的热电性能。此外，热导率的各向异性可以通过晶界缺陷类型及其密度来改变。BP 的性能也可以通过掺杂、栅控、异质结工程、应变等方法调控。由于电子结构、载流子有效质量和迁移率会随二维材料层数发生改变，因此层数优化也是另一个重要的调控手段。

铋烯的 zT 预测值最高约为 6.4。理论预测表明其塞贝克系数会随着层厚减小而增加，且 6s 轨道孤对电子可以降低热导率，使铋烯成为一种很有前景的热电材料。此外，p 型褶皱铋烯被预测在 ZZ 方向上具有比 BP 更优的热电性能。实验结果表明，在 Si（111）衬底上外延的铋的塞贝克系数具备显著的各向异性，即沿不同的晶体取向存在 2~5 倍的差异[53]。此外，由于尺寸和表面态效应，铋的厚度对载流子浓度和迁移率有很大的影响，通过厚度的改变可同时提高铋的电导率和塞贝克系数，从而使其功率因子提升 2 个数量级[54]。通过掺杂技术，硅烯的 zT 预测值可以达到 4.9。外部电场可以将塞贝克系数提升至几 mW/K[55]，并显著降低其热导率[56]。对于锡烯，大多数研究集中在热导率的模拟，结果表明，由于其较短的声子平均自由程，热导率对尺寸并不敏感。对于砷烯，电子掺杂相比于空穴掺杂更有利于热电性能的提升[57]，表现出比磷烯更强的各向异性。此外，BP 中的电导率和热导率解耦也可能存在于砷烯和其他具有屈曲诱导各向异性的 X 烯中。与此同时，ⅥA 族强各向异性的碲烯和硒烯也被认为是很有前景的二维热电材料。

基于 X 烯的晶体管器件可以通过场效应或栅压来调控载流子浓度，进而调控电导率和塞贝克系数。例如，在图 6.4（a）中，当栅极极性颠倒时，可以观察到材料在 p 型和 n 型之间的转换。此外，电导率可以随着顶部栅极电压的增加而提高[58]［图 6.4（b）］。当栅电压约 2.5V 时，BP 的 S 值提高了 50% 以上［图 6.4（c）］。栅控对能带结构的调控已经在许多ⅣA 和 ⅤA 族 X 烯中得到了证实，如硅烯、锗烯和锡烯。除了栅极电压调控外，改变沟道宽度、缺陷和带隙优化、化学掺杂、合金化和复合等也是改善 X 烯热电性能的有效途径，而基于 X 烯的二维合金与化合物也成为大量实验和理论研究的焦点。

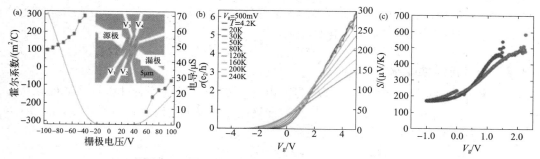

图 6.4　栅压对电导率和赛贝克系数的调控结果

（a）霍尔系数和电导率随栅极电压的变化曲线（数据采集于沉积在带有 285nm SiO_2 的硅衬底上的 8nm BP[59]，插图为典型多极多层磷烯器件的光学图像）；（b）不同测试温度下，电导率随栅极电压的变化关系［在高电导率状态下（如栅极电压>1V），电导率 σ 随栅极电压 V_g 的增加和温度的降低而增加[58]］；（c）塞贝克系数 S 随栅极电压 V_g 的变化曲线[60]

由于 SOC 诱导的类一维 DOS 和载流子寿命的延长，通过分子束外延（MBE）制备的 Bi-Sb 化合物的电导率接近块体（10^5 S/m）[61-62]。二维 Bi-Sb 的理论与实验 zT 值接近，室温下约为 0.3，并且可通过厚度进行优化。除此以外，元素成分和微结构调控可以实现多尺度界面下 Bi-Sb 的电声解耦，从而使 zT 值提高 4 倍以上[63]。Bi_2Te_3、Bi_2Se_3 等拓扑绝缘体是室温附近最理想的热电块体材料。厚度为 18nm 的 Bi_2Te_3 纳米片和单层 Bi_2Se_3 在 373K 和 425K 下的 zT 值分别达到了 0.24 和 0.5[64]。据报道，还原氧化石墨烯（rGO）具有比石墨烯更好的热电性能。实验表明，在 3000K 时，在 rGO 中 zT 值达到了 0.3，并且通过 N

或 B 掺杂，其塞贝克系数也可以得到改善[65]。其他氧化物，如 Bi_2O_2Se 纳米片、二维 Bi_2O_2S 薄膜和磷烯氧化物，也具有优异的热电性能。通过对 Bi_2O_2Se 引入氧缺陷，改变高、中、低频声子的散射，研究人员实现了室温下 (0.68 ± 0.06) W/mK 的极低热导率[66]；同时，通过极性光学声子散射与压电散射的栅控可调转变，获得了高于 $400\mu W/(cm \cdot K^2)$ 的高功率因子[67]。引入异质结构是通过融合组元各自优点来提高热电性能的另一种方法。然而，目前的研究大都还停留在理论阶段，如石墨烯/黑磷/石墨烯、BiSb/AlN、石墨烯/Sb_2Te_3 和 Bi-Sb/Co，zT 的预测值为 2~3。表 6.3 列出了ⅣA 和ⅤA 族 X 烯热电性能的实验值，其中包括基于 X 烯的化合物和 TMDs 的值以供比较。可以看出，铋基二维材料在热电应用方面具有一定的应用前景。

表 6.3 X 烯及其化合物和一些 TMDs 的热电性能（RT 代表室温）

材料	$\sigma/(S/m)$	$|S|/(\mu V/K)$	$\kappa/[W/(m \cdot K)]$	zT
石墨烯	$0.4\sim2.9\times10^6$(RT)[68-69]	$50\sim100$(RT)[68,70]	2500(350K)[71]	$10^{-4}\sim10^{-3}$(RT)[70]
BP	0.1(RT)[72]	500(RT)[72]	10(AC,RT)[73]	0.0036(AC,RT)[69]
Bi-Sb	2.7×10^5(RT)[74]	100(RT)[74]	3(RT)[74]	0.28(265K)[74]
Bi_2Te_3	10^5(RT)[64]	100(RT)[64]	1.2(RT)[64]	0.24(373K)[64]
SnSe	7×10^2(RT)[75]	560(RT)[75]	0.7(RT)[76]	0.1(RT)[75]
rGO	1.5×10^5(RT)[77]	25(RT)[77]	100(RT)[77]	10^{-6}(RT)[77]
MoS_2	1.5×10^4(RT)[38]	450(RT)[38]	25(RT)[78]	0.04(RT)[38,69,78-80]
WSe_2	1.5×10^5(RT)[81]	150(RT)[81]	40(平面内,RT)[82]	0.03(平面内,RT)[81-83]

在对热电特性讨论之后，有必要简要回顾一下相关的实验测量技术，这些技术与通常用于块体热电材料的测量技术有着显著的不同。

6.3.2 热电输运性能测量

电导率可采用双探针和四探针法测量。电荷载流子类型可以通过霍尔系数的正负符号 [图 6.4（a）]、场效应晶体管栅极电压与源漏极电流的函数曲线关系 [图 6.5（a）]、塞贝克系数的正负符号 [图 6.5（b）] 等来确定。

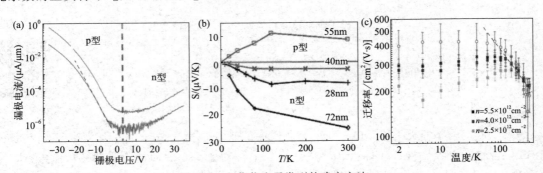

图 6.5 电荷载流子类型的确定方法

(a) 在带有 90nm SiO_2 的硅衬底上获得的 5nm BP 器件源极-漏极电流与栅极电压的函数关系[59]；(b) 不同尺寸的铋基纳米线的塞贝克系数 S 随温度 T 的变化关系，正号表示 p 型，负号表示 n 型[84]；(c) 8nm BP 的场效应迁移率（空心圆圈）和霍尔迁移率（实心方块，三种不同的载流子浓度 n 值）随温度的变化关系[59]

霍尔迁移率（μ_{Hall}）和场效应迁移率（μ_{FE}）分别可以表征二维材料的本征以及器件的电子传输特性。其中，μ_{Hall} 可以通过霍尔仪器测试得到，而 μ_{FE} 可根据公式（6.5）获得。

$$\mu_{\text{FE}} = \frac{L}{WC_g} \times \frac{dG}{d(V_g - V_{\text{th}})} \tag{6.5}$$

式中，G 为电导；V_g 为栅极电压；L 和 W 分别为沟道的长度和宽度；C_g 为单位面积的电容；V_{th} 为阈值电压。

霍尔迁移率 μ_{Hall} 可从方程式（6.6）获得

$$\mu_{\text{Hall}} = \frac{L}{W} \times \frac{G}{ne} \tag{6.6}$$

式中，e 是电子电荷量；n 是二维电荷密度，可通过霍尔仪器测试得出，$n = 1/(eR_H)$（R_H 是霍尔系数）。研究发现，场效应迁移率要高于霍尔迁移率［图 6.5（c）］。这表明在阈值电压附近可能存在对 μ_{FE} 的过高估计，因为双探针 FET 测量装置中的 μ_{FE} 强烈依赖于 V_g。由于载流子传输可能受器件质量的影响，为了揭示二维材料的本征传输特性，研究人员还开发了其他测量方法，如光学方法等。

塞贝克系数 S 定义为 $\Delta V/\Delta T$，即开路电压 ΔV 与样品中沿热流方向的温差 ΔT 之比。通过向微加热器施加加热电流 I_h，通过焦耳热沿材料产生温差 ΔT，随之产生热电势 ΔV。塞贝克系数测量主要有两种方法，积分测量法和微分测量法。积分法需要较长的试样（例如，金属丝或金属带），而微分法则适用于任何形状的短试样，包括薄膜。

如图 6.6（a）所示，在二维材料上原位制造的微电阻温度计可以直接测量出塞贝克系数，通过温度计的电阻 R 和电压信号可以分别校准和检测 ΔT 和 ΔV。例如，基于 $R/\Delta T/I_h^2$ 关系，当向加热器施加电流 I_h 时，可从温度计的电阻差中获得 ΔT。这种测试技术已用于许多二维材料。虽然大多数测量是在室温下进行的，但可以通过改变样品形状［图 6.6（b）］及使用辐射源［图 6.6（c）］促进热量收集来实现高温测量（3000K）。

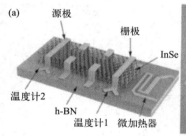
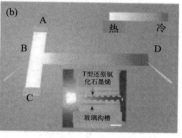
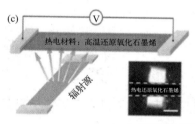

图 6.6 热电测量装置及实现高温测量的方法
（a）热电测量装置示意图[85]；（b）T 形截面的塞贝克系数测量方案[86]；
（c）该薄膜通过放置在薄膜下方的第二块具有相同材料的还原氧化石墨烯带发出的热辐射加热[86]

二维材料热导率的实验测量是一个巨大的挑战，目前还没有标准的测量热导率的方法，除了非均匀测量要求外，试样处理和热控制方面也存在一定挑战。此外，样品和衬底之间的热流分布、环境中的热辐射和对流很难控制，在测量过程中必须仔细考虑。

热导率测量方法分为稳态测量和瞬态测量方法。对于稳态测量，通过施加不随时间变化的热流，在样品中沿热流方向产生恒定的温度梯度，然后根据热导率定义式求得热导率；而对于瞬态测量方法，在样品上施加随时间变化的热流来测量相应的热响应。通过不同技术的结合，可以获得从室温到 3000K 的大温度梯度的热导率。表 6.4 列出了几种典型的热导率测量技术。

在微制造悬浮装置（MFSD）中，样品被转移到装置上，以桥接两个薄膜：一个膜导通直流电流以用作加热元件，另一个膜用作传感器。该方法已成功用于测量纳米管多层二维材料。在光热拉曼方法中，拉曼光谱中的峰值位移可与激光加热功率导致的样品表面温度变化有关。样品热传导率可表示为：

$$\kappa = \frac{d}{2A} \times \frac{\Delta P}{\Delta T}$$

式中，d 是样品中间到温差为 ΔT 的热源的距离，A 是横截面积，ΔP 是吸收的激光功率。

该方法于 2008 年首次用于测量悬浮单层石墨烯的面内热导率[87]，随即扩展到其他二维材料，如各向异性的 BP、h-BN、MoS_2 和 WS_2 等材料。时域热反射技术（TDTR）是测量二维材料界面热输运和跨面热导率的另一个有效方法。该热模型的复杂性使得 TDTR 能够确定面内热传导或热传输方向。当然，更先进的装置还包括有可变光斑尺寸、波束偏移和椭圆波束等配置。二维材料（如 BP 和 WSe_2）的跨面热导率测量也已有所报道。在上述三种常用方法中，光热拉曼法具有样品制备简单、设备易用、操作方便等优点，而 MFSD 法和 TDTR 法分别具有更高的准确性和成本效益。扫描热显微技术（SThM）是一种新兴的获取局部热信息的方法，已被用于石墨烯、TMD 器件等的热导率测量。SThM 将局部热导率和微观结构关联起来，它在 2000 年首次用于 CNTs 的热导率测量[88]。为了提高测量精度和拓宽测量范围，基于常用测量方法的优缺点（表 6.4），研究人员设计出了更先进的器件，如 3ω-SThM。

表 6.4　薄膜和二维材料热导率测量常用和新开发技术总结[89-100]

分类	方法	方向
稳态测量	热桥法	面内
	光热拉曼法	面内
瞬态测量	时域热反射法（TDTR）	面外(主)，面内
	传统 3ω 方法	面外(主)，面内
	改进的 3ω 方法	面内
	扫描热显微技术(SThM)	面内

6.3.3　器件及应用

热电器件（TED）在众多领域具有巨大的应用前景，如放射性同位素热电发电机（RTG）、便携式野营炉、人行道、物联网、人体热量收集等。据报道，基于热电技术的设备可以产生比压电系统更大的功率。与块体器件相比，薄膜或低维热电器件更易于做成柔性电子设备［图 6.7（a）~（b）］，结构设计灵活多样［图 6.7（c）］，与 CMOS 器件更加兼容［图 6.7（d）~（e）］。

热电器件的热转换电性能主要通过最大功率密度（或单位面积功率，$P_{d,max}$）和输出电压来评估。假设 p 型和 n 型热电偶具有相同的尺寸，并且热电材料和电极接触电阻可以忽略不计，$P_{d,max}$ 可以根据 Ioffe 的推导在理论上表示：

$$P_{d,\max}=\frac{(S_p-S_n)^2(T_h-T_c)^2 f}{8(\rho_p+\rho_n)l} \tag{6.7}$$

式中，S 代表塞贝克系数；ρ 代表电阻率，下标 p 和 n 分别表示 p 型和 n 型热电材料；T_h 和 T_c 分别为热端和冷端的温度；l 代表热电偶沿电流方向的长度；f 是填充因子，定义为热电材料总横截面积与器件面积之比。

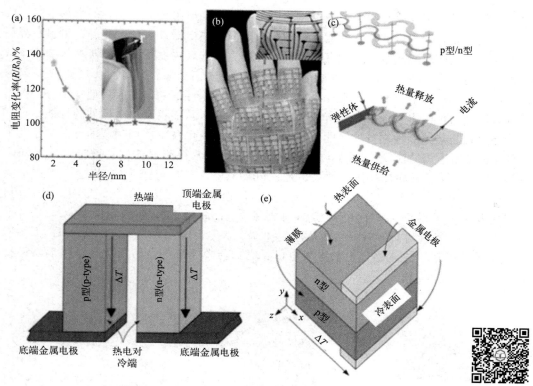

图 6.7 薄膜或低维热电器件的应用、结构设计以及与 CMOS 器件的兼容情况
(a) 电阻变化率与弯曲半径的关系曲线，插图：Bi_2Te_3 基薄膜弯曲半径[101]；(b) 温度传感器打印阵列作为人造皮肤黏接在柔性机器人表面[102]；(c) 三维螺旋线圈热电模块制作工艺[103]；(d) π 型热电发电机；(e) 大面积 PN 结拓扑热电发电机[104]

热电器件的制冷性能通常通过在无热负荷条件下建立的绝对温差（$\Delta T_{\max}$）以及零温差时的冷却功率密度（$q_{c,\max}$）来评估。

$$\Delta T_{\max}=\frac{1}{2}Z_{pn}T^2 \tag{6.8}$$

$$q_{c,\max}=\frac{(S_p-S_n)^2 T_c^2 f}{4(\rho_p+\rho_n)l} \tag{6.9}$$

式中，Z_{pn} 代表热电偶的品质因数。

热电器件需要进行热电材料、接触材料、黏结层及陶瓷散热片等组分的特定组合。在理想条件下，热电器件的性能取决于热电材料的 zT 值、热电腿的尺寸以及装置两端的温差（针对热电发电器件）。然而，在实际应用中，各种黏结部分产生的电热损耗是不可避免的，因此，要最大化装置性能，需要通过确定适当的装置几何形状和界面来优化装置设计，以减小热损耗和接触电阻。优化装置设计需要调整热电腿的形状和尺寸、顶部和底部电极的厚度、衬底的厚度以及热电元件的填充因子。目前已经开发出分析模型和数值模拟方法来帮助确定不同热电材料、电极和衬底组合的最佳装置参数[105-106]。对于薄膜或者低维热电器件，内阻高（在最不理想的情况下可高达 MΩ 级）、制造技术复杂、机械强度低和热稳定性低等问题尤其突出，为了提高能量密度，设计优化界面是关键，大多数热电材料是半导体，而电极是金属，导致了界面之间的接触电阻。电阻和热接触电阻增加了装置的内部电阻，降低了其温度差，导致了较低的装置性能，特别是对于薄的热电器件装置。此外，材料在界面处的传输和化学反应也在热电器件的寿命和长期性能方面起着关键作用，会影响热膨胀系数、热冲击抵抗力和黏结强度等力学性能等。到目前为止，已经探索了各种过渡层。例如，在 Bi_2Te_3 中，Au 电极上镀 Bi，或 Cu 电极上镀 Ni 等。除此之外，表面处理技术，如等离子体清洗，以及器件图案设计等，均可以提高界面的质量，从而提高热电器件的性能。

除了提高热电器件本身的性能之外，另一种拓宽热电技术应用领域的方法是制备多功能器件（图 6.8）。例如，基于低维材料的光热电（PTE）探测器已成功地将响应时间降低到皮秒级[107]；基于石墨烯晶体管的太赫兹光电探测器由于热电子 PTE 效应，其在室温下的灵敏度达到了 $700V/W$[108-110]［图 6.8（a）］，速度提高了 8～9 个数量级。其他还包括：利用热电对石墨烯等离子体进行检测和成像[111]；高温度和速率分辨率（<0.19K 和 <0.03cm/s）的柔性可拆卸双输出流体温度和动力学传感器[112]［图 6.8（b）］；太阳能热电发电机（SOTEG）或动态压电热电发电机，它们与单系统能量转换相比，输出功率提高了 24%～158%[113]［图 6.8（c）～（d）］。

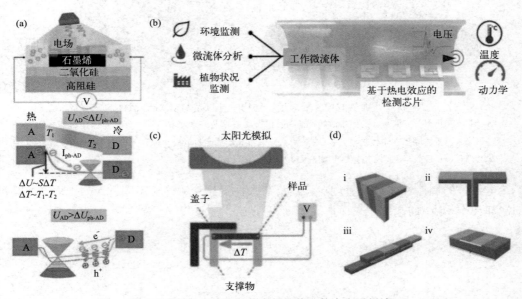

图 6.8　制备多功能器件来拓展热电技术应用领域

（a）石墨烯光电热电探测器装置制造和工作原理[110]；（b）基于热电效应监测流体温度和动力学的双输出传感器[109]；（c）实验中的光塞贝克系统；（d）太阳能热电发电机（SOTEG）的装置构型[113]

6.4 展望

本章节综述了ⅣA和ⅤA族X烯在结构、制备和热电性能方面的最新实验和理论进展。X烯的热电效应和器件的未来研究趋势包括但不限于以下方面。

① 基于二维材料和晶体管的优化策略（例如通过栅极电压调节电场）可以与传统的性能改善技术相结合，如化学掺杂、在二维材料的晶界上嵌入导电纳米粒子以及制备多元化合物等。

② 目前，大多数面内热导率测量方法较为复杂，因此，很难精确评估二维材料的热电性能，这要求进一步发展热传输表征技术。

③ 通过热电效应进行的制冷或热量收集可集成到具有多功能的可穿戴电子设备和物联网中。例如，在单个纳米芯片上集成能量供应和焦耳散热装置。因此，器件设计在未来的应用中也至关重要。

参考文献

[1] 陈立东，刘睿恒，史迅. 热电材料与器件 [M]. 北京：科学出版社，2018.

[2] LIU D, WANG D, HONG T, et al. Lattice plainification advances highly effective SnSe crystalline thermoelectrics [J]. Science, 2023, 380(6647): 841-846.

[3] JIANG B, WANG W, LIU S, et al. High figure-of-merit and power generation in high-entropy GeTe-based thermoelectrics [J]. Science, 2022, 377(6602): 208-313.

[4] YANG D, SU X, LI J, et al. Blocking Ion Migration Stabilizes the High Thermoelectric Performance in Cu_2Se Composites [J]. Advanced Materials, 2020, 32(40): 2003730.

[5] WU J, CHEN Y, WU J, et al. Perspectives on Thermoelectricity in Layered and 2D Materials [J]. Advanced Electronic Materials, 2018, 4(12): 1800248.

[6] LONG M, WANG P, FANG H, et al. Progress, Challenges, and Opportunities for 2D Material Based Photodetectors [J]. Advanced Functional Materials, 2019, 29(19): 1803807.

[7] YU J, SUN Q. Bi_2O_2Se nanosheet: An excellent high-temperature n-type thermoelectric material [J]. Applied Physics Letters, 2018, 112(5): 053901.

[8] WU J, YUAN H, MENG M, et al. High electron mobility and quantum oscillations in non-encapsulated ultrathin semiconducting Bi_2O_2Se [J]. Nature Nanotechnology, 2017, 12(6): 530-534.

[9] TAN X, LIU Y, HU K, et al. Synergistically optimizing electrical and thermal transport properties of Bi_2O_2Se ceramics by Te-substitution [J]. Journal of the American Ceramic Society, 2018, 101(1): 326.333.

[10] GLAVIN N R, RAO R, VARSHNEY V, et al. Emerging Applications of Elemental 2D Materials [J]. Advanced Materials, 2020, 32(7): 1904302.

[11] MOLLE A, GRAZIANETTI C, TAO L, et al. Silicene, silicene derivatives, and their device applications [J]. Chemical Society Reviews, 2018, 47(16): 6370-6387.

[12] JAIN A, MCGAUGHEY A J H. Strongly anisotropic in-plane thermal transport in single-layer black phosphorene [J]. Scientific Reports, 2015, 5: 8501.

[13] ERSAN F, KECIK D, OZCELIK V O, et al. Two-dimensional pnictogens: A review of recent progresses and future research directions [J]. Applied Physics Reviews, 2019, 6(2): 021308.

[14] SINGH D, GUPTA S K, SONVANE Y, et al. Antimonene: a monolayer material for ultraviolet optical nanodevices [J]. Journal of Materials Chemistry C, 2016, 4(26): 6386-6390.

[15] MOLLE A, GOLDBERGER J, HOUSSA M, et al. Buckled two-dimensional Xene sheets [J]. Nature Materials, 2017, 16(2): 163-169.

[16] VISHNOI P, PRAMODA K, RAO C N R. 2D Elemental Nanomaterials Beyond Graphene [J]. Chemnanomat, 2019, 5(9): 1062-1091.

[17] LIU H, NEAL A T, ZHU Z, et al. Phosphorene: An Unexplored 2D Semiconductor with a High Hole Mobility [J]. ACS Nano, 2014, 8(4): 4033-4041.

[18] AKTURK E, AKTURK O U, CIRACI S. Single and bilayer bismuthene: Stability at high temperature and mechanical and electronic properties [J]. Physical Review B, 2016, 94(1): 014115.

[19] BOUKHVALOV D W, KATSNELSON M I, LICHTENSTEIN A I. Hydrogen on graphene: Electronic structure, total energy, structural distortions and magnetism from first-principles calculations [J]. Physical Review B, 2008, 77(3): 035427.

[20] TRIVEDI S, SRIVASTAVA A, KURCHANIA R. Silicene and Germanene: A First Principle Study of Electronic Structure and Effect of Hydrogenation-Passivation [J]. Journal of Computational and Theoretical Nanoscience, 2014, 11(3): 781-788.

[21] BALENDHRAN S, WALIA S, NILI H, et al. Elemental Analogues of Graphene: Silicene, Germanene, Stanene, and Phosphorene [J]. Small, 2015, 11(6): 640-652.

[22] LIANG L, WANG J, LIN W, et al. Electronic Bandgap and Edge Reconstruction in Phosphorene Materials [J]. Nano Letters, 2014, 14(11): 6400-6406.

[23] WANG Y, HUANG P, YE M, et al. Many-body Effect, Carrier Mobility, and Device Performance of Hexagonal Arsenene and Antimonene [J]. Chemistry of Materials, 2017, 29(5): 2191-2201.

[24] ERSAN F, AKTURK E, CIRACI S. Stable single-layer structure of group-V elements [J]. Physical Review B, 2016, 94(24): 245417.

[25] REINA A, JIA X, HO J, et al. Large Area, Few-Layer Graphene Films on Arbitrary Substrates by Chemical Vapor Deposition [J]. Nano Letters, 2009, 9(1): 30-35.

[26] GRAZIANETTI C, CINQUANTA E, TAO L, et al. Silicon Nanosheets: Crossover between Multilayer Silicene and Diamond-like Growth Regime [J]. ACS Nano, 2017, 11(3): 3376-3382.

[27] TAO L, CINQUANTA E, CHIAPPE D, et al. Silicene field-effect transistors operating at room temperature [J]. Nature Nanotechnology, 2015, 10: 227.

[28] BIANCO E, BUTLER S, JIANG S, et al. Stability and Exfoliation of Germanane: A Germanium Graphane Analogue [J]. ACS Nano, 2013, 7(5): 4414-4421.

[29] MADHUSHANKAR B N, KAVERZIN A, GIOUSIS T, et al. Electronic properties of germanane field-effect transistors [J]. 2D Materials, 2017, 4(2): 021009.

[30] YAO Q, JIAO Z, BAMPOULIS P, et al. Charge puddles in germanene [J]. Applied Physics Letters, 2019, 114(4): 041601.

[31] NAKAMURA Y, ZHAO T, XI J, et al. Intrinsic Charge Transport in Stanene: Roles of Bucklings and Electron-Phonon Couplings [J]. Advanced Electronic Materials, 2017, 3(11): 1700143.

[32] ZHENG X, ZHANG J F, TONG B, et al. Epitaxial growth and electronic properties of few-layer stanene on InSb (1 1 1) [J]. 2D Materials, 2019, 7(1): 011001.

[33] LI L, YU Y, YE G J, et al. Black phosphorus field-effect transistors [J]. Nature Nanotechnology, 2014, 9: 372.

[34] PIZZI G, GIBERTINI M, DIB E, et al. Performance of arsenene and antimonene double-gate MOSFETs from first principles [J]. Nature Communications, 2016, 7: 12585.

[35] YANG Z, WU Z, LYU Y, et al. Centimeter-scale growth of two-dimensional layered high-mobility bismuth films by pulsed laser deposition [J]. Infomat, 2019, 1(1): 98-107.

[36] KIM D H, LEE S H, KIM J K, et al. Structure and electrical transport properties of bismuth thin films prepared by RF magnetron sputtering [J]. Applied Surface Science, 2006, 252(10): 3525-3531.

[37] RADISAVLJEVIC B, RADENOVIC A, BRIVIO J, et al. Single-layer MoS_2 transistors [J]. Nature Nanotechnology, 2011, 6: 147.

[38] HIPPALGAONKAR K, WANG Y, YE Y, et al. High thermoelectric power factor in two-dimensional crystals of MoS_2 [J]. Physical Review B, 2017, 95(11): 115407.

[39] JIANG B, YANG Z, LIU X, et al. Interface engineering for two-dimensional semiconductor transistors [J]. Nano Today, 2019, 25: 122-134.

[40] YANG L, MAJUMDAR K, LIU H, et al. Chloride Molecular Doping Technique on 2D Materials: WS_2 and MoS_2 [J]. Nano Letters, 2014, 14(11): 6275-6280.

[41] CHENG C, JIA P, XIAO L, et al. Tandem chemical modification/mechanical exfoliation of graphite: Scalable synthesis of high-quality, surface-functionalized graphene [J]. Carbon, 2019, 145: 668-676.

[42] CHEN Q, CHEN J, XU X, et al. Morphology Optimization of Bi_2Se_3 Thin Films for Enhanced Thermoelectric Performance [J]. Crystal Growth & Design, 2021, 21(12): 6737-6743.

[43] LANG J, DING B, ZHANG S, et al. Scalable Synthesis of 2D Si Nanosheets [J]. Advanced Materials, 2017, 29(31): 1701777.

[44] AMOLLO T A, MOLA G T, KIRUI M S K, et al. Graphene for Thermoelectric Applications: Prospects and Challenges [J]. Critical Reviews in Solid State and Materials Sciences, 2018, 43(2): 133-157.

[45] FENG S, YAO T, LU Y, et al. Quasi-industrially produced large-area microscale graphene flakes assembled film with extremely high thermoelectric power factor [J]. Nano Energy, 2019, 58: 63-68.

[46] SEVIK C, SEVINCLI H. Promising thermoelectric properties of phosphorenes [J]. Nanotechnology, 2016, 27(35): 355705.

[47] LIU Z, MORALES-FERREIRO J O, LUO T. First-principles study of thermoelectric properties of blue phosphorene [J]. Applied Physics Letters, 2018, 113(6): 063903.

[48] WU Z, HAO J. Electrical transport properties in group-V elemental ultrathin 2D layers [J]. Npj 2d Materials and Applications, 2020, 4(1): 4.

[49] ZHU L, LI B, YAO K. Thermoelectric transport properties of Ti doped/adsorbed monolayer blue phosphorene [J]. Nanotechnology, 2018, 29(32): 325206.

[50] CAO W, XIAO H, OUYANG T, et al. Ballistic thermal transport in black and blue phosphorene nanoribbons and in-plane heterostructures [J]. Physics Letters A, 2019, 383(13): 1493-1497.

[51] LIU H, CHOE H S, CHEN Y, et al. Variable range hopping electric and thermoelectric transport in anisotropic black phosphorus [J]. Applied Physics Letters, 2017, 111(10): 102101.

[52] WANG L, THEAN A V Y, LIANG G. A statistical Seebeck coefficient model based on percolation theory in two-dimensional disordered systems [J]. Journal of Applied Physics, 2019, 125(22): 224302.

[53] ZHONG W, ZHAO Y, ZHU B, et al. Anisotropic thermoelectric effect and field-effect devices in epitaxial bismuthene on Si (111) [J]. Nanotechnology, 2020, 31(47): 475202.

[54] SUN X, ZHAO H, CHEN J, et al. Effects of the thickness and laser irradiation on the electrical properties of e-beam evaporated 2D bismuth [J]. Nanoscale, 2021, 13(4): 2648-2657.

[55] YAN Y, WU H, JIANG F, et al. Enhanced thermopower of gated silicene [J]. European Physical Journal B, 2013, 86(11): 457.

[56] QIN G, QIN Z, YUE S Y, et al. External electric field driving the ultra-low thermal conductivity of silicene [J]. Nanoscale, 2017, 9(21): 7227-7234.

[57] PENG B, ZHANG H, SHAO H, et al. Phonon transport properties of two-dimensional group-IV materials from ab initio calculations [J]. Physical Review B, 2016, 94(24): 245420.

[58] RADISAVLJEVIC B, KIS A. Mobility engineering and a metal-insulator transition in monolayer MoS_2 [J]. Nature Materials, 2013, 12(9): 815-820.

[59] LI L, YU Y, YE G J, et al. Black phosphorus field-effect transistors [J]. Nature Nanotechnology, 2014, 9(5): 372-377.

[60] SAITO Y, IIZUKA T, KORETSUNE T, et al. Gate-Tuned Thermoelectric Power in Black Phosphorus [J]. Nano Letters, 2016, 16(8): 4819-4824.

[61] UEDA Y, NGUYEN HUYNH DUY K, YAO K, et al. Epitaxial growth and characterization of Bi1-xSbx spin Hall thin films on GaAs(111) A substrates [J]. Applied Physics Letters, 2017, 110(6): 062401.

[62] WALKER E S, MUSCHINSKE S, BRENNAN C J, et al. Composition-dependent structural transition in epitaxial Bi1-xSbx thin films on Si(111) [J]. Physical Review Materials, 2019, 3(6): 062401.

[63] ZHAO H, XUE Y, ZHAO Y, et al. Large-area 2D bismuth antimonide with enhanced thermoelectric properties via multiscale electron-phonon decoupling [J]. Materials Horizons, 2023, 10(6): 2053-2061.

[64] PETTES M T, MAASSEN J, JO I, et al. Effects of Surface Band Bending and Scattering on Thermoelectric Transport in Suspended Bismuth Telluride Nanoplates [J]. Nano Letters, 2013, 13(11): 5316-5322.

[65] XIAO N, DONG X, SONG L, et al. Enhanced Thermopower of Graphene Films with Oxygen Plasma Treatment [J]. ACS Nano, 2011, 5(4): 2749-2755.

[66] YANG F, NG H K, WU J, et al. Simultaneous optimization of phononic and electronic transport in two-dimensional Bi_2O_2Se by defect engineering [J]. Science China-Information Sciences, 2023, 66(6): 160408.

[67] YANG F, WU J, SUWARDI A, et al. Gate-Tunable Polar Optical Phonon to Piezoelectric Scattering in Few-Layer Bi_2O_2Se for High-Performance Thermoelectrics [J]. Advanced Materials, 2021, 33(4): 2004786.

[68] DOLLFUS P, HUNG NGUYEN V, SAINT-MARTIN J. Thermoelectric effects in graphene nanostructures [J]. Journal of Physics: Condensed Matter, 2015, 27(13): 133204.

[69] WU J, CHEN Y, WU J, et al. Perspectives on Thermoelectricity in Layered and 2D Materials [J]. Adv Electron Mater, 2018, 4: 1800248.

[70] LI Q Y, FENG T, OKITA W, et al. Enhanced Thermoelectric Performance of As-Grown Suspended Graphene Nanoribbons [J]. ACS Nano, 2019, 13(8): 9182-9189.

[71] BALANDIN A A. Thermal properties of graphene and nanostructured carbon materials [J]. Nature Materials, 2011, 10: 569.

[72] AN C J, KANG Y H, LEE C, et al. Preparation of Highly Stable Black Phosphorus by Gold Decoration for High-Performance Thermoelectric Generators [J]. Adv Funct Mater, 2018, 28(28): 1800532.

[73] LEE S, YANG F, SUH J, et al. Anisotropic in-plane thermal conductivity of black phosphorus nanoribbons at temperatures higher than 100K [J]. Nature Communications, 2015, 6(1): 8573.

[74] LINSEIS V, VöLKLEIN F, REITH H, et al. Thickness and temperature dependent thermoelectric properties of $Bi_{87}Sb_{13}$ nanofilms measured with a novel measurement platform [J]. Semiconductor Science and Technology, 2018, 33(8): 085014.

[75] JU H, KIM M, PARK D, et al. A Strategy for Low Thermal Conductivity and Enhanced Thermoelectric Performance in SnSe: Porous $SnSe_{(1-x)}S_x$ Nanosheets [J]. Chemistry of Materials, 2017, 29(7): 3228-3236.

[76] HE R, SCHIERNING G, NIELSCH K. Thermoelectric Devices: A Review of Devices, Architectures, and Contact Optimization [J]. Adv Mater Technol, 2018, 3: 1700256.

[77] LI T, PICKEL A D, YAO Y, et al. Thermoelectric properties and performance of flexible reduced graphene oxide films up to 3,000 K [J]. Nature Energy, 2018, 3(2): 148.

[78] AIYITI A, HU S, WANG C, et al. Thermal conductivity of suspended few-layer MoS_2 [J]. Nanoscale, 2018, 10(6): 2727-2734.

[79] SLEDZINSKA M, QUEY R, MORTAZAVI B, et al. Record Low Thermal Conductivity of Polycrystalline MoS_2 Films: Tuning the Thermal Conductivity by Grain Orientation [J]. ACS Applied Materials & Interfaces, 2017, 9(43): 37905-37911.

[80] NG H K, ABUTAHA A, VOIRY D, et al. Effects Of Structural Phase Transition On Thermoelectric Performance in Lithium-Intercalated Molybdenum Disulfide (Li_xMoS_2) [J]. ACS Applied Materials & Interfaces, 2019, 11(13): 12184-12189.

[81] YOSHIDA M, IIZUKA T, SAITO Y, et al. Gate-Optimized Thermoelectric Power Factor in Ultrathin WSe_2 Single Crystals [J]. Nano Letters, 2016, 16(3): 2061-2065.

[82] QIAN X, JIANG P, YU P, et al. Anisotropic thermal transport in van der Waals layered alloys $WSe_{2(1-x)}Te_{2x}$ [J]. Applied Physics Letters 2018, 112(24): 241901.

[83] KIM W, KIM H, HALLAM T, et al. Field-Dependent Electrical and Thermal Transport in Polycrystalline WSe_2 [J]. Adv Mater Interfaces 2018, 5(11): 1701161.

[84] BOUKAI A, XU K, HEATH J R. Size-dependent transport and thermoelectric properties of individual polycrystalline bismuth nanowires [J]. Advanced Materials, 2006, 18(7): 864-869.

[85] ZENG J, HE X, LIANG S J, et al. Experimental Identification of Critical Condition for Drastically Enhancing Thermoelectric Power Factor of Two-Dimensional Layered Materials [J]. Nano Letters, 2018, 18(12): 7538-7545.

[86] LI T, PICKEL A D, YAO Y, et al. Thermoelectric properties and performance of flexible reduced graphene oxide films up to 3,000 K [J]. Nature Energy, 2018, 3(2): 148-156.

[87] BALANDIN A A, GHOSH S, BAO W, et al. Superior thermal conductivity of single-layer graphene [J]. Nano Letters, 2008, 8(3): 902-907.

[88] SHI L, PLYASUNOV S, BACHTOLD A, et al. Scanning thermal microscopy of carbon nanotubes using batch-fabricated probes [J]. Applied Physics Letters, 2000, 77(26): 4295-4297.

[89] BALANDIN A A. Thermal properties of graphene and nanostructured carbon materials [J]. Nature Materials, 2011, 10(8): 569-581.

[90] SONG H, LIU J, LIU B, et al. Two-Dimensional Materials for Thermal Management Applications [J]. Joule, 2018, 2(3): 442-463.

[91] WANG H, CHU W, CHEN G. A Brief Review on Measuring Methods of Thermal Conductivity of Organic and Hybrid Thermoelectric Materials [J]. Advanced Electronic Materials, 2019, 5(11): 1900167.

[92] ZHANG Y, ZHU W, HUI F, et al. A Review on Principles and Applications of Scanning Thermal Microscopy (SThM) [J]. Advanced Functional Materials, 2020, 30(18): 1900892.

[93] CHENG Z, BOUGHER T, BAI T, et al. Probing Growth-Induced Anisotropic Thermal Transport in High-Quality CVD Diamond Membranes by Multifrequency and Multiple-Spot-Size Time-Domain Thermoreflectance [J]. ACS Applied Materials & Interfaces, 2018, 10(5): 4808-4815.

[94] CHIRITESCU C, CAHILL D G, NGUYEN N, et al. Ultralow thermal conductivity in disordered, layered WSe_2 crystals [J]. Science, 2007, 315(5810): 351-353.

[95] CALIZO I, BALANDIN A A, BAO W, et al. Temperature dependence of the Raman spectra of graphene and graphene multilayers [J]. Nano Letters, 2007, 7(9): 2645-2649.

[96] PETTES M T, JO I, YAO Z, et al. Influence of Polymeric Residue on the Thermal Conductivity of Suspended Bilayer Graphene [J]. Nano Letters, 2011, 11(3): 1195-1200.

[97] WINGERT M C, CHEN Z C Y, KWON S, et al. Ultra-sensitive thermal conductance measurement of one-dimensional nanostructures enhanced by differential bridge [J]. Review of Scientific Instruments, 2012, 83(2): 024901.

[98] WEATHERS A, BI K, PETTES M T, et al. Reexamination of thermal transport measurements of a low-thermal conductance nanowire with a suspended micro-device [J]. Review of Scientific Instruments, 2013, 84(8): 084903.

[99] LEE S, YANG F, SUH J, et al. Anisotropic in-plane thermal conductivity of black phosphorus nanoribbons at temperatures higher than 100 K [J]. Nature Communications, 2015, 6: 8573.

[100] LIU Y, ZHANG M, JI A, et al. Measuring methods for thermoelectric properties of one-dimensional nanostructural materials [J]. Rsc Advances, 2016, 6(54): 48933-48961.

[101] SHANG H, LI T, LUO D, et al. High-Performance Ag-Modified Bi0.5Sb1.5Te3 Films for the Flexible Thermoelectric Generator [J]. ACS Applied Materials & Interfaces, 2020, 12(6): 7358-7365.

[102] XIN Y, ZHOU J, LUBINEAU G. A highly stretchable strain-insensitive temperature sensor exploits the Seebeck effect in nanoparticle-based printed circuits [J]. Journal of Materials Chemistry A, 2019, 7(42): 24493-24501.

[103] NAN K, KANG S D, LI K, et al. Compliant and stretchable thermoelectric coils for energy harvesting in miniature flexible devices [J]. Science Advances, 2018, 4(11): eaau5849.

[104] HARAS M, SKOTNICKI T. Thermoelectricity for IoT - A review [J]. Nano Energy, 2018, 54: 461-476.

[105] TANWAR A, LAL S, RAZEEB K M. Structural Design Optimization of Micro-Thermoelectric Generator for Wearable Biomedical Devices [J]. Energies, 2021, 14(8): 2339.

[106] LORA RAMOS D A, BARATI V, GARCIA J, et al. Design Guidelines for Micro-Thermoelectric Devices by Finite Element Analysis [J]. Advanced Sustainable Systems, 2019, 3(2): 1800093.

[107] LU X, SUN L, JIANG P, et al. Progress of Photodetectors Based on the Photothermoelectric Effect [J]. Advanced Materials, 2019, 31(50): 1902044.

[108] KINOSHITA K, MORIYA R, ARAI M, et al. Photo-thermoelectric detection of cyclotron resonance in asymmetrically carrier-doped graphene two-terminal device [J]. Applied Physics Letters, 2018, 113(10): 103102.

[109] LIU C, DU L, TANG W, et al. Towards sensitive terahertz detection via thermoelectric manipulation using graphene transistors [J]. Npg Asia Materials, 2018, 10: 318-327.

[110] CAI X, SUSHKOV A B, SUESS R J, et al. Sensitive room-temperature terahertz detection via the photothermoelectric effect in graphene [J]. Nature Nanotechnology, 2014, 9(10): 814-819.

[111] LUNDEBERG M B, GAO Y, WOESSNER A, et al. Thermoelectric detection and imaging of propagating graphene plasmons [J]. Nature Materials, 2017, 16(2): 204-207.

[112] SEO B, HWANG H, KANG S, et al. Flexible-detachable dual-output sensors of fluid temperature and dynamics based on structural design of thermoelectric materials [J]. Nano Energy, 2018, 50: 733-743.

[113] JURADO J P, DORLING B, ZAPATA-ARTEAGA O, et al. Solar Harvesting: a Unique Opportunity for Organic Thermoelectrics [J]. Advanced Energy Materials, 2019, 9(45): 1902385.

第 7 章

基于低维材料的新型发电机器件

近年来，摩擦电纳米发电机（TENG）/压电纳米发电机（PENG）作为新型的机械能转换技术，在自供电传感器、电子、微纳米能源、分布式高熵能量采集等领域具有明显的优势。与传统材料相比，二维材料因其独特的压电、光电和机械性能而成为最有潜力的应用材料。在此，本章节将从纳米发电机机理出发，说明二维材料在纳米发电机领域的应用机理，根据多种低维材料分别讲述其特性和在纳米发电机上的作用，最后介绍基于低维材料的纳米发电机应用场景。

7.1 纳米发电机机理

纳米发电机（NGs）是利用麦克斯韦位移电流作为驱动力将机械能有效地转换为电能或者信号的装置，常见的纳米发电机基于三种原理特性，即压电性、摩擦性（接触带电）和热电性。第一个压电纳米发电机（PENG）于 2006 年发明[1]，第一个摩擦电纳米发电机于 2012 年发明[2]。到目前为止，考虑到纳米发电机作为微/纳米电源，自供电传感器，蓝色能量收集和高压源的应用，相关研究已经引起了全世界研究者广泛的兴趣[3]。

7.1.1 基于麦克斯韦方程组的推导

麦克斯韦方程组自 1861 年被提出以来，在无线通信、光子学、光通信等领域都得到了发展，它们的广泛应用几乎覆盖了我们生活的每一个角落。我们首先从麦克斯韦方程组出发：

$$\nabla \cdot \boldsymbol{D} = \rho \tag{7.1}$$

$$\nabla \cdot \boldsymbol{B} = 0 \tag{7.2}$$

$$\nabla \times \boldsymbol{E} = -\frac{\partial \boldsymbol{B}}{\partial t} \tag{7.3}$$

$$\nabla \times \boldsymbol{H} = \boldsymbol{J} + \frac{\partial \boldsymbol{D}}{\partial t} \tag{7.4}$$

式中，∇ 为散度；ρ 为自由电荷在空间中的分布，即电荷密度；$\boldsymbol{B}$ 为磁感应强度；$\boldsymbol{E}$ 为感应电场强度；$\boldsymbol{J}$ 为由于电荷流动而导致的空间中的自由传导电流密度；$\boldsymbol{D}$ 为电位移矢量；$\boldsymbol{H}$ 为磁场强度矢量。$\boldsymbol{D} = \varepsilon_0 \boldsymbol{E} + \boldsymbol{P}$，$\varepsilon_0$ 为真空介电常数。我们知道，电场存在下的极化效应是在介质体积内产生束缚电荷 $\rho_b = -\nabla \cdot \boldsymbol{P}$，在介质表面产生应力 $\sigma_b = -\boldsymbol{P} \cdot \boldsymbol{n}$，其中 $\boldsymbol{P}$ 是介质极化矢量，$\boldsymbol{n}$ 是表面法线方向的单位矢量。由于介质极化而产生的场就是有界电荷的场。分析麦克斯韦方程组可以得知，如果没有电场就没有位移电流；换言之，如果没有外部电场就没有极化产生。这是电磁波产生的一般情况，所有的理论和应用都是针对这种情况开发的。

然而，在实践中，极化也可以由作为压电效应和表面接触带电结果的应变场产生（例如摩擦电效应），其独立于电场的存在。在压电的情况下，表面极化电荷是由于晶体表面上的应变诱导离子产生的。对于摩擦纳米发电机而言，摩擦电荷仅由于两种不同材料之间的物理接触而在表面上产生。为了解释麦克斯韦方程中接触带电引起的静电荷的贡献，在 $\boldsymbol{D}$ 中添加了附加项 $\boldsymbol{P}_s$[4]，即 $\boldsymbol{D}=\varepsilon_0\boldsymbol{E}+\boldsymbol{P}+\boldsymbol{P}_s$。这里，第一项极化矢量 $\boldsymbol{P}$ 是由于外部电场的存在，并且附加项 $\boldsymbol{P}_s$ 主要是由于与电场存在无关的表面电荷的存在。用上式对麦克斯韦方程组进行一定的替换，并定义 $\boldsymbol{D}'=\varepsilon_0\boldsymbol{E}+\boldsymbol{P}$，代入麦克斯韦方程组即可得到修正后的方程组如下：

$$\nabla\cdot\boldsymbol{D}'=\rho-\nabla\cdot\boldsymbol{P}_s \tag{7.5}$$

$$\nabla\cdot\boldsymbol{B}=0 \tag{7.2}$$

$$\nabla\times\boldsymbol{E}=-\frac{\partial\boldsymbol{B}}{\partial t} \tag{7.3}$$

$$\nabla\times\boldsymbol{H}=\boldsymbol{J}+\frac{\partial\boldsymbol{D}'}{\partial t}+\frac{\partial\boldsymbol{P}_s}{\partial t} \tag{7.6}$$

再次重新定义，新的体电荷密度和电流密度如下：

$$\rho'=\rho-\nabla\cdot\boldsymbol{P}_s \tag{7.7}$$

$$\boldsymbol{J}'=\boldsymbol{J}+\frac{\partial\boldsymbol{P}_s}{\partial t} \tag{7.8}$$

其满足电荷转换和延拓方程：$\nabla\cdot\boldsymbol{J}'+\frac{\partial\rho'}{\partial t}=0$，则麦克斯韦方程组可改写成自洽的新方程组如下：

$$\nabla\cdot\boldsymbol{D}'=\rho' \tag{7.9}$$

$$\nabla\cdot\boldsymbol{B}=0 \tag{7.2}$$

$$\nabla\times\boldsymbol{E}=-\frac{\partial\boldsymbol{B}}{\partial t} \tag{7.3}$$

$$\nabla\times\boldsymbol{H}=\boldsymbol{J}'+\frac{\partial\boldsymbol{D}'}{\partial t} \tag{7.10}$$

至此，新自洽方程组改写完成，这些方程是推导纳米发电机输出特性的基石。

7.1.2 纳米发电机理论

（1）纳米发电机的电流输运方程

结合新定义的变量，位移电流可表示为：

$$\boldsymbol{J}_D=\frac{\partial\boldsymbol{D}'}{\partial t}+\frac{\partial\boldsymbol{P}_s}{\partial t}=\varepsilon\frac{\partial\boldsymbol{E}}{\partial t}+\frac{\partial\boldsymbol{P}_s}{\partial t} \tag{7.11}$$

式中，ε 是介电常数。则电流密度可以表述为：

$$I_D=\int\boldsymbol{J}_D\cdot\mathrm{d}\boldsymbol{s}=\int\frac{\partial\boldsymbol{D}}{\partial t}\cdot\mathrm{d}\boldsymbol{s}=\frac{\partial}{\partial t}\int\nabla\cdot\boldsymbol{D}\mathrm{d}r=\frac{\partial}{\partial t}\int\rho\mathrm{d}r=\frac{\partial Q}{\partial t} \tag{7.12}$$

式中，Q 是电极上的总自由电荷。这个方程意味着纳米发电机中的内部电路由位移电流主导，外部电路中观察到的电流是容性传导电流。这样的描述可以在图 7.1 的右侧底部示出。内部电路和外部电路可以在两个电极处相遇，形成完整的回路。因此，位移电流是电流产生的内在物理核心，是内部驱动力，而外部电路中的容性传导电流是位移电流的外在表现形式。

对于有两种类型电流，即传导电流和位移补偿电流（图 7.1）的情况，传导电流是电子在导体中流动的结果。电磁发电机是利用导线中的洛仑兹力驱动电子流发电的主要方法。而对于基于压电、热释电、摩擦电、静电和驻极体效应的发电机，电流由发生器内部的位移电流驱动。这种类型的发电机被称为纳米发电机，其在物理上表示为使用位移电流作为驱动力的场，用于有效地将机械能转换为电力/信号。用于纳米发电机的材料可以包含纳米材料或不包含纳米材料，这不会改变纳米发电机的物理含义。电磁发电机具有大电流、低电压的特点，在高频下工作效果最好；纳米发电机具有输出电压高、电流小的特点，在低频下工作效果最好。在低频条件下，TENG 能有效地将我们生活环境中浪费和低质量的能量转化为电能。正是由于这种特性，TENG 在物联网、传感器网络等方面具有关键作用。

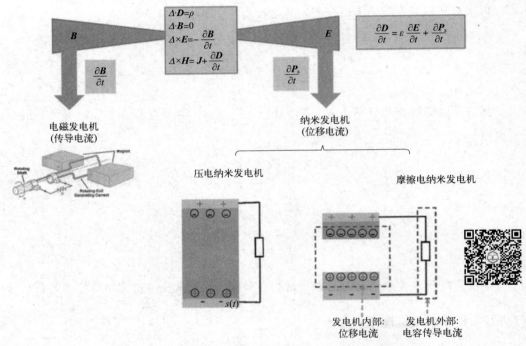

图 7.1　电磁发电机与纳米发电机的关系[5]

（2）压电纳米发电机的输出

如图所示，图 7.2（a）示出了基于薄膜的压电纳米发电机的示例，该压电纳米发电机由其两个表面上的平坦电极覆盖的绝缘体压电材料组成。一旦纳米发电机经受垂直机械变形，则在材料的两端处产生压电极化电荷。极化电荷密度 σ_p 随着所施加力的增加而增加，并且由极化电荷产生的静电势借助两个电极之间电子通过负载的流动来平衡。如果电极上的感应电荷密度为 $\sigma(t)$，则介质中的相应电场为

$$E = (\sigma - \sigma_p)/\varepsilon \tag{7.13}$$

可进一步推导出

$$RA\frac{d\sigma}{dt} + z\frac{\sigma - \sigma_p}{\varepsilon} = 0 \tag{7.14}$$

式中，R 为外接负载电阻；A 为电极的面积；z 为压电薄膜电极的厚度。压电表面电荷密度与应变 s 的关系为 $\sigma_p = es$，其中 e 是压电系数，s 是应变。如果压电膜的厚度变化被忽略，并且边缘效应也被忽略，则可解得：

$$\sigma = \sigma_p\left[1 - \exp\left(-\frac{z}{RA\varepsilon}t\right)\right] \tag{7.15}$$

因此，负载上的输出功率为：

$$p = \left[\frac{z\sigma_p}{R\varepsilon}\exp\left(-\frac{z}{RA\varepsilon}t\right)\right]^2 R \tag{7.16}$$

总输出能量为：

$$E_0 = \frac{Az(\sigma_p)^2}{2\varepsilon} \tag{7.17}$$

由上式可得，为了提高压电纳米发电机的输出功率，提高压电材料表面电荷密度可作为有效方案，从材料的角度考虑，可以通过掺杂等途径来提升压电系数。接下来举个利用二维材料特性改进压电系数的例子，二硫化钼的几何取向呈现出扶手椅或之字形构型，可显著影响压电系数的大小。在相同程度的应变（0.48%）下，由 MoS_2 扶手椅方向组成的器件的输出电压（20mV），几乎是由之字形方向组成的器件的输出电压（10mV）的两倍，这也说明了压电系数的提高能促进压电纳米发电机输出性能的提升[6]。

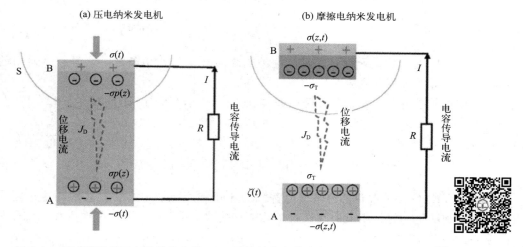

图 7.2 基于薄膜的压电纳米发电机（a）及接触分离模式摩擦电纳米发电机（b）[5]

（3）摩擦电纳米发电机的输出

摩擦起电几乎无处不在，并且已经被人们熟知 2600 年了，这可能是自然界中最为普遍的现象。但对于接触起电是由电子转移、离子转移还是其他物质转移引起的,目前还存在争议。最近,研究发现两种固体之间的接触起电可能完全由电子转移控制,或者主要由电子转移控制[7]。因此,我们可以将接触带电重新定义为一种量子力学电子和离子转移过程,它发生在任何材料、任何状态(固体、液体、气体)、任何应用环境中,以及高达约 400℃ 的宽温度范围内[7]。这种效应是普遍的,但是本质上也是独特的,因为其在 TENG 基础上将机械能转换为电能的应用正引起广泛的关注。

为了说明上述理论在 TENG 中的应用,我们选择接触—分离模式作为一个简单的情况,如图 7.2 (b)。TENG 由通过间隙分开的两个介电层制成,电极分别在两个介电层的顶表面和底表面上,物理接触之后在两个电介质的表面上产生具有相反符号的静电电荷。如果两种介质的介电常数分别为 ε_1 和 ε_2,厚度分别为 d_1 和 d_2,则摩擦电引入的表面电荷密度为 $\sigma_T(t)$,电极表面的自由电子密度为 $\sigma(z,t)$。假设介质膜的平面尺寸远大于差距距离,忽略边缘处的场泄漏效应,得到两种介质中和间隙中的电场分别为:

$$E_z = -\sigma(z,t)/\varepsilon_1 \tag{7.18}$$

$$E_z = -\sigma(z,t)/\varepsilon_2 \tag{7.19}$$

$$E_z = -(\sigma(z,t)-\sigma_T)/\varepsilon_0 \tag{7.20}$$

A 和 B 电极之间的电势差:

$$\Phi_{AB} = -\sigma(z,t)(d_1/\varepsilon_1 + d_2/\varepsilon_2) - H(t)[\sigma(z,t)-\sigma_T]/\varepsilon_0 \tag{7.21}$$

另一方面,根据位移电流和负载上的欧姆定律可得:

$$\Phi_{AB} = AJ_D R = AR\frac{\partial \boldsymbol{D}_z}{\partial t} = AR\frac{\partial \sigma(z,t)}{\partial t} \tag{7.22}$$

因此,通过外部负载 R 的传输方程为:

$$AR\frac{\partial \sigma(z,t)}{\partial t} = -\sigma(z,t)(d_1/\varepsilon_1 + d_2/\varepsilon_2) - H(t)[\sigma(z,t)-\sigma_T]/\varepsilon_0 \tag{7.23}$$

式中,H 是时间的函数,并且由两种电介质接触的速率确定。这是一个通用的输运方程,可以用解析法和数值法求解。

而在实际运用中,表面电流密度通常在 TENG 运行约 10 个循环后下降,因此,J_D 可表达为:

$$\boldsymbol{J}_D \approx \sigma_T \times \frac{dH}{dt} \times \frac{d_1\varepsilon_0/\varepsilon_1 + d_2\varepsilon_0/\varepsilon_2}{(d_1\varepsilon_0/\varepsilon_1 + d_2\varepsilon_0/\varepsilon_2 + z)^2} \tag{7.24}$$

关于 TENG 性能改进的许多研究都致力于增加摩擦层电荷密度,因为这决定了输出电压、电流和功率。材料组成的改性就是其中有效的策略之一,材料的改性可以细分为化学表面官能化和体组分改性 (chemical surface functionalization and bulk composition manipulation)。在化学表面功能化中,通过改变暴露在表面上的官能团来改性摩擦电材料,使得其电荷捕获能力增强。例如,Jiang 等人报道了由于氟和氧官能团的存在而具有高吸电子能力的二维 MXenes 材料,用于制备具有 $1087.6 mW/m^2$ 最大峰值功率密度的纳米纤维膜[8]。考虑到 MXenes 柔性、环境友好的特点,并且可大规模制造,其非常适合应用于柔性电子器件。

7.2 材料及材料序列

7.2.1 碳材料

在多种纳米发电机出现后，人们对各种碳材料在能量收集设备中的应用潜力开展了广泛研究。其中，一些碳材料的应用令纳米发电机的性能达到了里程碑式的突破，取得了令人瞩目的成果。众所周知，碳原子具有与其它碳原子或非金属元素形成共价键的显著能力。特别重要的是，它在不同的杂化态（sp，sp^2，sp^3）下所具备的不同的耦合/连接能力使得碳基材料可以根据不同的需要进行定制与调整[9]。在过去这些年里，碳同素异形体的制备与研究得到了大量的关注。比如，碳纳米管（CNT）具有卓越的导电性和机械强度，能够在不破坏弹性恢复能力的前提下承受高达几百兆帕的应力。石墨烯则以出色的导电性、高比表面积和良好的热稳定性而备受瞩目。根据碳材料的不同维度，大多数碳同素异形体可以划分为四类，从零维（0D）到三维（3D）[10]（图 7.3），并且在表 7.1 中总结了典型低维碳材料的优缺点。由于这些特性，低维碳材料在能源转换和材料存储领域发挥着不可或缺的作用，接下来将根据不同的维度分别介绍碳材料在纳米发电机领域中的适用性。

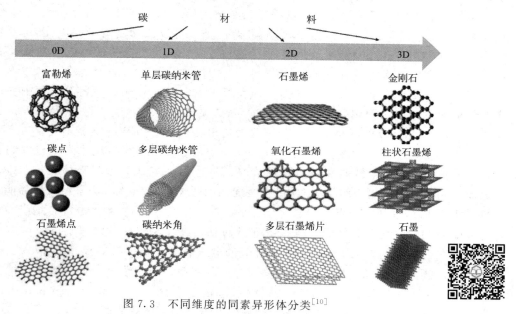

图 7.3 不同维度的同素异形体分类[10]

表 7.1 典型低维碳材料特性

维度	材料	优点	缺点	能源应用
零维（0D）	富勒烯	化学和光学多功能性	短波吸收；高分子质量	纳米发电机、太阳能电池
	石墨烯量子点（GQDs）	超轻；更小晶粒；高稳定性和溶解度	产量低；尺寸与形状不易控制	纳米发电机、太阳能电池、锂电池

续表

维度	材料	优点	缺点	能源应用
一维(1D)	碳纳米管(CNT)	超轻;高纵横比;优异导电性和热稳定性	不可生物降解;成本高	纳米发电机、储能与燃料电池、储氢
二维(2D)	石墨烯	最薄、最坚固的材料;透明;表面积大;出色的导热性和导电性	生产成本高且复杂;易受氧化环境影响,具有毒性	柔性电子器件、RAM、储能设备、电极
	氧化石墨烯(GO)	表面积大;卓越的机械稳定性;可调的电气和光学特性;低成本;水分散性好	热稳定性差;制备后对功能化的控制较差;表面随机功能化	储氢、锂离子电池、超级电容器

(1) 零维碳材料

研究者广泛研究了各种不同纵横比的纳米填料在提高聚合物材料的介电性能和能量容量方面的潜力[11]。作为一种具有零维纳米结构的合成碳材料,富勒烯的发现,开启了碳同素异形体研究的新时代。从图 7.3 中可以看到,富勒烯是由 60 个等量的 sp^2 杂化碳原子构成的球形网络。理论计算表明,它可以表现为可逆接收多达六个电子的电负性分子[12]。事实上,由于其显著的电子接收特性,富勒烯已经被广泛应用于各种电活性体系[13]。例如通过电纺聚偏二氟乙烯(PVDF)与富勒烯的混合溶液,可以成功制备 PVDF/富勒烯复合纳米纤维[14]。在与 PVDF 的结合过程中,由于富勒烯 sp^2 杂化键提供的高电负性以及表面 π 键的高电子亲和力,富勒烯为该复合纤维提供了大量的电荷陷阱,大大增加了该复合纤维的表面电荷密度。实验表明,原始 PVDF 纤维表现出 -0.99mA/cm^2 的表面电荷密度,而与富勒烯结合的 PVDF 表面则呈现出 -2.46mA/cm^2 的表面电荷密度。将该 PVDF/富勒烯复合纳米纤维作为 TENG 的摩擦电层,TENG 的输出功率从 $129\mu W$ 显著提升至 $282\mu W$。

除了富勒烯之外,石墨烯量子点(GQDs)也被创新性地引入纳米发电机的制备中,以同步修改活性层的介电性能和表面微观结构[15-16]。与其它碳同素异形体相比,GQDs 在保持其质量超轻且晶粒更小的优势的同时,表现出了良好的电导率。为了组装更高能量的转换器,采用 PDMS 和 PVDF 活性层相结合的方法,实现了压电-摩擦电混合纳米发电器[15]。通过 GQDs 与二氧化钛对摩擦电层和压电层的分别改性,实现了摩擦电以及压电输出的双重改进。在 GQDs 的参与下,摩擦电子部分的电压输出性能从 52V 提高到 105V,短路电流从 13.9mA 提高到 18.1mA,证实了这种 0D 碳材料有效地改善了 PDMS 摩擦电层的介电性能。此外,由于其环保、良好的导电性和水溶性等性能[17-18],碳点(carbon dots, CDs)的发现[19] 有望为纳米发电机在可穿戴领域的发展提供更佳的选择。

(2) 一维碳材料

碳纳米管(CNT)是一维碳同素异形体的一种重要分类,以圆柱形排列,通常以单壁 CNT 或多壁 CNT 的形式存在[20]。与零维碳材料类似,由于共价 sp^2 杂化键的存在,CNT 同样具备优异的电学性能,并常被应用到纳米发电机的活性层中去。少量 CNT 的掺杂可为负摩擦电层的表面电位带来大幅提升[21]。纤维素是可供选择的压电材料,其纤维素链之间氢键形成的偶极子是压电的来源。利用 CNT 对纤维素压电层进行改性,可以获得高达 6.19mA 的输出电流和 1.55mA/cm^2 的电流密度。这是因为 CNT 形成的导电网络确保了能量在上下电极间的有效传递,从而避免了内部能量耗散[22]。同时,CNT 的添加显著提高了纤维素的热稳定性,其热降解温度从 281℃ 提升到了 423℃。

此外,由于其一维网络结构组成,CNT 在具备优异的导电性、热稳定性和化学可调性的同时,还表现出良好的力学性能。基于 CNT 薄膜电极的 TENG,在高达 35% 拉伸下无裂变或缺陷[23]。同时,CNT 薄膜具有出色的加工性和可扩展性,它可以通过多种方法进行轻松制备,包括喷涂[24]、印刷[25]、浸涂[26] 等,十分适用于低成本和大面积的制造需求。通过在基底样品上放置模板掩模,也可以对 CNT 透明电极进行图案化设计[23]。有研究者利用 CNT 掺杂构建了一个防水、透气、可水洗的全纤维结构 TENG[27]。它通过将静电纺丝得到的 PA66/CNT 正摩擦电层以及 PVDF 负摩擦电层与导电织物和防水织物进行缝合制备而成。CNT 的引入提高了 PA66 纳米纤维膜在与负摩擦层接触时的有效接触面积,大大提高了 TENG 的电学性能。更重要的是,CNT 良好的机械稳定性很大程度上保障了其在洗涤后的稳定电输出。实验证明,该全纤维器件在 2~6 小时后的洗涤后,输出电压与电流基本保持不变,这为未来可穿戴纳米发电机的发展提供了新的方向。柔韧性也是基于 CNT 的纳米发电机的主要特性,它允许器件长时间跟踪人体的动态变形,从而更好地收集生物能量以及监测人体运动。在相关应用中,利用静电纺丝聚偏氟乙烯-共三氟乙烯(PVT)纳米纤维膜和喷涂叉指 CNT 电极制备了用于人体运动能量收集和活动信号监测的超疏水、自供电 PENG[28]。其中,CNT 的喷涂成功将 PVT 薄膜的水接触角(WCA)提高到 125°,这种非润湿特性对器件的自清洁能力具有一定的促进作用。在这里,利用其良好的柔韧性,成功将纳米发电器件安装到人体的各个部位,例如手指、手掌、膝盖等,以收集生物能量并监测身体的运动。通过将 PENG 安装到手掌上,可以实现 20V 的电压输出。而安装到食指关节上的 PENG 输出则随着不同的手指弯曲角度呈现出不同的输出电压,这证明了 CNT 基 PENG 在人类行为监测方面的能力。

除了可穿戴应用外,纳米发电机还被认为是大规模蓝色能量收集的最先进技术之一[29-31]。在该过程中,高湿度环境以及直接与水或其它溶液进行接触的行为可能会使器件腐蚀或降解,对能量收集效率具有巨大的负面影响。低维碳同素异形体基电极被认为是面对这一挑战的有效解决策略。在最近的研究中,氟聚合物(FP)与 CNT 被用来当作纳米能量收集器件的电极,并且可以通过直接墨水书写的方法进行制备[32]。CNT 在 FP 中的分散以及导电网络的形成赋予了 FP/CNT 复合薄膜优异的导电性,令其足以用作电极。除此之外,CNT 的存在与聚集,在 FP/CNT 表面引入了不规则的微纳结构,从而使复合表面的静态接触角(SCA)从一开始的 120.1°(纯 FP 表面)提升至 160.1°,成功实现了疏水表面到超疏水表面的转换。同时,与纯 FP 膜相比,FP/CNT 的接触角滞后(CAH)降低到了 2.2°。实验表明,FP/CNT 电极的超疏水特性可以帮助液滴更容易、迅速地从能量收集器件表面脱离,这很大程度上避免了水在器件表面的积聚,从而提升输出效率。与常规金属电极在不同 PH 水溶液会发生腐蚀和变形不同,FP/CNT 电极能够很好地保持原有形状以及低表面能。与此同时,FP/CNT 的化学鲁棒性也通过在 KOH 溶液中的长时间浸泡得到了证明。

以上研究表明,CNT 无论是作为表面涂层还是作为基体掺杂填料,很容易与纳米发电机技术相结合,对纳米发电机的性能作出了重要贡献。毫无疑问,CNT 辅助的纳米发电机在未来具备广阔的应用市场。

(3)二维碳材料

石墨烯具有柔韧性、高透明度、高导电性和高表面积覆盖能力,因此被视为目前最佳的电极解决方案之一[33]。石墨烯在 TENG 中具有着独特的作用，由于其不渗透性，石墨烯层可以被视为能量势垒，防止原子或分子穿透表面。因此，石墨烯既可以直接代替金属电极，也可以保护金属层不被损坏[34]。由于石墨烯的表面积，相对较小并且在接触带电过程中产生的表面电荷较少，所以使用石墨烯作为活性材料的 TENG 数量较少。但是，当石墨烯与其它聚合物材料结合形成混合纳米结构时，TENG 的性能会得到提升。例如，由 PVDF/石墨烯复合纳米纤维制成的一种 TENG，表现出卓越的摩擦电性能[35]。与基于 PVDF 的原始 TENG 相比，基于 PVDF/石墨烯纳米纤维的 TENG 每个周期收集的能量增加了四倍。这种差异主要归因于石墨烯纳米片的掺入和纳米纤维微观结构的协同作用。此外，静电纺丝技术有助于促进极性结晶 β 相的形成。同时，分布均匀的石墨烯纳米片作为电荷捕获位点，增强了表面电位和电荷密度。通常，石墨烯在 TENG 设置中同时扮演电极和摩擦电层的角色。目前已有方法可以增强石墨烯的摩擦起电效应。例如，通过形成褶皱结构来组装透明、可拉伸的 TENG[36]，具有较高褶皱度的石墨烯可以产生更大的表面积，有利于接触起电。此外，在这种情况下，皱褶石墨烯还起到了电极的作用。皱褶石墨烯的转移电荷密度比平面石墨烯提高了三倍。

石墨烯在热释电纳米发电机中也具有重要的应用价值。在热释电纳米发电机中，石墨烯可以作为电极材料，利用其高导电性和良好的力学性能，提高电极的导电性和稳定性。例如，将石墨烯涂覆在热释电纳米发电机的金属电极表面，可以显著提高电极的导电性能，同时减少金属电极的热量损失，提高器件的热稳定性。此外，石墨烯还可以作为热释电材料，利用其较高的热释电系数，制备高性能的热释电纳米发电机[37-38]。例如，将石墨烯与聚酰亚胺等高分子材料混合，制备出具有优异热释电性能的复合材料，用于制备热释电纳米发电机。

氧化石墨烯（GO）和还原氧化石墨烯（rGO）相比石墨烯具有大规模生产、易于加工和优异的可调性等多种优点。GO/rGO 的结构比石墨烯更复杂，表现出不同性能。它们通常含有丰富的活性含氧官能团，可进行共价/非共价修饰以满足特定应用需求。此外，氧基团可以拓宽 GO/rGO 的层间间隙，使其可以通过小分子或聚合物相互作用实现功能化[39]。这种可定制的二维碳材料在过去几十年里经过广泛研究探索，近年来其多功能结构与石墨烯一起被创新地引入 TENG 设计中。最近，GO/rGO 在基于纳米纤维的 TENG 中的应用趋势日益明显，因为这些材料可以轻松地进行修饰并用作电极，且具有较大的输出电压和电流。研究人员致力于将机织结构织物材料与 TENG 相结合，作为连续能源。例如，利用硅橡胶涂覆的 GO/棉复合纱线制造了 3D 角度互锁编织（3DAW）结构的可穿戴 TENG[40]。单根经纱包含 GO/棉复合电极和橡胶电介质作为核壳结构。当人体皮肤接触硅橡胶时，摩擦起电效应会触发电荷重新分布并产生电位差。一旦发生分离，内部 GO 电极就会产生静电感应。

此外，GO/rGO 也被广泛应用在 PENG 的制作中。例如，通过电纺丝制备 GO/PVDF 和 rGO/PVDF 纳米纤维毡，用于压电能量收集[41]。电纺丝过程有效增加了 PVDF 的 β 相含量。结果表明，随着 GO 和 rGO 含量的增加，PENG 的压电输出明显增强，且 rGO 的导电率是 GO 的四倍以上，对提高 PENG 的压电性能有更明显的影响。rGO 提供的异质极化结合其与 PVDF 链的相互作用也对 PVDF 的压电性能有增强作用。

石墨烯薄膜的层层（LbL）组装是一种简单、经济高效的纳米级涂层技术，广泛应用于许多领域。LbL 组装的多层薄膜通过使用特定的分子相互作用来改变材料的吸收，表现出与大量基材的极好的相容性。最近，LbL 组装的石墨烯多层薄膜被引入灵活的 TENG 设置中[42]。基于 LbL 的石墨烯多层膜是在具有平坦、起伏和织物表面的聚合物基底上制造的，在这些基底上，石墨烯多层膜扮演着正摩擦材料和电极的双重角色。与平坦石墨烯层相比，起伏石墨烯层具有更大的表面积和更集中的接触应力，从而增强了摩擦起电过程。由于 LbL 组装允许在各种基材上进行制备，因此这种多功能工艺有望成为大规模生产的一种有效途径。

7.2.2　过渡金属硫族化合物

过渡金属硫族化合物（TMDs）是一种二维层状材料，其表达式可写作 MX_2，其中 M 为过渡金属元素（W、Mo、Re 或 Ti），X 为硫族元素（Te、Se 或 S），常见的二维 TMDs 包括 MoS_2、$MoSe_2$、WS_2 和 WSe_2。得益于其原子级厚度、量子约束和良好的电子和力学性能，TMDs 在自旋电子学、能量收集以及柔性电子学等领域有着广泛的应用前景。同时由于 TMDs 是直接带隙型半导体，其在光电子学领域也得到了极大的关注[43-44]。二硫化钼（MoS_2）因为其坚固性，成为了 TMDs 家族中最热门的二维材料，下文将主要对其进行介绍，根据金属原子的配位和氧化状态，MoS_2 可以分别显示出金属、半金属以及半导体的特性[45-48]，当其作为半导体材料时，最显著的特点在于带隙可以随着层数的变化而变化。

根据过渡金属原子的配位球类型不同，MoS_2 存在不同的结构相，如 1H 和 2H（三角棱柱），1T（八面体）和 3R（菱形），其中最常见的两种结构相是 2H 和 1T 配位，如图 7.4 所示。2H 结构相的堆叠方式为 ABA 型，即形成材料层的三个原子平面（X-M-X）中不同原子平面上的 S 原子位于相同的位置，在垂直于层的方向上重叠。1T 结构相则是 ABC 型的堆叠，其不同平面上的 S 原子并不位于相同的位置，最终形成了八面体的结构。这两种结构相的关系并不是完全对立的，一种结构相作为热力学稳定相时，另一种相可以作为亚稳态相存在[44]。不同结构相 MoS_2 具有的性质也有所差异，例如 1T 结构相的 MoS_2 具有高导电性，适合作为纳米发电机的电极材料[49-50]。

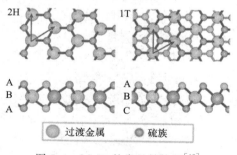

图 7.4　MoS_2 的常见结构相[43]

MoS_2 除了用作纳米发电机的电极层，也可以添加到摩擦层或者压电层中，对纳米发电机的性能进行改善，下文将对这几种情况分别进行介绍。

（1）电极层

将 MoS_2 添加到电极层中可以改善纳米发电机的导电性能，例如作为一维材料的银纳米线（AgNWs）具有极佳的电学和力学性能，但是其较小的结面积会使其在拉伸时出现高接触电阻现象，虽然通过加温和特定的光源可以缓解这个问题，但这也限制了其应用。更好的解决方案是从材料本身出发，将二维金属 MoS_2 纳米片与银纳米线结合形成复合材料，可以提供更多的导电通路和更宽的结面积，结果表明，引入 MoS_2 纳米片后，复合材料的电阻降低了 25%[49]，如图 7.5 所示，采用 AgNWs-MoS_2 复合电极层的 STENG 可以附着在植物叶片等不规则表面上，面积为 $2.5cm^2$ 的 STENG 可以产生 $0.16W/m^2$ 的功率密度，并且能够在 50% 拉伸下保持稳定的性能。

图 7.5 采用 AgNWs-MoS_2 复合电极层的 STENG[49]

这里选择显示金属性质的 MoS_2 纳米片而不是具有半导体性质的 MoS_2 作为纳米焊接材料，原因如下：①表面富含负电荷的金属 MoS_2 纳米片具有强静电吸附的特点，可以与带正电荷的 AgNWs 紧密结合；②通过化学剥离法制备得到的金属 MoS_2 纳米片会在边界处暴露出钼原子，并形成悬垂键，从而与 Ag 原子形成强键合；③金属 MoS_2 纳米片比半导体 MoS_2 纳米片具有更高的导电性。

（2）摩擦电层

有源摩擦电层中的电子在 TENG 的发电过程中充当静电感应源，当在摩擦过程中产生电子后，摩擦电层表面的电子密度将逐渐降低，电子的损失将使两个电极之间的电位差减小，对 TENG 的输出性能有很大的影响。TMDs 材料具有高表面积、带隙可调节的特性以及大量的表面官能团，使其成为有源摩擦电层优质的材料选择。MoS_2 在摩擦电材料序列中位于 PTFE 和 PDMS 之间[51]（其余的 TMDs 材料序列将在后面的小节中具体介绍），是一种带负电的材料。将 MoS_2 作为电子受体层引入摩擦电层，可以大大提高 TENG 的输出性能[52]，例如在 PI 层中添加 MoS_2，如图 7.6 所示，其中 PI/MoS_2：PI/PI 整体作为负摩擦电层，摩擦电层的顶部 PI 层作为负摩擦材料，在接触起电过程中可以从 Al 电极层中获得电子，嵌入中间 PI 层的单层二硫化钼片充当摩擦电子受体，利用 MoS_2 的电子捕获特性，将电荷储存在层内，以减弱空气击穿效应，从而有效地抑制了电子和正电荷的复合。结果表明，添加了 MoS_2 的 TENG 所产生的功率密度为 $25.7W/m^2$，比未添加 MoS_2 的 TENG 高约 120 倍[44]。

除了可以提高 TENG 的输出性能，添加 MoS_2 还可以对摩擦电层进行润滑以提高其耐磨性能[53-57]。采用聚氯乙烯（PVC）/MoS_2 和聚酰胺（PA）制备有源摩擦电层，获得的 TENG 输出电压为 398V，短路电流为 $40\mu A$。与纯 PVC 膜相比，在掺杂 25%（质量分数）的 MoS_2 后，摩擦电层的摩擦系数降低了 19.4%。

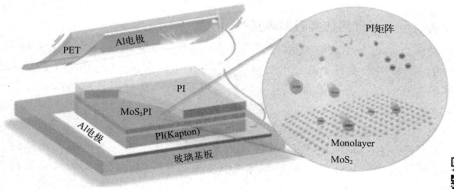

图 7.6 摩擦电层中加入了 MoS_2 的 TENG[44]

（3）压电层

由于相邻原子层方向相反，单层的 MoS_2 具有强压电性，优秀的机械和压电特性耦合使其适用于压电传感和能量收集[58]。图 7.7 展示了基于单层 MoS_2 的 PENG 结构[59]，由经过 S 空位钝化处理的单层 MoS_2 纳米片和 Au 电极在聚对苯二甲酸乙二醇酯（PET）衬底上组成。经过 S 空位钝化处理后的 MoS_2 具有较低的载流子浓度，可以防止自由载流子对压电极化电荷的屏蔽作用，从而将最大功率提高了约 10 倍。

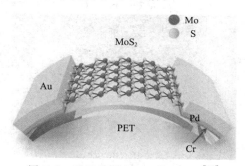

图 7.7 基于单层 MoS_2 的 PENG[59]

虽然单层 TMDs 材料表现出优异的压电性，但是其在实际应用中的机械耐久性却有所欠缺，多层结构是解决这一问题的方案之一。然而，具有多层结构的 TMDs 由于结构中极化方向的交替而存在反转中心，从而显示出相当大的压电性消除。有研究者通过逐层堆叠方法（涡轮层堆叠）在双层 WSe_2 构成的 PENG 中得到了可靠的压电性能[60]，如图 7.8 所示。与单层 WSe_2 纳米发电机相比，在 0.63% 的应变下，器件性能开始显著下降，而双层 WSe_2 器件可以承受高达 0.95% 的应变，同时保持 85mV 的输出电压。

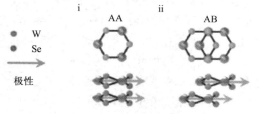

图 7.8 极化方向相同的堆叠方式[60]

7.2.3 以 MXene 为代表的类石墨烯材料

由于石墨烯化学成分简单，表面缺乏官能团，其实际应用受到了较大的限制。然而，MXenes 作为一类新兴的类石墨烯二维材料得到了广泛的关注，其具有优异的力学性能、导电性和胶体溶液稳定性，并且表面上有大量的官能团使其具有很好的负摩擦电特性[61-65]。MXenes 的表达式通常为 $M_{n+1}X_nT_x$，其中 M 为过渡金属（Ti、Zr、V），X 为碳或氮，T 为表面官能团（—F、—O 和—OH），n 的取值范围为 1~3，如图 7.9 所示。MXenes 主要通过从 MAX 相前驱体（$M_{n+1}AX_n$）蚀刻 A 元素合成，其中 A 是ⅢA 或ⅣA 族的另一种元素（Al、Si、Sn、In 等），MXene 的前驱体 MAX 相是一种具有优异陶瓷和金属性能的三元层状化合物。

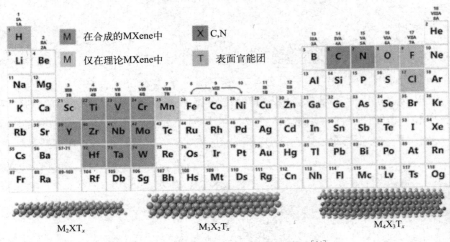

图 7.9 MXene 的元素分布和原理[64]

基于 MXene 材料的优异性能，其与纳米发电机的结合也带来了良好的性能优化。

（1）电极层

MXene 具有很好的导电性，将其运用于电极层是恰如其分的，例如在弹性织物纤维上涂覆 MXene（$Ti_3C_2T_x$），并且利用 MXene 带负电荷的表面，通过快速静电吸附的方式还原高活性的银（Ag），以锚定 Ag 纳米颗粒（AgNPs），从而进一步增强织物纤维的导电性，构建了基于单纤维的 TENG[62]，如图 7.10 所示。这种基于 MXene 和 AgNPs 的导电纤维不仅具有好的导电性，同时还具备良好的拉伸性。

（2）摩擦电层

常见的摩擦电负性材料如 PTFE、PDMS 以及 FEP 等，其低表面能的特点为制备相应的导电复合材料或者在表面沉积金属涂层带来了不便，也影响了 TENG 所产生的电位差大小。而 MXene 材料表面具有大量的官能团，这些官能团所带来的高导电性和高摩擦负性有效克服了上述限制[61]。因此，MXene 可以作为一种优良的摩擦电材料和填料来改善 TENG 的性能。其中一个例子是利用 PDMS 和 MXene 制备的多孔薄膜[66]，如图 7.11 所示，将 PDMS 溶液与 MXene 水溶液充分混合，由于 MXene 水溶液不溶于 PDMS 溶液，通过充分搅拌将 MXene 水溶液中的大气泡分解成许多小气泡，然后经过旋涂、固化后，得到了多孔透明的 PDMS/MXene 膜。MXene 的引入使 PDMS 的表面电位从 $-95\mathrm{V}$ 增加到 $-301\mathrm{V}$，MXene/PDMS TENG 所产生的输出电压为 119V，输出电流为 $11\mu\mathrm{A}$，比纯 PDMS TENG 高 7 倍。

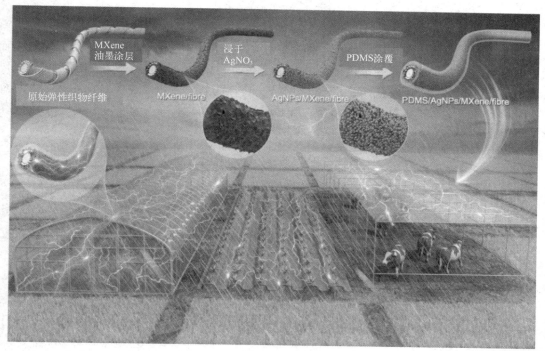

图 7.10　涂覆 MXene 的单纤维 TENG[62]

图 7.11　采用多孔 PDMS/MXene 薄膜的 TENG[66]

不使用黏合剂构建的三维 $Ti_3C_2T_x$（3D-MXene）与 PDMS 结合形成的 3D-MXene/PDMS 纳米复合材料具有高导热性，与纯 PDMS 相比，当 MXene 含量为 2.5%（体积分数）时，纳米复合材料的导热性提高了约 220%，可以用于热管理[67]。

（3）压电层

实现压电聚合物薄膜对压力产生高输出电压响应是一个普遍的挑战，MXene 材料表面的大量官能团为克服这个问题提供了条件，举例来说，MXene 不仅具有高导电性并且可以与 PVDF-TrFE（聚偏氟乙烯-三氟乙烯）分子链的偶极子相互作用，有助于在静电纺丝过程中使 PVDF-TrFE 更好地极化，如图 7.12 所示[68]。与纯 PVDF-TrFE 膜组成的 PENG 相比，复合膜 PENG 的输出电压有明显提高。

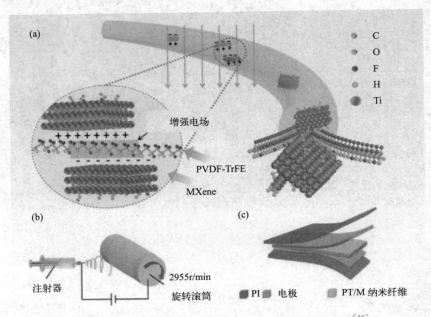

图 7.12 静电纺织 PVDF-TrFE/MXene 制备的 PENG[68]

7.2.4 六方氮化硼

六方氮化硼（h-BN），是一种人工合成的无机材料，是由氮原子和硼原子组成的六角网状层面结构晶体，是氮化硼所有物相中唯一存在于自然界的物相结构，其外观为质地柔软、松散、有光滑感、易吸潮的白色粉末，具有类似于石墨烯的层状结构特征，因此又被称为"白石墨"。h-BN 的六方结构由等量的硼原子和氮原子组成，具有低介电常数、化学惰性和优异的导热性能[71]。同时，还可通过掺杂、缺陷工程和功能化调节 h-BN 的电学性能，例如，有研究工作者将 h-BN 与 MoS 杂化，从而通过增强电子接受能力来改善 TENG 的性能[72]。接下来，通过其在摩擦纳米发电机不同层的应用展示其应用效果。

（1）摩擦层

h-BN 在摩擦纳米发电机上主要用作摩擦层。2015 年，S. A. Han 等研究者将 h-BN 用于促进高 k 介质 Al_2O_3 在石墨烯上的沉积过程[69]，同时，h-BN 还可以保护石墨烯免受氧化，

并允许高质量 Al_2O_3 的沉积。为了对比效果，研究人员制备了利用 Al_2O_3/h-BN/石墨烯为一摩擦层及以石墨烯为另一摩擦层的 TENG，与无 h-BN 缓冲层沉积的 Al_2O_3 进行了性能比较[图 7.13（a）]。结果显示，Al_2O_3/h-BN/石墨烯基 TENG 产生的输出电压为 1.2V，电流密度为 $150nA/cm^2$。没有 h-BN 缓冲层则会形成 AlOOH，其输出极为微弱。在此工作基础上，S. Parmar 等人利用脉冲激光沉积技术制备了双相 MoS_2-hBN（2D/2D）复合薄膜，用以制备接触分离式 TENG[72]。其中，MoS_2-hBN 作为电子受体层的性能优于单独的 h-BN 和 MoS_2，MoS_2-hBN 的输出电压约为 14.7V，而单独的 h-BN 和 MoS_2 的输出电压分别为 7.2V 和 2.3V。MoS_2-hBN 双相膜具有更多的负电荷陷阱位点，使其具有优异的性能。在 2021 年，研究人员将 2D h-BN 纳米片（BNNs）涂覆在双向取向 PET（BoPET）上，用于制造增强输出 TENG[70]。图 7.13（b）为 BoPET 表面 BNN 涂层的剥离及制备过程。基于 BNN/BoPET 的 TENG 产生的输出电压为 200V，电流密度约为 $0.48mA/m^2$，功率密度约为 $0.14W/m^2$。BNN/BoPET TENG 的输出功率比 BoPET TENG 提高了 70 倍。具备 BNN 涂层的 BoPET 的介电常数和电子接受能力都得到了提高。

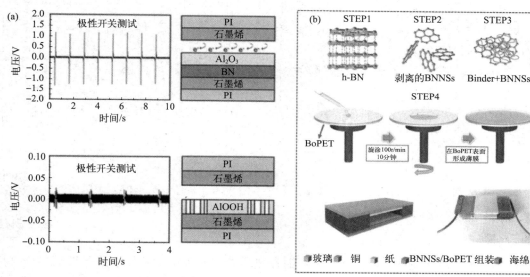

图 7.13　有无 h-BN 对 Al_2O_3/石墨烯输出功率的影响[69]（a）和 BoPET 表面 BNN 涂层的剥离及制备过程（b）[70]

（2）压电层

早在 1990 年，Paine 等人就已经合成了 h-BN，并通过实验证明了它是一种具有良好压电性能的有吸引力的陶瓷材料[74]。2019 年 G. J. Lee 等研究人员发现了二维 h-BN 纳米片的压电特性[73]。通过机械力化学剥离，得到了平均横向尺寸约为 $0.82\mu m$，厚度约为 25nm 的 2D h-BN 纳米片。随后将其转移到电极线形柔性衬底上，以检测其能量转换效率（图 7.14）。机械搅拌时，可以产生 50mV 的压电交变输出电压和 30pA 的电流。相应的，压电电压系数（g_{11}）为 $2.35×10^{-3}Vm/N$。

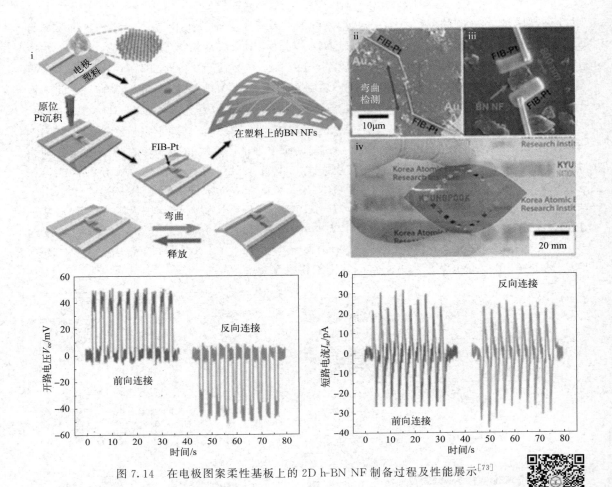

图 7.14　在电极图案柔性基板上的 2D h-BN NF 制备过程及性能展示[73]

7.2.5　黑磷

黑磷（BP）是一种单元素二维材料，能带隙适中，表现出半导体性质。黑磷的重要特性包括高载流子迁移率、光学透明度、沿平面方向的延展性和可调整的带隙[75]。然而，由于黑磷与氧的反应活性高，在环境条件下不稳定[76]。为了提高稳定性，人们做了一些尝试，包括与其它材料的杂化、表面功能化、封装、液相表面钝化和掺杂[77-78]，尽管如此，它在能量收集方面的应用研究较少[79]。

（1）摩擦层

黑磷的环境稳定性较差，为了解决这一问题，在 2017 年，Cui 等将 CNF 用作基质，以 TEMPO 氧化 CNF 和黑磷为基础制备 TENG[78]。CNF 为黑磷提供了环境稳定性。图 7.15(a) 为 CNF/黑磷杂化纸的制备过程，在环境条件下，其稳定性可达 6 个月。相比纯 CNF 纸基 TENG，CNF/黑磷 TENG 产生 5 倍（5.2V）的电压和 9 倍（1.8μA/cm²）的电流密度。2018 年，该团队用疏水性纤维素油酰酯纳米颗粒包封黑磷［图 7.15（b）］，可作为协同电子捕获涂层，使纺织纳米发电机具有长期可靠性和高摩擦电性，不受各种极端变形、重度洗涤和环境暴露的影响。在用手接触（约 5N，约 4Hz）的情况下，获得了相对较高的输出（250～880V，0.48～1.1μA/cm²）[77]。

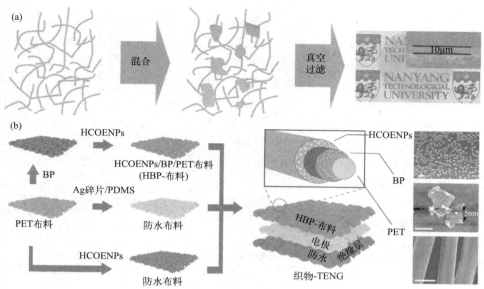

图 7.15　CNF/磷烯杂化纸的制造和透明、柔性杂化纸的光学图像（a）[78] 及基于聚对苯二甲酸乙二醇酯（PET）织物的纺织摩擦电纳米发电机（TEXTILE-TENG）的制造工艺（b）[77]

（2）压电层

尽管单元素二维材料通常缺乏离子极化，因此压电效应较弱，但黑磷作为单元素二维材料，由于其高度的方向性和非中心对称的晶格结构，被预测具有压电性能。实际实验中，多层 BP 在特定方向上存在面内压电性。研究者报道了在沿扶手椅方向的多层 BP 中，存在压电效应，该 BP 在通过压缩和释放过程中产生了高达 4pA 的固有电流输出[80]。

7.2.6　金属有机框架材料和共价有机框架材料

金属有机框架材料（MOFs）是一类多孔材料，其构成基于金属离子与有机配体或连接体之间的强键连接。自 1990 年被发现以来，MOFs 的研究已取得显著进展，特别是在过去的 20 年中。目前已经设计并开发了超过 9 万个 MOF 结构，预测了近 50 万个潜在结构[81]。广泛的金属离子和有机配体的应用导致了数千种不同类型的 MOFs 的诞生。MOFs 遵循等网状原则，即不同的有机配体具有相同的几何形状或对称性，这使得它们可以生产具有相似拓扑结构、不同孔径或孔容的 MOFs[82]。MOFs 已广泛应用于能量收集、储存、催化、传感和气体分离等领域[83]，其高比表面积和易于合成后修饰的特性使其具备了广泛的适用性。

与之类似的，共价有机框架（COFs）也是一类多孔材料，不同之处在于其由轻元素如碳、氢、氮、硼等组成。COFs 相比 MOFs 更加轻巧，同时保持了稳定性和孔隙性。与 MOFs 类似，COFs 也可以轻松地进行修饰和功能化[84]。MOFs 和 COFs 的高比表面积使它们成为摩擦活性层的理想材料，尤其适用于摩擦纳米发电机（TENG）。它们的特定孔径也有利于实现高灵敏度和选择性的自供电传感[83-84]。

(1) 摩擦层

2019年，首次有研究者将 MOFs 用于制造 TENGs 和自供电四环素传感[83]。从那时起，MOFs 和 COFs 因其超高的表面积、可调孔隙率和易于合成后修饰等特性而获得了能量收集方面的关注[82]。TENG 的 MOFs/COFs 大多为三维结构，只有少数 MOFs/COFs 结晶呈层状结构。其中一个例子是 Co/Zn 双金属框架（BMOF），它形成椭圆形的纳米薄片[85]。以导电织物（BMOF/FCF）上的 Co/Zn BMOF 纳米片为摩擦正极层，PTFE 为摩擦负极层，制备了 BMOF-TENG 材料。图 7.16 显示了 Co/Zn BMOF 在纺织品上的合成、涂层及其柔韧性。随着 Co/Zn BMOF 中 Zn 含量的增加，BMOF-TENG 的产量也增加。当锌含量为 15% 时，可产生高达 47V 和 7μA 的电压和电流，使 TENG 性能提高约 450%。BMOF-TENG 在室温下被证明可以用于氨的传感。BMOF 提供了改变可利用电子数量的吸附位点，从而改变了 BMOF 的电阻。BMOF 是一种 n 型材料，暴露在还原性气体中电阻降低。此外，MOFs 还可用于制造耐湿 TENG 器件[86]。

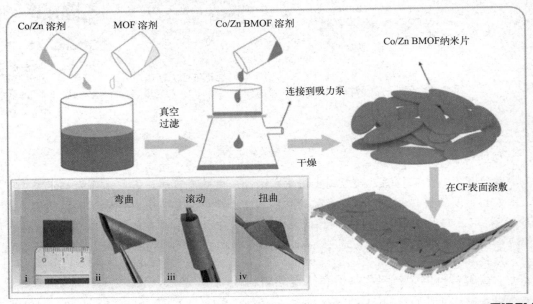

图 7.16 Co/Zn BMOF 的合成、用于制备 TENG 的导电织物涂层[85]

中原工学院先进材料研究中心翟黎鹏和米立伟等人报道了四种介于给电子和吸电子之间的不同官能团修饰的共价有机框架（COF），通过引入给电子或吸电子基团可以提高 COF 的表面电位和电子亲和力。为开发高性能 TENG，将这些 COF 独立用作聚偏二氟乙烯（PVDF）的功能性填料，将甲基或氟化基团连接到 COF 的骨架上可以改变所合成 COF 材料的摩擦极性。最终结果表明 COF-TENG 最大可提供瞬时输出开路电压 420V，短路电流 64μA，功率密度 $2858mW/m^2$。最后，COF-TENG 被证明是用于保护碳钢阴极的有效电源。这项工作不仅证明了 COF 是一种有效的聚合物填料，而且还提供了一种通过提高电子捕获能力来获得更高 TENG 输出性能的新策略[87]。

（2）压电层

在压电纳米发电机应用中，MOFs 可用于改善电活性相位，并实现高压电系数[88]。2021 年有研究团队采用二维单晶 MOF 掺杂 PVDF 纳米纤维网络制备了 C-PNG 活性层。MOF 和 PVDF 纳米纤维之间的耦合效应使 C-PNG 压电输出性能显著提高（开路电压 ≈ 2V，最大功率密度 ≈ 22uW/cm^2），压电系数增强为（d33）41pC/N。

7.2.7 材料序列

材料的选取是影响器件性能的重要因素之一。然而，已知具有摩擦电充电特性的材料仅限于某些聚合物以及摩擦电序列中的少数金属。因此，深刻理解新材料的摩擦充电特性显得极为重要。有必要进一步深入探究不同材料的摩擦充电行为，以扩充摩擦电材料库的范围。本教材将深入研究摩擦电器件的核心概念，以及如何利用这些概念来研究各种二维材料的摩擦充电行为。通过对不同 TENG 输出信号组合的分析，探讨了二维材料与传统摩擦电材料在电荷极性方面的相对特性；详细阐述了接触充电极性的一致结果，并引入新型的二维材料，展示如何利用这些结果改进摩擦电材料体系。本节将介绍开尔文探针力显微镜（KPFM）技术的应用，包括如何利用 KPFM 来评估二维材料的有效功函数[89]，以及该参数在决定摩擦电荷行为中的重要作用。此外，本教材还将探讨第一性原理模拟计算的基本原理，以及如何运用这些计算方法来精确计算二维材料的有效功函数。

为了探究不同二维材料在传统摩擦电系列中的定位，通过制备简单的推式摩擦电纳米发电机（TENG），测量了每种二维材料与代表传统摩擦电材料的相对电荷极性。图 7.17（a）显示了使用 MoS$_2$-尼龙对制备的 TENG 的器件结构和工作机制，其中柔性铜箔被选为电极和基底材料。图 7.17（b）和图 7.17（c）呈现了相应 TENG 的输出电压信号。在图 7.17（c）的放大图中，各个操作步骤被标记为①~④，分别对应于图 7.17（a）所示的操作步骤。两种材料之间的接触导致电荷从一种材料转移到另一种材料［图 7.17（a）的③步骤］。释放过程中，电压推动电子通过外部负载从负电极流向正电极，从而中和了各接触表面上剩余的电荷。在释放过程中，观察到产生了负电压信号［图 7.17（c）中的④］，表明电子从 MoS$_2$ 流向尼龙［图 7.17（a）的④步骤］。因此，可以得出结论，当 MoS$_2$ 与尼龙接触时，MoS$_2$ 带有负电荷。在按压过程中，观察产生了正电压信号［图 7.17（c）中的②］，这表明电子通过外部负载以相反的方向返回［图 7.17（a）的②步骤］。

同样地，研究人员在 200nm 厚的 MoS$_2$ 与六种摩擦电系列中的不同知名材料之间，制备了多种 TENG 组合，这些材料分别是：聚四氟乙烯（PTFE）、聚二甲基硅氧烷（PDMS）、聚碳酸酯（PC）、聚对苯二甲酸乙二醇酯（PET）、云母和尼龙（+）[89]。图 7.17（d）展示了本研究中所使用材料的摩擦电系列。在与不同材料接触时带负电荷的趋势从右向左递增。图 7.17（d）下方展示了利用二硫化钼与相应材料制备的 TENG 的输出电压信号，这些信号与摩擦电系列对应。在循环的按压和释放过程中，对所有输出结果进行了测量，并通过反向连接来验证输出信号的准确性。以 MoS$_2$-PTFE 对为例，TENG 在按压过程中呈现负输出，在释放过程中呈现正输出。与 MoS$_2$-尼龙对的输出极性相反［图 7.17（c）］，这表明 MoS$_2$ 在与 PTFE 接触时带正电。相反地，MoS$_2$ 与 PDMS、PC、PET 和云母对应的 TENG 输出信号与 MoS$_2$-尼龙对的输出信号具有相同的极性，这表明 MoS$_2$ 在接触时带负电。因此，在摩擦电系列中，MoS$_2$ 显然位于 PTFE 和 PDMS 之间，如图 7.17

(d) 所示。这些二维材料可以根据其最大输出电压和电流的大小被排序为 $MoSe_2$、GR、GO、WSe_2 和 WS_2。由于输出功率的排序与最大输出电压和电流的排序相匹配，基于这些 TENG 输出结果，可以预测这些二维材料之间的摩擦电特性排序为：（－）MoS_2、$MoSe_2$、GR、GO 和 WS_2（＋）。由于 WSe_2 的表面粗糙度与其它二维薄膜不同，很难根据 TENG 的输出结果准确估计其相对摩擦充电特性。在 2D 材料-PTFE TENG 的情况下，输出电压的行为与 2D 材料-尼龙数据相比呈相反的趋势。

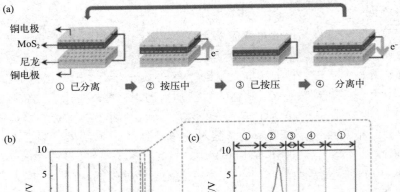

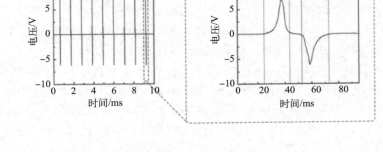

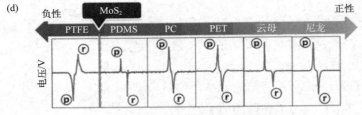

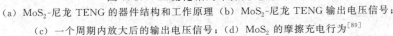

图 7.17　二硫化钼的摩擦充电行为
(a) MoS_2-尼龙 TENG 的器件结构和工作原理　(b) MoS_2-尼龙 TENG 输出电压信号；
(c) 一个周期内放大后的输出电压信号；(d) MoS_2 的摩擦充电行为[89]

为了从 TENG 的输出结果中明确了解二维材料之间的摩擦电顺序，对每种材料的有效功函数进行了比较。对于金属-金属接触，许多研究表明，功函数的差异会导致接触电位差（CPD），从而推动电子传输以使费米能级对齐[90]。对于半导体和绝缘体，可以使用类似的概念来解释电子传输，假设在表面附近存在局部电子态，并且电子交换以平衡有效功函数。图 7.18（a）阐明了当二维材料和聚合物具有不同的有效功函数 φ_1 和 φ_2 时，它们之间的接触充电机制。如果二维材料的功函数高于聚合物的功函数（$\varphi_1 > \varphi_2$），则在它们接触时，电子将从聚合物的充满的电子态转移到二维材料的空的电子态，以平衡两种材料的费米能级。因此，电荷转移的方向取决于有效功函数值的比较，电荷转移量主要受表面态密度和有效功函数差异的影响[91]。在图 7.18（b）中，按照有效功函数减小的顺序，展示了二维材料费米能级的位置。MoS_2 展示了最高的有效功函数，为 4.85eV。$MoSe_2$ 的有效功函数稍低，为 4.70eV，因此预计在摩擦电方面相比于 MoS_2 更偏向正电。其它材料包括 GR、GO、WS_2 和 WSe_2 的有效功函数分别为 4.65eV、4.56eV、4.54eV 和 4.45eV。WSe_2 的功函数最低，表明它是本研究中探讨的二维材料中最偏向正电的材料。为了深入了解二维过渡金属二硫族化合物（TMDs）的有效功函数差异以及其导致的摩擦电系列，进行了第一性原理模拟。由于 SV 是 2H 相中 TMD 材料最常见的点缺陷，因此 SV 能级（悬空态能级）可能主导着有效功函数。研究人员发现，计算得到的 SV 能级比 KPFM 估算的相应有效功函数低 0.3~0.6eV，并且有着类似的二维材料排序。MoS_2 的 SV 能级最高，WSe_2 最低，分别为 4.56eV 和 3.79eV，再次显示它们在二维材料中具有最负和最正的摩擦充电特性。$MoSe_2$ 和 WS_2 的 SV 能级相似，分别为 4.15eV 和 4.17eV。尽管它们的顺序与 KPFM 测量的值不匹配，但是它们的 SV 能级之间的差异在计算误差范围内，可能是由于其它类型的缺陷对有效功函数的贡献。根据基于二维材料的 TENG 的经验结果和有效功函数值，我们得到了修改后的包括二维材料在内的摩擦电序列（图 7.19）。

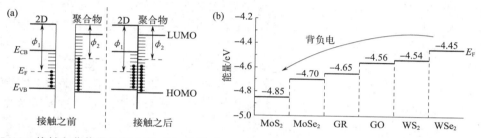

图 7.18　接触电荷传递机理方案（a）及通过 KPFM 估计相应二维材料的准费米能级位置（b）[89]

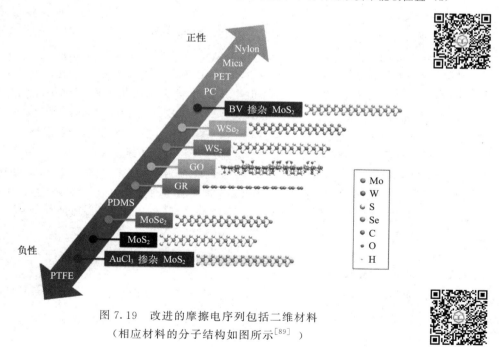

图 7.19　改进的摩擦电序列包括二维材料
（相应材料的分子结构如图所示[89]）

7.3 应用

近年来，自供电纳米传感器在迅速发展，它通过纳米技术或纳米效应来收集和利用环境中的能量进而实现连续工作。TENG/PENG 基于二维材料的自供电传感器可以收集环境中不同形式的机械能。它们具有材料选择广泛、生产成本低、多功能集成等优点，作为一种自供电解决方案，摩擦纳米发电机（TENG）对于物联网领域嵌入式设计人员越来越有吸引力。在移动电子产品、微纳系统、自动驾驶等新一代物联网等领域有着广泛的应用。

7.3.1 能源收集

基于二维材料的 TENG 在能源供应方面有着巨大的应用前景，因为它具有高功率密度、低成本、轻质等优良的特性，同时还具有优良的可制造性[92]。众所周知，在人类日常活动当中往往可以产生各种机械能，比如关节的活动和呼吸作用等。这些能源可以通过 TENG 进行有效地收集，以满足绿色能源和可持续发展的需要[93]。例如，Kaur 等人曾报道了一种由还原氧化石墨烯纳米带（rGO-NRs）制成的单电极 TENG 传感器，这种传感器用于从人类指尖张力中获取机械能[94]。

图 7.20（a）展示了用于采集人体机械能的电磁-摩擦电-混合 TENG 传感器。这种传感器使用 2D MoS_2 作为电子受体，具有非常高的输出响应。图 7.20（b）中的 i 显示了多层 MoS_2 的生长过程，在纤维素纸上原位沉积极化的 PVDF 纳米纤维，通过静电纺丝加工，制造出压电-摩擦-电混合纳米发电机，并从简单的人体活动（如手写或人的触摸）中获取能量。当设备感觉到压力时，会产生相应的压力信号［图 7.20（b）中的 ii］。Kim 等人报道了一种基于单层 MoS_2 的具有定向压电效应的柔性 PENG 从而获取机械拉伸能量[95]。如图 7.20（c）所示，石墨烯生长在薄薄的铜箔上，表面带负电荷的 2D BP 纳米片颗粒被剥离沉积在石墨烯/Cu 电极上。该装置在拉伸状态下可以有效地进行机械能采集。

随着化石能源的逐渐枯竭，利用可再生能源（如风能和水电）是解决全球能源危机的最有效途径之一[96-99]。TENG 的兼容性也使其在环境能量收集方面表现出相当大的优势。图 7.20（d）显示了一个基于 2D ZnO 纳米线阵列的 TENG 传感器，这种传感器可以从环境中收集热量并将其转化为电能。此外，基于 GO 的自供电传感器还可以采集环境中的声能，如图 7.20（e）所示，当用音叉模拟声音时，传感器在接收到声波后会产生相应的电流信号。风能因其覆盖范围广、容量大而成为一种潜在的能源。图 7.20（f）显示了基于 MXene 的具有优异拉伸性能和灵敏度的 TENG。风浪会在装置上产生一个小的压力，引起上电极的振动，进而使得摩擦电荷在上电极和下电极之间传递，从而实现将风能转化成电能，产生的电可以点亮变色 LED 灯。

7.3.2 人体运动监测

基于各种 TENG 的自供电传感器具有便携方便、体积小、灵活性强等优点，可以用于可穿戴电子设备上，从而检测人体的身体信号。

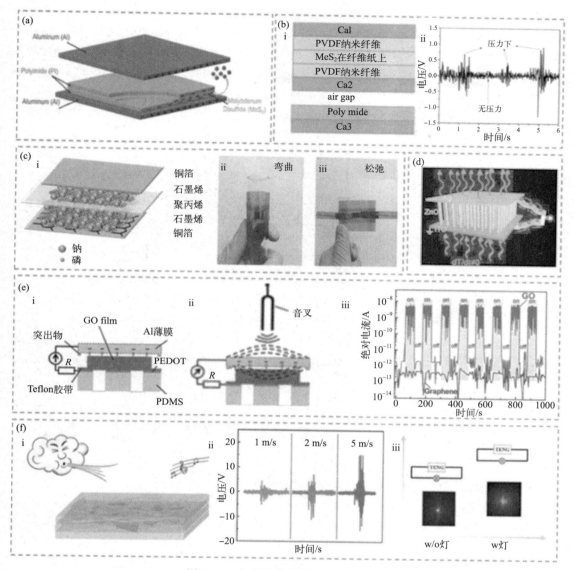

图 7.20　实现能量收集的集成传感器

(a) 带有二硫化钼层的垂直接触分离模式 TENG[100]；(b) i 混合纳米发电机的结构，ii 在纤维素纸上生长的原始二硫化钼的开路电压[101]；(c) i BP 机械能采集器配置，在开发的能量采集器上进行的 ii 弯曲和 iii 不弯曲的代表性图像[102]；(d) 热释电纳米发电机的结构[103]；(e) i 器件原理图，ii 对设备施加声叉的示意图，iii 氧化石墨烯/石墨烯纳米发电机的电流与声叉振动的关系[104]；(f) i 检测小波振动的多功能 TENG 结构，ii 不同风速下 TENG 的 Voc 值，iii 变色 LED 在不同的环境下显示不同的光[105]

随着电子皮肤的提出，可穿戴设备的应用得到了扩展[106-107]。最近，可穿戴电子设备经常被用来监测人体的动作和其它身体信号。例如，Roy 等人报道了基于 GO 的可穿戴压力传感器，用于检测人类呼吸和温度波动[108]。Wang 等人报道了基于石墨烯编织织物（GWFs）的高灵敏度 TENG 自供电传感器，这种传感器通过将石墨烯薄膜粘贴在聚合物和医用胶带复合薄膜上组装而成，可以监测人体的动作[109]。

在医学领域，脉搏和呼吸是反映和评价一个人的健康状况的重要因素，尤其是对心肺疾病患者。如图 7.21（a）所示，基于 MXene 的压阻式传感器安装在人体的手腕上，通过监测随脉搏跳动而产生的电压脉冲来检测脉搏跳动。此外，基于 2D 材料的 TENG 也可以用于检测人体运动。图 7.21（b）描述了一个连接到指尖的传感器，可以用来检测拍手行为并产生相应的脉冲信号。如图 7.21（c）i 所示，通过简单的静电纺丝技术，可以将 2D MXene

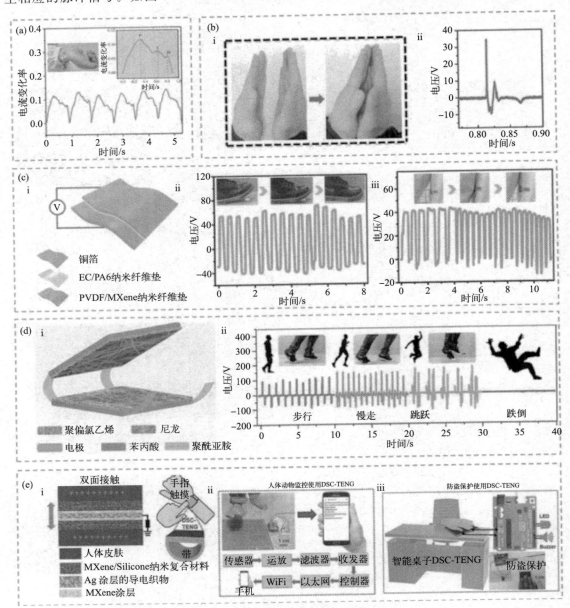

图 7.21　用于人体运动监测的集成传感器

(a) 电流变化形式的信号响应来自于手腕脉冲（放大图为脉冲振动的波形）[113]；(b) i 人体运动：拍手时柔性 STENG 的峰对峰输出电压，ii 每个生成信号的形状[114]；(c) i TENG 结构，ii 全纤维 TENG 作为人类行走自供电传感器的应用，iii 手臂移动[115]；(d) i 基于 mof 的 TENG 自供电传感器结构设计，ii 行走、慢跑、跳跃、跌落等不同运动状态下的电压输出，用于自供电人体运动监视器的应用[93]；(e) i 基于双面接触的 TENG 原理，ii 通过智能手机进行物联网应用的自供电人体运动监测传感器的照片，iii 使用基于 TENG 的传感器进行数据/材料盗窃保护的智能桌子[94]

引入PVDF纳米纤维中，从而作为TENG传感器的正摩擦电材料[110]。自供电传感器可以有效检测人体行走［图7.21（c）ii］和手臂摆动［图7.21（c）iii］，在可穿戴电子产品中具有广阔的应用前景。

二维金属有机框架（MOFs）因其孔径可调、比表面积大、骨架结构多样和表面可修饰性等优良特性而得到广泛应用。基于MOF的TENG传感器具有较大的比表面积和优异的纳米孔隙率[111]。如图7.21（d）i所示，高性能TENG自供能传感器在触点分离模式下，可以检测人体行走、慢跑、跳跃、跌倒等不同运动状态［图7.21（d）ii］。此外，基于2D材料的自供电传感器也可以实现物联网人体运动监测。Salauddin等人报道了一种基于MXene/硅纳米复合材料的智能传感器［图7.21（e）i］[112]，该传感器不仅可以通过智能手机实现物联网人体运动监测［图7.21）e）ii］，还可以通过感应人手触摸实现防盗报警［图7.21（e）iii］。

7.3.3 环境监测

在实际的环境检测过程中，人们往往需要携带方便，能够连续、动态监测各种物质的分析设备和仪器。目前的环境监测传感器通常需要携带电池等外部能源。对于长时间工作的传感器，电池不仅寿命有限，还会带来环境污染问题。

TENG/PENG自供电传感器对环境非常友好，二维材料的优异性能使得TENG在环境监测中得到了广泛的应用。图7.22（a）展示了基于PTFE的TENG的高性能柔性SnS_2/rGO纳米混合湿度传感器。以摩擦湿度传感器的输出电压和相对湿度为函数，回归系数为0.998，拟合结果很好。

当人体大量吸入环境中的某些气体时，会对身体造成不可估量的危害。因此，在环境中实现气体检测是非常必要的。如图7.22（b）所示，基于PANI/MXene复合材料的TENG用于检测环境中的NH_3，该传感器的电阻随着NH_3浓度的增加而增加。PANI/MXene复合传感器在空气中的电阻大约为$40k\Omega$，在10ppm（$1ppm=10^{-6}$）NH_3环境中电阻大约为$50k\Omega$。与纯PANI传感器相比，MXene的掺杂降低了传感器的电阻，提高了传感器的响应值。PANI/MXene复合传感器在不同NH_3浓度下也表现出更好的灵敏度［图7.22（b）ii］。传感器响应对湿度和NH_3浓度的依赖关系可以线性拟合，如图7.22（b）iii所示。基于2D $MoSe_2$薄片的新型柔性自供电传感器PENG也可以有效地检测环境中的NH_3［图7.22（c）］。

此外，Lee等人报道了一种基于2D MXene的超高灵敏度气体传感器，能够检测环境中的极性和非极性化学物质，包括氢和甲烷，检测限分别为2ppm和25ppm[120]。Ou等人报道了一种基于SnS_2薄片的自供电传感器，具有对NO_2的物理亲和力，为低成本和选择性NO_2气体传感提供了真正的解决方案[121]。异质结合成在催化和气体传感器方面的潜在应用越来越受到人们的关注。Dai等人创造性地报道了一种基于MoS_2/SnO_2 pn异质结的环境三甲胺检测传感器，该传感器具有高灵敏度、高选择性、高稳定性和高催化活性等优点[122]。

事实上，某些PENG传感器还可以监测环境中的H_2浓度。如图7.22（d）所示，基于SnO_2/ZnO纳米阵列的PENG传感器实现了室温下的H_2检测。由于负载在ZnO NWs表面的SnO_2纳米颗粒可以作为H_2氧化反应的催化剂，因此PENG本身可以用作气体传感器。当传感器暴露在H_2环境中时，H_2发生氧化反应，氧化反应释放的电子流回ZnO NWs的导带。不同H_2浓度下传感器的灵敏度不同，灵敏度随H_2浓度的增加而增加。

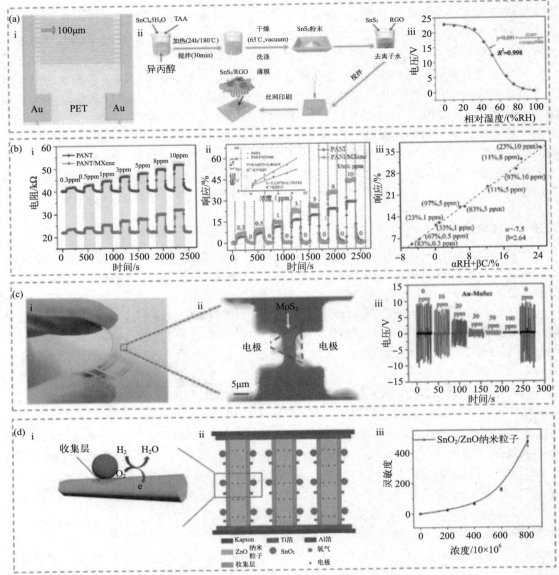

图 7.22 集成传感器用于环境监测

(a) i 器件原理,ii SnS$_2$/RGO 薄膜传感器的制作,iii TEHS 输出电压随相对湿度的函数[116];(b) i 20℃不同 NH$_3$ 浓度下 PANI/MXene 混合传感器和 PANI 单传感器的抗性变化,ii 20℃不同 NH$_3$ 浓度下 PANI/MXene 和 PANI 的抗性响应以及 PANI/MXene 和 PANI 在 20℃不同 NH$_3$ 浓度下的响应函数,iii PANI/MXene 薄膜传感器响应与湿度和 NH$_3$ 浓度的线性关系[117];(c) i 柔性 PENG 器件实物图,ii 带有两电极的二硫化钼压电器件的光学显微镜图像,iii 暴露于不同浓度 NH$_3$ 的 MoSe$_2$ 复合基 pea[118];(d) i 和 ii H$_2$ 中 SnO$_2$/ZnO 异质结构,iii SnO$_2$/ZnO NW 阵列暴露于不同浓度 H$_2$ 时的灵敏度[119]

7.3.4 生物医学工程

人体内存在着多种高度复杂的生物信号,这些信号可以传达人体的工作状态。随着信息技术在医学研究领域的发展,一些传感器被用来接收人体信号从而检测不同的人体信息,以实现疾病的诊断。基于二维材料的自供电生物医学传感器由于其高灵敏度、简单性和便携性，在生物医学应用领域，提供了一个很有前景的电源/传感解决方案[123]。Grant 等人报道了氧化石墨烯在生物医学领域的广阔潜力，它可以促进细胞增殖、载药，具有良好的抗菌性能和生物相溶性[124]。二硫化钼（MoS_2）及其复合材料具有良好的催化能力和生物相容性，开创了纳米传感器制造的新时代。Sha 等人报道了基于 MoS_2 的自驱动传感器在生物医学中的广泛应用[125]。图 7.23（a）为基于超薄二硫化钼晶体管蛇形网格传感系统的智能隐形眼镜结构设计，虚线区域突出了单层二硫化钼的金介导机械剥离。该设备可以检测光信号和角膜温度，这在眼科相关研究中是必不可少的，为制造先进的智能隐形眼镜提供了另一种解决方案。

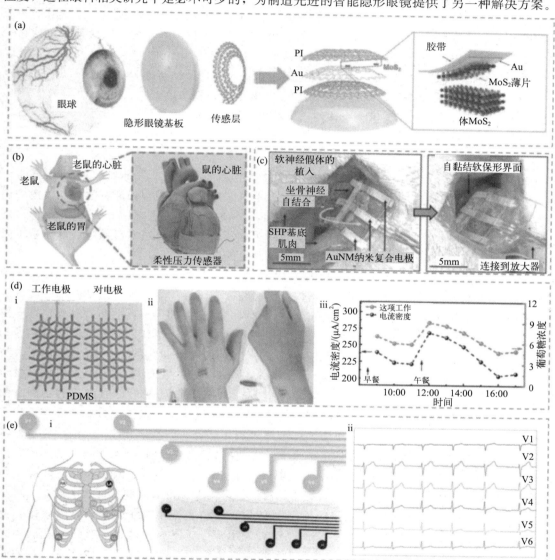

图 7.23　生物医学工程集成传感器

(a) 附着在眼球上的智能隐形眼镜结构的不同层，其中虚线区域突出了金介导的单层二硫化钼的机械剥离[118]；(b) 小鼠心脏压力传感器原理[128]；(c) 显示植入抗疲劳软神经义肢的照片[129]；(d) i 采用两个类纺织品电极的无创血糖传感器，ii 附着在健康志愿者手背和手腕上的无创血糖传感器的数字照片，iii 通过无创血糖传感器对两名健康志愿者进行 8 小时的血糖监测[130]；(e) i 12 导联心电图电极位置，ii LIG/PDMS 电极记录的 12 导联心电图信号（5s）；胸导联[131]

第 7 章　基于低维材料的新型发电机器件

173

植入式医疗器械已成为提高患者生活质量、延长患者生命不可缺少的医疗工具[126]。基于二维材料的自供电传感器也可用于植入式医疗检测。如图 7.23（b）所示，将一种基于 2D MXene 的柔性生物相容性压力传感器应用于小鼠胸壁心外膜顶端，可以记录小鼠心脏的振动，实时监测心脏跳动信号。图 7.23（c）为一种耐用、抗疲劳的外周神经双向信号软神经假体装置。将设计的装置植入大鼠坐骨神经，记录大鼠足部机械刺激引起的感觉神经信号，为临床神经系统疾病提供了解决方案。

可穿戴式无创血糖传感器为人类提供了一种无痛、便携的血糖监测和健康管理手段，近年来备受关注[127]。图 7.23（d）显示了一种非侵入式血糖传感器的原理图，它使用了两个类似纺织品的石墨烯电极，分别连接在手背部和手腕上。受试者在早餐、午餐前后血糖水平发生变化，双电极无创血糖传感器可以很好地监测这种变化。此外，Yang 等人报道了可以应用于人体心电图监测的基于激光诱导石墨烯（LIG）的自驱动传感器。如图 7.23（e）所示，12 导联心电图由 4 个肢体电极和 6 个胸部电极组成。胸导联心电图信号如图 7.23（e）ii 所示。实验得到的心电图与健康个体的正常心电图一致。

7.3.5 人工智能（AI）和神经形态器件

随着人工智能的发展，越来越多的传感器被研究和开发[132-134]。理想的智能传感器应具有重量轻、灵活、舒适、使用寿命长的特点。由于电池储能的限制，现有的传感器设备还存在许多困难，而 TENG/PENG 以其优异的性能很好地解决了这些难点。类机器人、人机界面、神经形态装置等都是当今人工智能研究的热点。基于二维材料的自供电设备和系统完美地结合了两者的优势，在人工智能领域取得了巨大的进步。

基于二维材料的 NG 自供电器件如图 7.24 所示。图 7.24（a）描绘了基于二维 ZnS 的机械发光混合材料传感器，它使人形机器人能够在与人类交换信息的同时感知外部刺激。该无线传感系统可用于远程信息交互和健康监测。具有感官反馈的用户界面非常重要，这样仿生机器人与人之间的交互信息才能体现在应用程序界面中。这项工作启发人们探索和拓展基于二维材料的多模态传感器在人工智能领域的应用[135-137]。如图 7.24（b）所示，基于人与 3D 打印机械手的交互，建立智能人机界面。将 SnS_2 纳米材料集成到 PENG 器件中，探索智能手语系统的人机同步控制。附着在人类食指上的 SnS_2-PENG 装置随着食指的不同弯曲状态同步产生相应的激活电压，驱动机器人的食指。这不仅推动了基于二维材料的器件向多功能生物压电方向发展，而且为人机界面的开发开辟了道路[138-139]。图 7.24（c）显示了将单层石墨烯透明触觉传感器集成在仿生指骨上，并使用触觉反馈来控制柔软物体的抓取。放置在方阵上的传感器接收到的最大 $\Delta V/V_0$ 为 115%，当 $\Delta V/V_0$ 超过阈值（115%）时，每个手指的抓握运动停止。通过对人抓取特征的模仿，机器人手指的抓取将更加准确。

近年来，为了未来的电子和光子应用，研究人员开发了各种二维过渡金属硫族化合物（TMDs）的大面积生长方法。然而，它们还没有被用于合成图像传感器。有研究者利用光学模板投影技术成功地研究了双层 MoS_2 有源像素图像传感器阵列的图像传感特性，如图 7.24（d）所示。使用激光切割系统制备海龟模板（共 24×24 像素）并进行图案化［图 7.24（d）i］。在光投射过程中，将分成 9 块［图 7.24（d）ii］的模板依次放置在活动像素图像传感器阵列［图 7.24（d）iii］上。通过光模板投影得到有源像素图像传感器阵列的感光映射结果，表明海龟图像感知成功［图 7.24（d）iv 和 v］。Sun 等人报道了一种集成了 PENG 和 IGZO 场效应晶体管的压电可编程非易失性存储器[140]。存储设备在基于人机交互的低功耗可穿戴健康监测系统中具有潜在的应用前景。借助生物力学和视觉,人类大脑的感知和认知能力是获取体感和视觉信息的关键[图7.24(e)i]。受大脑和神经系统的启发,基于石墨烯/MoS$_2$异质结构的机械光子人工突触装置如图7.24(e)ii所示。青色区域是二硫化钼薄片,白色条纹是石墨烯。它由基于石墨烯/二硫化钼异质结构的光电晶体管和集成TENG组成。自供电摩擦电位门控晶体管推动了其在神经形态器件领域的发展和应用。

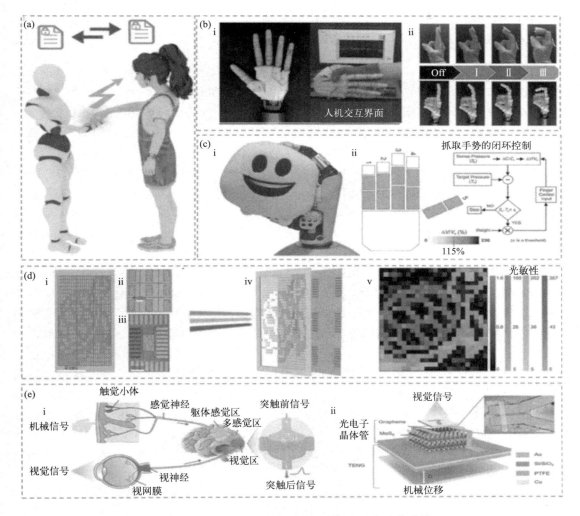

图7.24 用于人工智能和神经形态设备的集成传感器

(a)为双峰传感器的概念作为机器人的用户交互界面,用于感知温度和压力的外部刺激,同时将压力转换为机器人可以识别和人类可见的加密信息[141];(b)中i基于人与3D打印机械手的交互,建立智能人机界面,ii人类食指在不同弯曲状态(off、Ⅰ、Ⅱ、Ⅲ)下的快照照片[142];(c)中i垒球抓取的触觉反馈过程,ii电容式传感器的彩色图,显示在使能触觉反馈抓取后的读出电压调制[143];(d)中i设计好的海龟模板照片,ii分离的海龟模板,用于单个光模板投影在传感器阵列上,iii图像传感器阵列俯视图,iv测量概念利用光模板投影对图像传感器阵列进行图像检测,v双层MoS$_2$图像传感器阵列图像检测提取的光敏度映射结果[144];(e)中i生物触觉/视觉感觉系统,ii基于石墨烯/二硫化钼异质结构的机械光子人工突触[145]

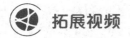 拓展视频　可穿戴运动监测

7.4 展望

随着科技的不断发展，纳米技术已经成为当前研究的热点领域。二维材料因其独特的物理和化学性质，包括可调的功函数和带隙、出色的柔韧性和电气性能，在纳米技术中具有重要的应用价值，特别是在摩擦电和压电纳米发电机领域，低维材料展现出巨大的潜力。然而，尽管低维材料在摩擦电和压电纳米发电机中具有广泛的应用前景，但其实际应用仍面临一些挑战。

① 低维材料的制备过程较为复杂，且其性能受限于制备方法和杂质含量等因素。除了石墨烯之外，大多数低维材料的大规模生长、合成和制造仍处于起步阶段。未来需要高效低成本地将大规模、高质量的低维材料薄膜转移到基板上，同时实现可控的厚度和尺寸。因此，低成本、易于加工的大规模制造方法是扩展低维材料在能量收集应用领域所亟待研究的。

② 大多数低维材料尚未经过详细研究以确定其细胞毒性和生物相容性。在大量能量收集、传感和可穿戴电子设备应用中，尤其是 PENG 和 TENG，与人体接触频繁，同时也有不少用于植入式器件中，因此需要经过系统性的生物安全性研究。然而，大多数低维材料的长期体内和体外细胞相容性研究仍处于早期阶段，考虑到人类和环境的安全性，需要给予高度关注。

③ 此外，低维材料在纳米发电机中的稳定性和性能也需要进一步研究和验证。与最先进的材料相比，大多数低维材料的性能仍然存在较大差距，例如用于 TENG 的聚合物和用于 PENG 的陶瓷。为了实现其在众多领域中的实际应用，仍需要进一步研究和探索低维材料的制备方法和性能优化等方面的问题。

未来，随着研究的深入和技术的进步，相信低维材料将在摩擦电和压电纳米发电机领域会发挥越来越重要的作用。

参考文献

[1] WANG Z L, SONG J. Piezoelectric Nanogenerators Based on Zinc Oxide Nanowire Arrays [J]. Science, 2006, 312(5771): 242-246.

[2] FAN F R, TIAN Z Q, LIN W Z. Flexible triboelectric generator [J]. Nano Energy, 2012, 1(2): 328-834.

[3] WANG Z L, LIN L, CHEN J, et al. Applications in Self-powered Systems and Processes [M]. Cham: Springer International Publishing, 2016: 351-398.

[4] WANG Z L, JIANG T, XU L. Toward the blue energy dream by triboelectric nanogenerator networks [J]. Nano Energy, 2017, 39: 9-23.

[5] WANG Z L. On the first principle theory of nanogenerators from Maxwell's equations [J]. Nano Energy, 2020, 68: 104272.

[6] KIM S K, BHATIA R, KIM T H, et al. Directional dependent piezoelectric effect in CVD grown monolayer MoS 2 for flexible piezoelectric nanogenerators [J]. Nano Energy, 2016, 22: 483-489.

[7] WANG Z L, WANG A C. On the origin of contact-electrification [J]. Mater Today, 2019, 30: 34-51.

[8] JIANG C, WU C, LI X, et al. All-electrospun flexible triboelectric nanogenerator based on metallic MXene nanosheets [J]. Nano Energy, 2019, 59: 268-276.

[9] GEORGAKILAS V, PERMAN J A, TUCEK J, et al. Broad Family of Carbon Nanoallotropes: Classification, Chemistry, and Applications of Fullerenes, Carbon Dots, Nanotubes, Graphene, Nanodiamonds, and Combined Superstructures [J]. Chemical Reviews, 2015, 115(11): 4744-4822.

[10] CHENG K, WALLAERT S, ARDEBILI H, et al. Advanced triboelectric nanogenerators based on low-dimension carbon materials: A review [J]. Carbon, 2022, 194: 81-103.

[11] SINGH M, APATA I E, SAMANT S, et al. Nanoscale Strategies to Enhance the Energy Storage Capacity of Polymeric Dielectric Capacitors: Review of Recent Advances [J]. Polymer Reviews, 2021, 62(2): 211-260.

[12] ARIAS F, XIE Q S, WU Y H, et al. Kinetic Effects in the Electrochemistry of Fullerene Derivatives at Very Negative Potentials [J]. J Am Chem Soc, 1994, 116(14): 6388-6394.

[13] MARTIN N, SANCHEZ L, ILLESCAS B, et al. C60-based electroactive organofullerenes [J]. Chemical Reviews, 1998, 98(7): 2527-2547.

[14] SIM D J, CHOI G J, SOHN S H, et al. Electronegative polyvinylidene fluoride/C60 composite nanofibers for performance enhancement of triboelectric nanogenerators [J]. Journal of Alloys and Compounds, 2022, 898: 162805.

[15] YANG X, LI P, WU B, et al. A flexible piezoelectric-triboelectric hybrid nanogenerator in one structure with dual doping enhancement effects [J]. Current Applied Physics, 2021, 32: 50-58.

[16] BADATYA S, KUMAR A, SHARMA C, et al. Transparent flexible graphene quantum dot-(PVDF-HFP) piezoelectric nanogenerator [J]. Materials Letters, 2021, 290: 129493.

[17] XIA C, ZHU S, FENG T, et al. Evolution and Synthesis of Carbon Dots: From Carbon Dots to Carbonized Polymer Dots [J]. Advanced Science, 2019, 6(23): 1901316.

[18] RU Y, WATERHOUSE G I N, LU S. Aggregation in carbon dots [J]. Aggregate, 2022, 3(6): e296.

[19] XU X Y, RAY R, GU Y L, et al. Electrophoretic analysis and purification of fluorescent single-walled carbon nanotube fragments [J]. J Am Chem Soc, 2004, 126(40): 12736-12737.

[20] RAO R, PINT C L, ISLAM A E, et al. Carbon Nanotubes and Related Nanomaterials: Critical Advances and Challenges for Synthesis toward Mainstream Commercial Applications [J]. ACS Nano, 2018, 12(12): 11756-11784.

[21] LIU Z, MUHAMMAD M, CHENG L, et al. Improved output performance of triboelectric nanogenerators based on polydimethylsiloxane composites by the capacitive effect of embedded carbon nanotubes [J]. Applied Physics Letters, 2020, 117(14): 143903.

[22] HOU R, JIN Z, SUN D, et al. Carbon nanotubes doped cellulose nanocomposite film for high current flexible piezoelectric nanogenerators [J]. Journal of Alloys and Compounds, 2023, 965: 171422.

[23] MATSUNAGA M, HIROTANI J, KISHIMOTO S, et al. High-output, transparent, stretchable triboelectric nanogenerator based on carbon nanotube thin film toward wearable energy harvesters [J].

Nano Energy, 2020, 67: 104297.

[24] JIN L, CHORTOS A, LIAN F, et al. Microstructural origin of resistance-strain hysteresis in carbon nanotube thin film conductors [J]. Proceedings of the National Academy of Sciences, 2018, 115(9): 1986-1991.

[25] KAEMPGEN M, CHAN C K, MA J, et al. Printable Thin Film Supercapacitors Using Single-Walled Carbon Nanotubes [J]. Nano Lett, 2009, 9(5): 1872-1876.

[26] MIRRI F, MA A W K, HSU T T, et al. High-Performance Carbon Nanotube Transparent Conductive Films by Scalable Dip Coating [J]. ACS Nano, 2012, 6(11): 9737-9744.

[27] SUN N, WANG G G, ZHAO H X, et al. Waterproof, breathable and washable triboelectric nanogenerator based on electrospun nanofiber films for wearable electronics [J]. Nano Energy, 2021, 90: 106639.

[28] SU C, HUANG X, ZHANG L, et al. Robust superhydrophobic wearable piezoelectric nanogenerators for self-powered body motion sensors [J]. Nano Energy, 2023, 107: 108095.

[29] YAN X, LI G, WANG Z, et al. Recent progress on piezoelectric materials for renewable energy conversion [J]. Nano Energy, 2020, 77: 105180.

[30] ZHANG C, YUAN W, ZHANG B, et al. High Space Efficiency Hybrid Nanogenerators for Effective Water Wave Energy Harvesting [J]. Advanced Functional Materials, 2022, 32(18): 2111775.

[31] TIAN S, WEI X, LAI L, et al. Frequency modulated hybrid nanogenerator for efficient water wave energy harvesting [J]. Nano Energy, 2022, 102: 107669.

[32] YANG G, WU H, LI Y, et al. Direct ink writing of fluoropolymer/CNT-based superhydrophobic and corrosion-resistant electrodes for droplet energy harvesters and self-powered electronic skins [J]. Nano Energy, 2021, 86: 106095.

[33] LIU Y, PING J, YING Y. Recent Progress in 2D-Nanomaterial-Based Triboelectric Nanogenerators [J]. Advanced Functional Materials, 2021, 31(17): 2009994.

[34] XIA X, CHEN J, LIU G, et al. Aligning graphene sheets in PDMS for improving output performance of triboelectric nanogenerator [J]. Carbon, 2017, 111: 569-576.

[35] SHI L, JIN H, DONG S, et al. High-performance triboelectric nanogenerator based on electrospun PVDF-graphene nanosheet composite nanofibers for energy harvesting [J]. Nano Energy, 2021, 80: 105599.

[36] CHEN H, XU Y, ZHANG J, et al. Enhanced stretchable graphene-based triboelectric nanogenerator via control of surface nanostructure [J]. Nano Energy, 2019, 58: 304-311.

[37] BALANDIN A A, GHOSH S, BAO W, et al. Superior Thermal Conductivity of Single-Layer Graphene [J]. Nano Letters, 2008, 8(3): 902-907.

[38] GHOSH S, CALIZO I, TEWELDEBRHAN D, et al. Extremely high thermal conductivity of graphene: Prospects for thermal management applications in nanoelectronic circuits [J]. Applied Physics Letters, 2008, 92(15): 151911.

[39] YU W, SISI L, HAIYAN Y, et al. Progress in the functional modification of graphene/graphene oxide: a review [J]. RSC Advances, 2020, 10(26): 15328-15345.

[40] HE E, SUN Y, WANG X, et al. 3D angle-interlock woven structural wearable triboelectric nanogenerator fabricated with silicone rubber coated graphene oxide/cotton composite yarn [J]. Composites Part B: Engineering, 2020, 200: 108244.

[41] YANG J, ZHANG Y, LI Y, et al. Piezoelectric Nanogenerators based on Graphene Oxide/PVDF Electrospun Nanofiber with Enhanced Performances by In-Situ Reduction [J]. Materials Today Communications, 2021, 26: 101629.

[42] CHUNG I J, KIM W, JANG W, et al. Layer-by-layer assembled graphene multilayers on multidimensional surfaces for highly durable, scalable, and wearable triboelectric nanogenerators [J]. Journal of Materials Chemistry A, 2018, 6(7): 3108-3115.

[43] MANZELI S, OVCHINNIKOV D, PASQUIER D, et al. 2D transition metal dichalcogenides [J]. Nature Reviews Materials, 2017, 2(8): 17033.

[44] WU C, KIM T W, PARK J H, et al. Enhanced Triboelectric Nanogenerators Based on MoS_2 Monolayer Nanocomposites Acting as Electron-Acceptor Layers [J]. ACS Nano, 2017, 11 (8): 8356-8363.

[45] ZHANG G, LIU H, QU J, et al. Two-dimensional layered MoS_2: rational design, properties and electrochemical applications [J]. Energy & Environmental Science, 2016, 9(4): 1190-1209.

[46] CASTRO N A H, GUINEA F, PERES N M R, et al. The electronic properties of graphene [J]. Reviews of Modern Physics, 2009, 81(1): 109-162.

[47] da Cunha Rodrigues G, ZELENOVSKIY P, ROMANYUK K, et al. Strong piezoelectricity in single-layer graphene deposited on SiO_2 grating substrates [J]. Nature Communications, 2015, 6(1): 7572.

[48] MAK K F, HE K, SHAN J, et al. Control of valley polarization in monolayer MoS_2 by optical helicity [J]. Nat Nanotechnol, 2012, 7(8): 494-498.

[49] LAN L, YIN T, JIANG C, et al. Highly conductive 1D-2D composite film for skin-mountable strain sensor and stretchable triboelectric nanogenerator [J]. Nano Energy, 2019, 62: 319-328.

[50] NARDEKAR S S, KRISHNAMOORTHY K, MANOHARAN S, et al. Two Faces Under a Hood: Unravelling the Energy Harnessing and Storage Properties of 1T-MoS(2) Quantum Sheets for Next-Generation Stand-Alone Energy Systems [J]. ACS Nano, 2022, 16(3): 3723-3734.

[51] SEOL M, KIM S, CHO Y, et al. Triboelectric Series of 2D Layered Materials [J]. Adv Mater, 2018, 30(39): e1801210.

[52] ZHAO K, SUN W, ZHANG X, et al. High-performance and long-cycle life of triboelectric nanogenerator using PVC/MoS_2 composite membranes for wind energy scavenging application [J]. Nano Energy, 2022, 91: 106649.

[53] TREMMEL S, LUO X, ROTHAMMER B, et al. Evaluation of DLC, MoS_2, and Ti_3C_2T thin films for triboelectric nanogenerators [J]. Nano Energy, 2022, 97: 107185.

[54] PARMAR S, PRAJESH N, WABLE M, et al. Growth of highly conducting $MoS_{(2-x)}N_{(x)}$ thin films with enhanced 1T' phase by pulsed laser deposition and exploration of their nanogenerator application [J]. iScience, 2022, 25(3): 103898.

[55] SHRESTHA K, SHARMA S, PRADHAN G B, et al. A Siloxene/Ecoflex Nanocomposite-Based Triboelectric Nanogenerator with Enhanced Charge Retention by MoS_2/LIG for Self-Powered Touchless Sensor Applications [J]. Advanced Functional Materials, 2022, 32(27): 2113005.

[56] CHOI S M, QU D, LEE D, et al. Lateral MoS_2 p-n Junction Formed by Chemical Doping for Use in High-Performance Optoelectronics [J]. ACS Nano, 2014, 8(9): 9332-9340.

[57] KIM T I, PARK I J, KANG S, et al. Enhanced Triboelectric Nanogenerator Based on Tungsten Disulfide via Thiolated Ligand Conjugation [J]. ACS Appl Mater Interfaces, 2021, 13 (18): 21299-21309.

[58] WU W, WANG L, LI Y, et al. Piezoelectricity of single-atomic-layer MoS_2 for energy conversion and piezotronics [J]. Nature, 2014, 514(7523): 470-474.

[59] HAN S A, KIM T H, KIM S K, et al. Point-Defect-Passivated MoS(2) Nanosheet-Based High Performance Piezoelectric Nanogenerator [J]. Adv Mater, 2018, 30(21): e1800342.

[60] LEE J H, PARK J Y, CHO E B, et al. Reliable Piezoelectricity in Bilayer WSe(2) for Piezoelectric

Nanogenerators [J]. Adv Mater, 2017, 29(29): 1606667.

[61] DONG Y, MALLINENI S S K, MALESKI K, et al. Metallic MXenes: A new family of materials for flexible triboelectric nanogenerators [J]. Nano Energy, 2018, 44: 103-110.

[62] JIANG C, LI X, YING Y, et al. A multifunctional TENG yarn integrated into agrotextile for building intelligent agriculture [J]. Nano Energy, 2020, 74: 104863.

[63] NAGUIB M, KURTOGLU M, PRESSER V, et al. Two-dimensional nanocrystals produced by exfoliation of Ti_3AlC_2 [J]. Adv Mater, 2011, 23(37): 4248-4253.

[64] GOGOTSI Y, ANASORI B. The Rise of MXenes [J]. ACS Nano, 2019, 13(8): 8491-8494.

[65] JIANG X, LIU S, LIANG W, et al. Broadband Nonlinear Photonics in Few-Layer MXene $Ti_3C_2T_x$ (T=F, O, or OH) [J]. Laser & Photonics Reviews, 2017, 12(2): 1700229.

[66] JIANG C, LI X, YAO Y, et al. A multifunctional and highly flexible triboelectric nanogenerator based on MXene-enabled porous film integrated with laser-induced graphene electrode [J]. Nano Energy, 2019, 66: 104121.

[67] WANG D, LIN Y, HU D, et al. Multifunctional 3D-MXene/PDMS nanocomposites for electrical, thermal and triboelectric applications [J]. Composites Part A: Applied Science and Manufacturing, 2020, 130: 105754.

[68] WANG S, SHAO H Q, LIU Y, et al. Boosting piezoelectric response of PVDF-TrFE via MXene for self-powered linear pressure sensor [J]. Composites Science and Technology, 2021, 202: 108600.

[69] HAN S A, LEE K H, KIM T H, et al. Hexagonal boron nitride assisted growth of stoichiometric Al_2O_3 dielectric on graphene for triboelectric nanogenerators [J]. Nano Energy, 2015, 12: 556-566.

[70] BHAVYA A S, VARGHESE H, CHANDRAN A, et al. Massive enhancement in power output of BoPET-paper triboelectric nanogenerator using 2D-hexagonal boron nitride nanosheets [J]. Nano Energy, 2021, 90: 106628.

[71] CASSABOIS G, VALVIN P, GIL B. Hexagonal boron nitride is an indirect bandgap semiconductor [J]. Nat Photonics, 2016, 10(4): 262-266.

[72] PARMAR S, BISWAS A, KUMAR S S, et al. Coexisting 1T/2H polymorphs, reentrant resistivity behavior, and charge distribution in MoS_2-hBN 2D/2D composite thin films [J]. Phys Rev Mater, 2019, 3(7): 074007.

[73] LEE G J, LEE M K, PARK J J, et al. Piezoelectric Energy Harvesting from Two-Dimensional Boron Nitride Nanoflakes [J]. ACS Appl Mater Interfaces, 2019, 11(41): 37920-37926.

[74] PAINE R T, NARULA C K. Synthetic routes to boron nitride [J]. Chem Rev, 2002, 90(1): 73-91.

[75] SANG D K, WANG H, GUO Z, et al. Recent Developments in Stability and Passivation Techniques of Phosphorene toward Next-Generation Device Applications [J]. Adv Funct Mater, 2019, 29(45): 1903419.

[76] WOOD J D, WELLS S A, JARIWALA D, et al. Effective Passivation of Exfoliated Black Phosphorus Transistors against Ambient Degradation [J]. Nano Lett, 2014, 14(12): 6964-6970.

[77] XIONG J, CUI P, CHEN X, et al. Skin-touch-actuated textile-based triboelectric nanogenerator with black phosphorus for durable biomechanical energy harvesting [J]. Nat Commun, 2018, 9(1): 4280.

[78] CUI P, PARIDA K, LIN M F, et al. Transparent, Flexible Cellulose Nanofibril-Phosphorene Hybrid Paper as Triboelectric Nanogenerator [J]. Adv Mater Interfaces, 2017, 4(22): 1700651.

[79] CARVALHO A, WANG M, ZHU X, et al. Phosphorene: from theory to applications [J]. Nat Rev Mater, 2016, 1(11): 1700651.

[80] MA W, LU J, WAN B, et al. Piezoelectricity in Multilayer Black Phosphorus for Piezotronics and Nanogenerators [J]. Adv Mater, 2020, 32(7): 1905795.

[81] MOOSAVI S M, NANDY A, JABLONKA K M, et al. Understanding the diversity of the metal-organic framework ecosystem [J]. Nat Commun, 2020, 11(1): 4068.

[82] FURUKAWA H, CORDOVA K E, O'KEEFFE M, et al. The Chemistry and Applications of Metal-Organic Frameworks [J]. Science, 2013, 341(6149): 1230444.

[83] KHANDELWAL G, CHANDRASEKHAR A, Maria Joseph Raj N P, et al. Metal-Organic Framework: A Novel Material for Triboelectric Nanogenerator-Based Self-Powered Sensors and Systems [J]. Adv Energy Mater, 2019, 9(14): 1803581.

[84] ALTUNDAL O F, ALTINTAS C, KESKIN S. Can COFs replace MOFs in flue gas separation? high-throughput computational screening of COFs for CO_2/N_2 separation [J]. J Mater Chem A, 2020, 8(29): 14609-14623.

[85] JAYABABU N, KIM D. Co/Zn bimetal organic framework elliptical nanosheets on flexible conductive fabric for energy harvesting and environmental monitoring via triboelectricity [J]. Nano Energy, 2021, 89: 106355.

[86] WEN R, GUO J, YU A, et al. Humidity-Resistive Triboelectric Nanogenerator Fabricated Using Metal Organic Framework Composite [J]. Adv Funct Mater, 2019, 29(20): 1807655.

[87] LIN C, SUN L, MENG X, et al. Covalent Organic Frameworks with Tailored Functionalities for Modulating Surface Potentials in Triboelectric Nanogenerators [J]. Angew Chem Int Ed, 2022, 61(42): e202211601.

[88] ROY K, JANA S, MALLICK Z, et al. Two-Dimensional MOF Modulated Fiber Nanogenerator for Effective Acoustoelectric Conversion and Human Motion Detection [J]. Langmuir, 2021, 37(23): 7107-7117.

[89] SEOL M, KIM S, CHO Y, et al. Triboelectric Series of 2D Layered Materials [J]. Adv Mater, 2018, 30(39): 1801210.

[90] RUDOLPH M, RATCLIFF E L. Normal and inverted regimes of charge transfer controlled by density of states at polymer electrodes [J]. Nat Commun, 2017, 8(1): 1048.

[91] ZHOU Y S, WANG S, YANG Y, et al. Manipulating Nanoscale Contact Electrification by an Applied Electric Field [J]. Nano Lett, 2014, 14(3): 1567-1572.

[92] CHENG X L, SONG Y, HAN M D, et al. A flexible large-area triboelectric generator by low-cost roll-to-roll process for location-based monitoring [J]. Sensors and Actuators a-Physical, 2016, 247: 206-214.

[93] SARAVANAKUMAR B, KIM S J. Growth of 2D ZnO Nanowall for Energy Harvesting Application [J]. Journal of Physical Chemistry C, 2014, 118(17): 8831-8836.

[94] KAUR N, BAHADUR J, PANWAR V, et al. Effective energy harvesting from a single electrode based triboelectric nanogenerator [J]. Scientific Reports, 2016, 6(1): 38835.

[95] KIM S K, BHATIA R, KIM T H, et al. Directional dependent piezoelectric effect in CVD grown monolayer MoS_2 for flexible piezoelectric nanogenerators [J]. Nano Energy, 2016, 22: 483-489.

[96] TITOVA L V, LI G J, NATU V, et al. 2D MXenes: Terahertz Properties and Applications: Proceedings of the 45th International Conference on Infrared, Millimeter, and Terahertz Waves (IRMMW-THz)[C]. Buffalo: IEEE, 2020.

[97] FENG L, LIU G L, GUO H Y, et al. Hybridized nanogenerator based on honeycomb-like three electrodes for efficient ocean wave energy harvesting [J]. Nano Energy, 2018, 47: 217-223.

[98] FATIMA N, TAHIR M B, NOOR A, et al. Influence of van der waals heterostructures of 2D materials on catalytic performance of ZnO and its applications in energy: A review [J]. International Journal of Hydrogen Energy, 2021, 46(50): 25413-25423.

[99] SUN Y J, CHEN D S, LIANG Z Q. Two-dimensional MXenes for energy storage and conversion applications [J]. Materials Today Energy, 2017, 5: 22-36.

[100] ISLAM E, ABDULLAH A, CHOWDHURY A R, et al. Electromagnetic-triboelectric-hybrid energy tile for biomechanical green energy harvesting [J]. Nano Energy, 2020, 77: 105250.

[101] SAHATIYA P, KANNAN S, BADHULIKA S. Few layer MoS_2 and in situpoled PVDF nanofibers on low cost paper substrate as high performance piezo-triboelectric hybrid nanogenerator: Energy harvesting from handwriting and human touch [J]. Applied Materials Today, 2018, 13: 91-99.

[102] MURALIDHARAN N, LI M Y, CARTER R E, et al. Ultralow Frequency Electrochemical-Mechanical Strain Energy Harvester Using 2D Black Phosphorus Nanosheets [J]. ACS Energy Letters, 2017, 2(8): 1797-1803.

[103] YANG Y, GUO W X, PRADEL K C, et al. Pyroelectric Nanogenerators for Harvesting Thermoelectric Energy [J]. Nano Letters, 2012, 12(6): 2833-2838.

[104] QUE R H, SHAO Q, LI Q L, et al. Flexible Nanogenerators Based on Graphene Oxide Films for Acoustic Energy Harvesting [J]. Angewandte Chemie-International Edition, 2012, 51(22): 5418-5422.

[105] LIU Y Q, LI E L, YAN Y J, et al. A one-structure-layer PDMS/Mxenes based stretchable triboelectric nanogenerator for simultaneously harvesting mechanical and light energy [J]. Nano Energy, 2021, 86: 106118.

[106] LOU Z, CHEN S, WANG L L, et al. An ultra-sensitive and rapid response speed graphene pressure sensors for electronic skin and health monitoring [J]. Nano Energy, 2016, 23: 7-14.

[107] FU X B, WANG J A, HU X B, et al. Scalable Chemical Interface Confinement Reduction BiOBr to Bismuth Porous Nanosheets for Electroreduction of Carbon Dioxide to Liquid Fuel [J]. Advanced Functional Materials, 2022, 32(10): 2107182.

[108] ROY K, GHOSH S K, SULTANA A, et al. A Self-Powered Wearable Pressure Sensor and Pyroelectric Breathing Sensor Based on GO Interfaced PVDF Nanofibers [J]. ACS Applied Nano Materials, 2019, 2(4): 2013-2025.

[109] WANG Y, WANG L, YANG T T, et al. Wearable and Highly Sensitive Graphene Strain Sensors for Human Motion Monitoring [J]. Advanced Functional Materials, 2014, 24(29): 4666-4670.

[110] HUANG J Y, HAO Y, ZHAO M, et al. All-Fiber-Structured Triboelectric Nanogenerator via One-Pot Electrospinning for Self-Powered Wearable Sensors [J]. ACS Applied Materials & Interfaces, 2021, 13(21): 24774-24784.

[111] YU X M, MA Y C, LI C Y, et al. A Nitrogen, Sulfur co-Doped Porphyrin-based Covalent Organic Framework as an Efficient Catalyst for Oxygen Reduction [J]. Chemical Research in Chinese Universities, 2022, 38(1): 167-172.

[112] SALAUDDIN M, RANA S M S, RAHMAN M T, et al. Fabric-Assisted MXene/Silicone Nanocomposite-Based Triboelectric Nanogenerators for Self-Powered Sensors and Wearable Electronics [J]. Advanced Functional Materials, 2022, 32(5): 2107143.

[113] CHENG Y F, MA Y A, LI L Y, et al. Bioinspired Microspines for a High-Performance Spray $Ti_3C_2T_x$ MXene-Based Piezoresistive Sensor [J]. ACS Nano, 2020, 14(2): 2145-2155.

[114] HE W, SOHN M, MA R J, et al. Flexible single-electrode triboelectric nanogenerators with MXene/PDMS composite film for biomechanical motion sensors [J]. Nano Energy, 2020, 78: 105383.

[115] FARAZ M, SINGH H H, KHARE N. A progressive strategy for harvesting mechanical energy using flexible PVDF-rGO-MoS_2 nanocomposites film-based piezoelectric nanogenerator [J]. Journal of Alloys and Compounds, 2022, 890: 161840.

[116] ZHANG D Z, XU Z Y, YANG Z M, et al. High-performance flexible self-powered tin disulfide nanoflowers/reduced graphene oxide nanohybrid-based humidity sensor driven by triboelectric nanogenerator [J]. Nano Energy, 2020, 67: 104251.

[117] WANG X W, ZHANG D Z, ZHANG H B, et al. In situpolymerized polyaniline/MXene (V2C) as building blocks of supercapacitor and ammonia sensor self-powered by electromagnetic-triboelectric hybrid generator [J]. Nano Energy, 2021, 88: 106242.

[118] GUO S Q, WU K J, LI C P, et al. Integrated contact lens sensor system based on multifunctional ultrathin MoS_2 transistors [J]. Matter, 2021, 4(3): 969-985.

[119] FU Y M, ZANG W L, WANG P L, et al. Portable room-temperature self-powered/active H_2 sensor driven by human motion through piezoelectric screening effect [J]. Nano Energy, 2014, 8: 34-43.

[120] LEE E, VAHIDMOHAMMADI A, YOON Y S, et al. Two-Dimensional Vanadium Carbide MXene for Gas Sensors with Ultrahigh Sensitivity Toward Nonpolar Gases [J]. ACS Sensors, 2019, 4(6): 1603-1611.

[121] OU J Z, GE W Y, CAREY B, et al. Physisorption-Based Charge Transfer in Two-Dimensional SnS_2 for Selective and Reversible NO_2 Gas Sensing [J]. ACS Nano, 2015, 9(10): 10313-10323.

[122] DAI Y T, XIONG Y J. Control of selectivity in organic synthesis via heterogeneous photocatalysis under visible light [J]. Nano Res. Energy, 2022, 1: 9120006.

[123] XIA X, LIU Q, ZHU Y Y, et al. Recent advances of triboelectric nanogenerator based applications in biomedical systems [J]. Ecomat, 2020, 2(4): e12049.

[124] GRANT J J, PILLAI S C, HEHIR S, et al. Biomedical Applications of Electrospun Graphene Oxide [J]. ACS Biomaterials Science & Engineering, 2021, 7(4): 1278-1301.

[125] SHA R, BHATTACHARYYA T K. MoS_2-based nanosensors in biomedical and environmental monitoring applications [J]. Electrochimica Acta, 2020, 349: 136370.

[126] ZHENG Q, SHI B J, LI Z, et al. Recent Progress on Piezoelectric and Triboelectric Energy Harvesters in Biomedical Systems [J]. Advanced Science, 2017, 4(7): 1700029.

[127] YOON H, NAH J, KIM H, et al. A chemically modified laser-induced porous graphene based flexible and ultrasensitive electrochemical biosensor for sweat glucose detection [J]. Sensors and Actuators B-Chemical, 2020, 311: 127866.

[128] ZHAO L J, WANG L L, ZHENG Y Q, et al. Highly-stable polymer-crosslinked 2D MXene-based flexible biocompatible electronic skins for in vivo biomonitoring [J]. Nano Energy, 2021, 84: 105921.

[129] SEO H, HAN S I, SONG K I, et al. Durable and Fatigue-Resistant Soft Peripheral Neuroprosthetics for In Vivo Bidirectional Signaling [J]. Advanced Materials, 2021, 33(20): 2007346.

[130] YAO Y, CHEN J Y, GUO Y H, et al. Integration of interstitial fluid extraction and glucose detection in one device for wearable non-invasive blood glucose sensors [J]. Biosensors & Bioelectronics, 2021, 179: 113078.

[131] YANG J, ZHANG K, YU J, et al. Facile Fabrication of Robust and Reusable PDMS Supported Graphene Dry Electrodes for Wearable Electrocardiogram Monitoring [J]. Advanced Materials Technologies, 2021, 6(9): 2100262.

[132] SOMEYA T, KATO Y, SEKITANI T, et al. Conformable, flexible, large-area networks of pressure and thermal sensors with organic transistor active matrixes [J]. Proceedings of the National Academy of Sciences of the United States of America, 2005, 102(35): 12321-12325.

[133] HOU Y X, LI Y, ZHANG Z C, et al. Large-Scale and Flexible Optical Synapses for Neuromorphic Computing and Integrated Visible Information Sensing Memory Processing [J]. ACS Nano, 2021, 15

(1): 1497-1508.

[134] LEE Y, PARK J, CHOE A, et al. Mimicking Human and Biological Skins for Multifunctional Skin Electronics [J]. Advanced Functional Materials, 2020, 30(20): 1904523.

[135] GONG S, SCHWALB W, WANG Y W, et al. A wearable and highly sensitive pressure sensor with ultrathin gold nanowires [J]. Nature Communications, 2014, 5(1): 3132.

[136] SONG Z L, YE W H, CHEN Z, et al. Wireless Self-Powered High-Performance Integrated Nanostructured-Gas-Sensor Network for Future Smart Homes [J]. ACS Nano, 2021, 15(4): 7659-7667.

[137] YANG J, CHEN J, SU Y J, et al. Eardrum-Inspired Active Sensors for Self-Powered Cardiovascular System Characterization and Throat-Attached Anti-Interference Voice Recognition [J]. Advanced Materials, 2015, 27(8): 1316-1326.

[138] HAN X, XU Z S, WU W Q, et al. Recent Progress in Optoelectronic Synapses for Artificial Visual-Perception System [J]. Small Structures, 2020, 1(3): 2000029.

[139] LI W, TORRES D, DÍAZ R, et al. Nanogenerator-based dual-functional and self-powered thin patch loudspeaker or microphone for flexible electronics [J]. Nature Communications, 2017, 8: 15310.

[140] SUN Q, HO D H, CHOI Y, et al. Piezopotential-Programmed Multilevel Nonvolatile Memory As Triggered by Mechanical Stimuli [J]. ACS Nano, 2016, 10(12): 11037-11043.

[141] MA X L, WANG C F, WEI R L, et al. Bimodal Tactile Sensor without Signal Fusion for User-Interactive Applications [J]. ACS Nano, 2022, 16(2): 2789-2797.

[142] YANG P K, CHOU S A, HSU C H, et al. Tin disulfide piezoelectric nanogenerators for biomechanical energy harvesting and intelligent human-robot interface applications [J]. Nano Energy, 2020, 75: 104879.

[143] NÚÑEZ C G, NAVARAJ W T, POLAT E O, et al. Energy-Autonomous, Flexible, and Transparent Tactile Skin [J]. Advanced Functional Materials, 2017, 27(18): 1606287.

[144] HONG S, ZAGNI N, CHOO S, et al. Highly sensitive active pixel image sensor array driven by large-area bilayer MoS_2 transistor circuitry [J]. Nature Communications, 2021, 12(1): 3559.

[145] YU J R, YANG X X, GAO G Y, et al. Bioinspired mechano-photonic artificial synapse based on graphene/MoS_2 heterostructure [J]. Science Advances, 2021, 7(12): eabd9117.